高等职业教育"十三五"规划教材
高等职业教育园林园艺类专业教材

园艺应用化学

范洪琼 编

中国轻工业出版社

图书在版编目（CIP）数据

园艺应用化学/范洪琼编. —北京：中国轻工业出版社，2019.5
高等职业教育"十三五"规划教材　高等职业教育园林园艺类专业教材
ISBN 978-7-5184-2419-1

Ⅰ.①园…　Ⅱ.①范…　Ⅲ.①园艺作物—生物化学—高等职业教育—教材　Ⅳ.①S601

中国版本图书馆CIP数据核字（2019）第052775号

责任编辑：贾　磊　马　骁
策划编辑：贾　磊　　　责任终审：劳国强　　整体设计：锋尚设计
版式设计：砚祥志远　　责任校对：吴大鹏　　责任监印：张　可

出版发行：中国轻工业出版社（北京东长安街6号，邮编：100740）
印　　刷：三河市国英印务有限公司
经　　销：各地新华书店
版　　次：2019年5月第1版第1次印刷
开　　本：787×1092　1/16　印张：11.25
字　　数：260千字
书　　号：ISBN 978-7-5184-2419-1　定价：35.00元
邮购电话：010-65241695
发行电话：010-85119835　传真：85113293
网　　址：http://www.chlip.com.cn
Email：club@chlip.com.cn
如发现图书残缺请与我社邮购联系调换
190090J2X101ZBW

前言 / PREFACE

园艺应用化学是高等职业院校园艺技术专业的一门重要基础课程。随着高职教育的快速发展,教育教学改革的不断深入,相应的教学内容和课程体系都随之发生了变化。依据园艺专业学生的培养目标,在本教材的编写过程中,考虑学生入校时的生源结构和基础差异,理论知识以够用、实用为原则,突出实践教学,强化实际操作,深入浅出,言简意赅。

本教材以任务为驱动,项目为导向,突出职业能力培养进行编写。将课程学习分为七个项目,内容包含:物质结构基础;定量分析基础;化学反应速率与化学平衡;酸碱平衡与酸碱滴定法;氧化还原法与氧化还原滴定;配位平衡与配位滴定法;吸光光度分析法。在每个项目中配有相应的任务,符合高职高专学生的认知规律,增强教材的实用性。本教材侧重于分析化学部分,注重实训,重点培养学生运用理论知识分析和解决实际问题的能力,更有利于促进学生主动学习。本教材结合专业特点进行知识强化,为后续的专业基础课、专业课的学习以及未来的岗位职业能力培养打下坚实的基础。

本教材由重庆三峡职业学院范洪琼编写。

由于编者水平有限,时间仓促,书中难免存在疏漏和不足之处,恳请专家和读者批评指正。

编者

目录 / CONTENTS

项目一 物质结构基础

任务一 原子结构　元素周期系 ·· 1
任务二 分子结构 ·· 13
项目小结 ··· 17
目标检测 ··· 18

项目二 定量分析基础

任务一 误差与分析数据的处理 ··· 20
任务二 滴定分析概述 ··· 27
实习实训 1 电子分析天平使用与称量技术 ······················· 31
实习实训 2 滴定分析基本操作练习 ································· 35
项目小结 ··· 37
目标检测 ··· 37

项目三 化学反应速率与化学平衡

任务一 化学反应速率 ··· 40
任务二 化学平衡 ·· 45
项目小结 ··· 52
目标检测 ··· 52

项目四 酸碱平衡与酸碱滴定法

- 任务一　溶液 ······ 55
- 任务二　酸碱电离平衡 ······ 69
- 任务三　酸碱滴定法 ······ 81
- 实习实训 3　溶液的配制与稀释 ······ 91
- 实习实训 4　酸度计的使用及溶液 pH 的测定 ······ 93
- 实习实训 5　盐酸标准溶液的配制与标定 ······ 96
- 实习实训 6　氢氧化钠标准溶液的配制与标定 ······ 97
- 实习实训 7　食醋总酸量的测定 ······ 99
- 实习实训 8　铵盐含氮量测定（甲醛法）······ 101
- 实习实训 9　果蔬中总酸度的测定 ······ 102
- 项目小结 ······ 104
- 目标检测 ······ 106

项目五 氧化还原平衡与氧化还原滴定

- 任务一　氧化还原反应的基本概念 ······ 108
- 任务二　原电池和电极电势 ······ 111
- 任务三　氧化还原滴定法 ······ 117
- 实习实训 10　重铬酸钾法测定亚铁离子 ······ 125
- 项目小结 ······ 127
- 目标检测 ······ 128

项目六　配位平衡与配位滴定法

　　任务一　配位离解平衡 …………………………………………………………… 130

　　任务二　配位滴定法 ……………………………………………………………… 135

　　实习实训 11　水中总硬度及 Ca^{2+}、Mg^{2+} 含量的测定 ……………………… 141

　　项目小结 …………………………………………………………………………… 143

　　目标检测 …………………………………………………………………………… 144

项目七　吸光光度分析法

　　任务一　吸光光度法的基本原理 ………………………………………………… 146

　　任务二　吸光光度分析的方法 …………………………………………………… 151

　　实习实训 12　吸光光度法测定水和废水中总磷 ……………………………… 157

　　项目小结 …………………………………………………………………………… 160

　　目标检测 …………………………………………………………………………… 160

附录 ………………………………………………………………………………… 163

　　附录 1　一些弱电解质的解离常数 ……………………………………………… 163

　　附录 2　常见配离子的稳定常数 ………………………………………………… 166

　　附录 3　标准电极电势（298.16K） ……………………………………………… 167

参考文献 …………………………………………………………………………… 172

项目一 物质结构基础

【知识目标】
1. 掌握原子核外电子排布规律。
2. 掌握元素周期律与元素性质的周期性变化。
3. 理解离子键和共价键的本质、特征及共价键的类型。

【能力目标】
1. 能书写1~36号元素原子或离子的核外电子分布式、价电子构型和轨道表示式。
2. 会根据元素周期性比较、判断主族元素单质及其化合物性质的差异。

任务一 | 原子结构　元素周期系

一、原子结构

自然界存在的物质种类繁多，性质各异，组成了五彩缤纷的繁华物质世界。无论是有生命的有机体还是无生命的无机体，包括宏观的天体和微观的分子、原子，其实都是由100多种元素组成的。20世纪40年代，人们已发现了自然界存在的92种化学元素；经过许多科学家的不断探索，加上用粒子加速器人工制造的化学元素，到20世纪末人类已经发现的元素总数已达112种。不同的物质由不同种类的原子以不同的数目、不同的结合方式组成。物质的微观结构决定了物质的性质。掌握物质结构基本知识，能够深入了解物质的性质。

物质由分子组成，分子由原子组成，原子是否还能继续分割？电子、X射线、放射性现象的发现，证明了原子是可以进一步分割的。

1911年卢瑟福（Rutherford E）通过α粒子的散射实验提出了含核原子模型（称卢瑟福模型）：原子是由原子中心一个带正电荷的原子核以及一群环绕在核周围的带负电荷的电子组成。原子核非常之小，直径在10^{-5}nm左右，但却几乎占有原子的全部质量。原子核也具有复杂的结构，它由带正电荷的质子和不带电荷的中子组成。电子、质子、中子等称为基本粒子。原子很小，基本粒子更小，但是它们都有确定的质量与电荷。

原子是电中性的，即原子核内的质子数等于其核外的电子总数。质量数是将原子内所有质子和中子的相对质量取近似整数值相加而得到的数值。由于一个质子和一个中子相对质量取近似整数值时均为1，所以质量数(A) = 质子数(Z) + 中子数(N)。

在通常情况下，原子核并不参与物质的化学变化，在化学变化中实际上只是核外电子的运动状态发生了改变，所以研究核外电子运动的规律就成为化学中的重要问题。

我们把质量和体积都很小的电子、质子、中子、原子等组成物质的结构微粒，称为微观粒子；而汽车、火车、轮船、飞机、人造卫星及日常生活中的一些物体，其质量和体积都比较大，运动速度比光速小得多，我们称之为宏观物体。微观粒子及其运动与宏观物体及其运动在本质上有很大的差别。与宏观物体相比，微观粒子的运动规律有其自身特有的运动特征和规律，即波粒二象性，体现在量子化及统计性。

1. 核外电子运动状态

电子是带负电荷的质量（9.1095×10^{-31}kg）很小的微粒，它在原子的空间（直径大约10^{-10}m）内运动，速度很快（约为10^6m/s），接近光速（3×10^8m/s）。电子的运动和宏观物体的运动不同，没有确定的轨道，不能用经典力学来描述。而要用量子力学来描述，以电子在核外出现的概率密度、概率分布来描述电子运动的规律。我们可以用统计的方法，如以原子核为坐标原点，电子在核外定态轨道上运动，虽然无法确定电子在某一时刻会在哪一处出现，但是电子在核外某处出现的概率大小却不随时间改变而变化。可以对一个电子多次的行为或对许多电子的一次行为进行总的研究，统计出电子在核外空间某区域出现机会的多少，这个机会数学上称为几率。

电子云就是形象地用来描述电子出现概率的一种图示方法。

如图 1-1 所示为氢原子处于能量最低状态时的电子云，图中黑点的疏密程度表示概率密度的相对大小。由图可知：离核愈近，概率密度愈大；离核愈远，概率密度愈小。在离核距离（r）相等的球面上概率密度相等，与电子所处的方位无关，因此基态氢原子的电子云是球形对称的。

（1）电子云　电子云就是用小黑点疏密来表示空间各电子出现概率大小的一种图形。为了形象化地表示核外电子运动的几率密度，习惯上用小黑点分布的疏密来表示空间电子出现的几率密度的相对大小。小黑点较密的地方，表示几率密度较大，单位体积内电子出现的机会多。我们把描述电子在核外出现的几率密度分布所得的空间图像称为电子云。如图 1-1 所示是通常状况下氢原子的电子云示意图。

由图 1-1 中可以看出，在氢原子中，电子的几率密度随离核距离的增大而减小，也就是电子在单位体积出现的概率以接近原子核处为最大。电子云是没有确切边界的，在离核较远的地方，电子仍有出现的可能。

（2）核外电子运动状态　电子在原子中不仅围绕原子核运动，而且还有自旋运动。电子的运动状态，需要从四个方面来描述，即电子层、电子亚层和电子云的形状、电子云的伸展方向、电子的自旋。这样才能比较全面地反映电子在核外空间的运动情形。这四个方面对应于量子力学中描述核外电子运动状态的四个量子数。

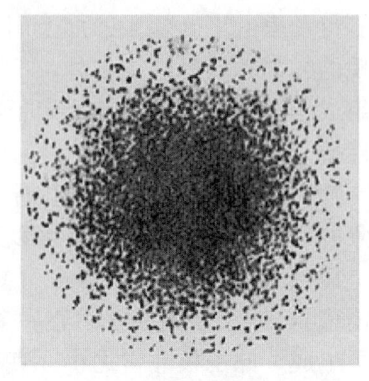

图 1-1　氢原子基态电子云图

①主量子数 n 与电子层：在含有多个电子的原子里，电子的能量高低不同，能量低的，通常在离核较近的区域运动（处于较低的能级）；能量高的，通常在离核较远的区域运动（处于较高的能级）。根据电子的能量差异和运动区域离核的远近不同，通常将核外电子分成不同的电子层，并按照它们的能量由低到高（即由里向外）的顺序，把电子层的序数 n 依次用1、2、3…等数字表示。相应地也可用K、L、M、N、O、P等符号表示。

主量子数 n 可取的数为1，2，3，4…，n 愈大，电子离核愈远，能量愈高。由于 n 只能取正整数，所以电子的能量是分立的、不连续的，或者说能量是量子化的。在同一原子内，具有相同主量子数的电子几乎在离核距离相同的空间内运动，可看作构成一个核外电子"层"。根据 $n=1$，2，3，4…相应称为 K，L，M，N，O，P，Q 层。主量子数 n 是决定原子中电子能量的主要因素，n 值越大，电子能量越高。

主量子数（n）　　　1　　　2　　　3　　　4　　　5　　　6…
电子层　　　　　　　K　　　L　　　M　　　N　　　O　　　P…

电子层及其符号如表1-1所示。

表1-1　　　　　　　　　　　　　电子层及其符号

n	1	2	3	4	5	6	7
电子层名称	第一层	第二层	第三层	第四层	第五层	第六层	第七层
电子层符号	K	L	M	N	O	P	Q

②电子云的形状（轨道角量子数 l）和电子亚层：科学研究发现，电子在同一电子层中运动，电子云的形状也不相同，能量也稍有差别。根据这个差别，又可以把一个电子层分成一个或几个亚层，对应于轨道角量子数 l。轨道角动量量子数 l 的取值受主量子数 n 的限制，l 可取的数为0，1，2，3，$(n-1)$，共可取 n 个数值。l 的每个值代表一个亚层。在光谱学中分别用符号 s，p，d，f 等表示，即 $l=0$ 用 s 表示，$l=1$ 用 p 表示等，相应为 s 亚层、p 亚层、d 亚层和 f 亚层，而处于这些亚层的电子即为 s 电子、p 电子、d 电子和 f 电子。例如：当 $n=1$ 时，l 只可取0；当 $n=4$ 时，l 分别可取0，1，2，3。K层只有一个亚层，即 s 亚层；L层有两个亚层，即 s 亚层和 p 亚层；M层有三个亚层，即 s、p、d 亚层；N层有四个亚层，即 s、p、d、f 亚层（表1-2）。l 反映电子在核外出现的概率密度（电子云）分布随角度（θ）变化的情况，即决定电子云的形状。当 $l=0$ 时，s 电子云与角度（θ）无关，所以呈球状对称。角量子数 l 确定原子轨道的形状并在多电子原子中和主量子数一起决定电子的能级。在多电子原子中，当 n 相同时，不同的 l（即不同的电子云形状）也影响电子的能量大小。

表1-2　　　　　　　　　　　　　角量子数 l 的取值

l	0	0，1	0，1，2	0，1，2，3
亚层符号	$1s$	$2s$，$2p$	$3s$，$3p$，$3d$	$4s$，$4p$，$4d$，$4f$

不同亚层的电子云形状不同，s 亚层的电子云呈球形对称，p 亚层的电子云呈哑铃形，d 亚层的电子云呈花瓣形，f 亚层的电子云形状比较复杂，这里不作介绍。

角量子数 (l)	0	1	2	3	4	5…
亚层符号	s	p	d	f	g	h…

为了清楚地表示出某个电子处于核外哪个电子层和亚层，可将电子层的序数 n 标在亚层符号的前面。如处于 K 层的 s 亚层的电子标为 $1s$；处于 L 层的 s、p 亚层的电子标为 $2s$ 和 $2p$；处于 M 层的 d 亚层的电子标为 $3d$；处于 N 层的 f 亚层的电子标为 $4f$。

③磁量子数 m 与电子云的伸展方向：电子云不仅有确定的形状，还有一定的伸展方向。在一定的电子层上，具有一定的形状和伸展方向的电子云所占据的空间称为一个原子轨道。（注意这只不过是沿袭的术语，而非宏观物体运动所具有的那种轨道的概念。）同一亚层内的原子轨道其能量是相同的。s 电子云在空间只有球状对称的一种取向，在空间各个方向上伸展的程度相同，表明 s 亚层只有一个轨道，如图 1-2 所示；p 电子云在空间有互成直角的三个伸展方向，分别以 p_x、p_y、p_z 表示，即 p 亚层有 3 个原子轨道；$2p$ 电子云的伸展方向如图 1-3 所示；d 电子云有五种伸展方向，d 亚层有 5 个原子轨道；f 电子云有七种伸展方向，f 亚层有 7 个原子轨道。

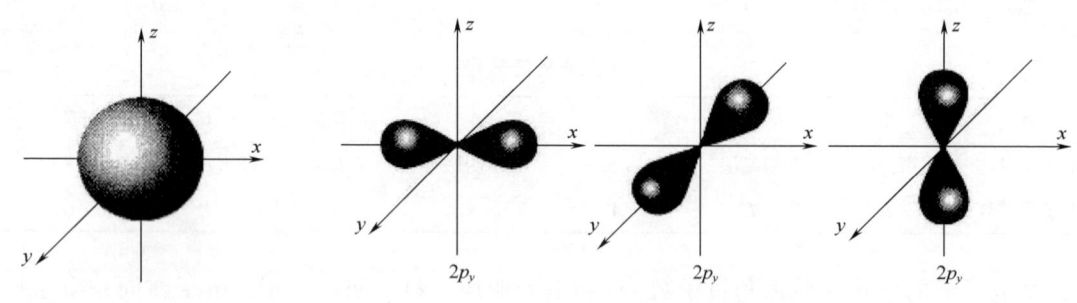

图 1-2　s 电子云　　　　图 1-3　$2p$ 电子云的三种伸展方向

s、p、d、f 四个亚层就分别有 1、3、5、7 个轨道。这样，各电子层可能有的轨道数如下：

电子层 (n)	亚层 (l)	轨道数
$n=1$	s	$1 = 1^2$
$n=2$	s、p	$1+3 = 4 = 2^2$
$n=3$	s、p、d	$1+3+5 = 9 = 3^2$
$n=4$	s、p、d、f	$1+3+5+7 = 16 = 4^2$
n		n^2

即每个电子层可能有的最多轨道数为 n^2。

④自旋量子数 m_s 与电子的自旋　自旋角动量量子数 m_s 与 n，l，m 三个量子数是解薛定谔方程过程所要求的量子化条件。实验也证明了这些条件与实验的结果相符。但用高分辨率的光谱仪在无外磁场的情况下观察氢原子光谱时发现原先的一条谱线又分裂为两条靠得很近的谱线，反映出电子运动的两种不同的状态。为了解释这一现象，又提出了第四个量子数，叫自旋角动量量子数，用符号 m_s 表示。前面三个量子数决定电子绕核运动的状态，因此也常称轨道量子数。原子中电子不仅绕核运动外，其自身还做自旋运动。量子力学用自旋角动量量子数表示电子的两种不同的自旋运动状态。通常图示用向上箭头↑、向下箭头↓表示。两个电子的自旋状态为"↑↑"时，称为自旋平行；而"↑↓"的自旋

状态称为自旋相反。

综上所述，电子在原子核外的运动状态是相当复杂的，必须由它所处的电子层、电子亚层、电子云的空间伸展方向和电子自旋状态四个方面（四个量子数）来决定。四个量子数是相互联系、相互制约的。主量子数 n 和轨道角动量量子数 l 决定核外电子的能量；轨道角动量量子数 l 决定电子云的形状；磁量子数 m 决定电子云 SI 决定的空间取向；自旋角动量量子数电子运动的自旋状态。根据四个量子数可以确定核外电子的运动状态，可以算出各电子层中电子可能的状态数。也就是说，当我们要描述一个电子的运动状态时，也必须同时从这四个方面用四个量子数来一一指明。

氢原子的核外只有 1 个电子，它只受到原子核的吸引作用，其原子轨道的能量只取决于主量子数 n。而在多电子原子中，电子不仅受核的吸引，电子与电子之间还存在相互排斥作用，电子的能量不仅取决于主量子数 n，还与轨道角动量量子数 l 有关，即核外电子在主量子数 n 相同的同一电子层内，各亚层的能量是不相等的。

2. 核外电子排布

了解了核外电子的运动状态后，我们要讨论核外电子的排布情况。了解核外电子的排布，有助于对元素性质周期性变化规律的理解，以及对元素周期表结构和元素分类本质的认识。在已发现的 112 种元素中，对于氢以外的其他元素的原子，核外都不止一个电子，这些原子统称为多电子原子。根据原子光谱实验和量子力学理论，原子核外电子排布遵循以下三条原则：

（1）保里不相容原理 原子核外电子的运动状态是由它所处的电子层、电子亚层、电子云的伸展方向以及电子的自旋状态这四个方面来决定的。1929 年，奥地利科学家保里提出：在同一个原子里，没有这四个方面完全相同的两个电子存在。也就是说，在同一个原子里，不可能有运动状态完全相同的两个电子。这个结论称为保里不相容原理，科学实验也证明了这一点。

在一个原子里，每个电子都拥有唯一的一组量子数 n，l，m，m_s，两个电子各自拥有的一组量子数不能完全相同，假若它们的主量子数 n，角量子数 l，磁量子数 m 分别相同，则自旋磁量子数 m_s 必定不同，它们必定拥有相反的自旋磁量子数。换句话说，处于同一原子轨道的两个电子必定拥有相反的自旋磁量子数。

根据这一原理，s 轨道可容纳 2 个电子，p，d，f 轨道依次最多可容纳 6，10，14 个电子；并可以推算出每个电子层最多容纳的电子总数是 $2n^2$ 个。4 个量子数与电子排布如表 1-3 所示。

表 1-3　　　　　　　　　　　　　　4 个量子数与电子排布

主量子数 n	1	2		3			4			
电子层符号	K	L		M			N			
角量子数 l	0	0	1	0	1	2	0	1	2	3
电子亚层符号	$1s$	$2s$	$2p$	$3s$	$3p$	$3d$	$4s$	$4p$	$4d$	$4f$
磁量子数 m	0	0	0 ± 1	0	0 ± 1	0 ± 1 ± 2	0	0 ± 1	0 ± 1 ± 2	0 ± 1 ± 2 ± 3

续表

主量子数 n	1	2		3			4			
亚层轨道数	1	1	3	1	3	5	1	3	5	7
电子层轨道数	1	4		9			16			
电子层电子数	2	8		18			32			

（2）能量最低原理　系统的能量越低，系统越稳定，这是大自然的规律。原子核外电子的排布也服从这一规律。在多电子原子核外电子的排布中，通常状况下，基态时核外电子总是尽可能优先占有能级最低的轨道，使原子处于能量最低的状态；只有当这些轨道占满后，电子才依次进入能级较高的轨道，这个规律称为能量最低原理。

所谓能级，就是把原子中不同的电子层和亚层按能量高低排列成序，像台阶一样，如 $1s$ 能级、$2s$ 能级、$2p$ 能级等。相邻两个能级组之间的能量差较大，而同一能级组中各轨道能级间的能量差较小或很接近。

当主量子数 n 相同时，随着轨道角动量量子数 l 的增大，轨道能量 E 升高。

例如：$E_{ns}<E_{np}<E_{nd}<E_{nf}$

当轨道角动量量子数 l 相同时，随着主量子数 n 的增大，原子轨道的能量依次升高。例如：$E_{1s}<E_{2s}<E_{3s}$ 以此类推。

当主量子数 n 和轨道角动量量子数 l 都不同时，则可能会有能级交错现象。

例如：$E_{4s}<E_{3d}<E_{4p}$

$E_{5s}<E_{4d}<E_{5p}$

$E_{6s}<E_{4f}<E_{5d}<E_{6p}$

如图 1-4 所示为多电子原子的近似能级图和电子填充顺序。图中圆圈代表原子轨道，其位置的高低表示了各轨道能级的相对高低。此图也称为鲍林近似能级图，它反映了核外电子填充的一般顺序。

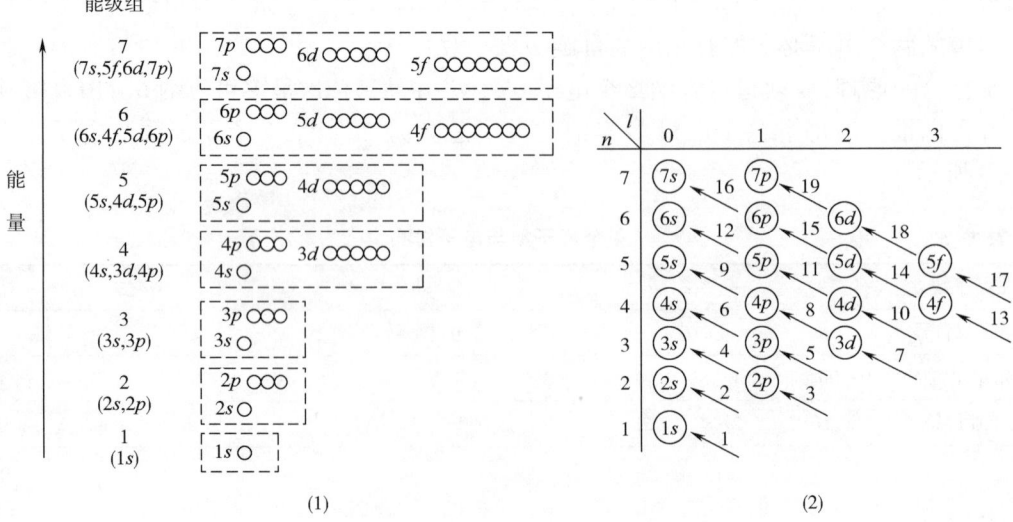

图 1-4　多电子原子的近似能级图（1）和电子填充顺序（2）

根据原子中各轨道能量大小相近的情况，把原子轨道划分为七个能级组（图中用虚线方框表示）。不难看出，相邻两个能级组之间的能量差比较大，而同一能级组中各轨道的能量差较小或很接近。

必须指出，鲍林近似能级图仅仅反映了多电子原子中原子轨道能量的近似高低，不能认为所有元素原子的能级高低都是一成不变的。光谱实验和量子力学理论证明，随着元素原子序数的递增（核电荷增加），原子核对核外电子的吸引作用增强，轨道的能量有所下降。由于不同的轨道下降的程度不同，能级的相对次序有所改变。

（3）洪特规则　科学家洪特从大量的光谱实验中发现，电子在能量相同的轨道上分布时，总是尽可能以自旋相同的方向分占不同的轨道。这样的排布方式，原子的能量较低，体系较稳定，这就是洪特规则。

例如：碳元素的原子核外有 6 个电子、氮元素的原子的电子层排布可表示为 $1s^2\,2s^2\,2p^2$ 和 $1s^2\,2s^2\,2p^3$，此式称为电子排布式。按能量最低原理和保里不相容原理，首先有 2 个电子排布到第一层的 $1s$ 轨道中，另外 2 个电子填入第二层的 $2s$ 轨道中，剩余 2 个或 3 个电子排布在 2 个或 3 个 p 轨道上，具有相同的自旋方向，而不是某两个电子集中在一个 p 轨道，自旋方向相反。

作为洪特规则的补充，能量相等的等价（简并）轨道全充满、半充满或全空的状态比较稳定。

根据以上原则，电子在原子轨道中填充排布的顺序为 $1s\,2s\,2p\,3s\,3p\,4s\,3d\,4p\,5s\,4d\,5p\,6s\,4f\,5d\,6p\,7s\,5f\,6d\cdots$

洪特规则的特例是等价轨道（同一亚层中的简并轨道）上的电子排布在半充满、全充满、全空的状态能量最低是比较稳定的。即以下情形最为稳定：

半充满：p^3 或 d^5 或 f^7。
全充满：p^6 或 d^{10} 或 f^{14}。
全空：p^0 或 d^0 或 f^0。

二、元素周期律与元素性质的周期性

1. 电子层结构与元素周期律

元素周期律，指元素的性质随着元素的原子序数（即原子核外电子数或核电荷数）的增加呈周期性变化的规律。依照原子序数递增的顺序列出 1 号至 112 号元素原子基态电子排布可以发现，元素原子的核外电子排布呈现周期性变化。这种变化导致元素的性质也呈现出周期性变化。元素性质的周期性来源于原子电子层结构随原子序数递增而呈现的周期性，元素周期律正是原子内部结构周期性变化的反映，这一规律的图表形式就是元素周期表。元素周期表是 1869 年俄国科学家门捷列夫（Dmitri Mendeleev）首创的，他将当时已知的 63 种元素依原子质量大小以表的形式排列，把相似化学性质的元素放在同一行，建立了元素周期表的雏形。经过多年修订后才形成现在的周期表。在周期表中，一横行称为一个周期，一列称为一个族。元素在周期表中的位置和它们的电子层结构有直接关系。元素周期表如图 1-5 所示。

元素周期律使人们认识到元素之间彼此不是相互孤立的，而是存在着内在的联系，由此对化学元素的认识形成了一个完整的自然体系，使化学成为一门系统的科学。

（1）元素周期与能级组　元素周期表是元素周期律的具体表现形式。它将已知元素共

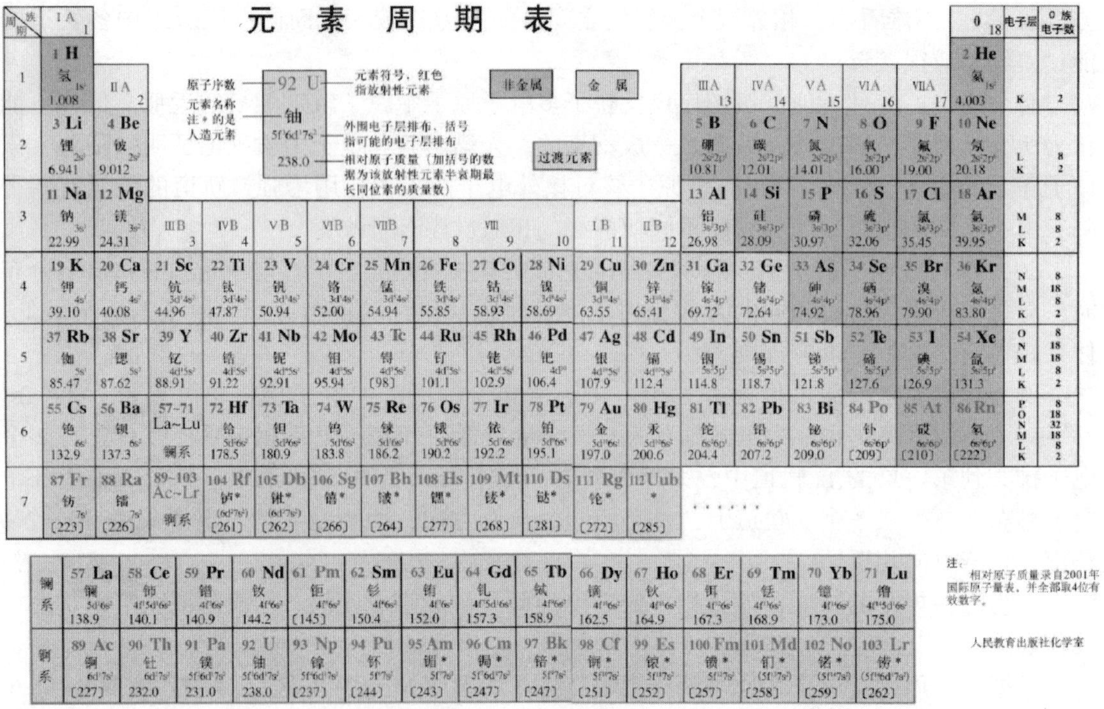

图 1-5　元素周期表

分为 7 个周期，横向排列。因而元素周期表中有 7 个横行，每个横行称为一个周期。原子核外电子分布的周期性是元素周期律的基础，从各元素的电子层结构可知，主量子数 n 每增加 1 个数值就增加一个能级组，因而增加一个新的电子层，相当于周期表中的一个周期。原子具有的电子层数与该元素所在的周期序数相对应。每一个能级组就对应于一个周期。元素周期表中的七个周期与七个能级组的划分是一致的。不难发现，基态原子填有电子的最高能级组序数与元素原子所处周期数相同，各能级组能容纳的电子数等于相应周期的元素数目。周期划分的本质是原子轨道能量关系的体现。观察比较周期表与能级组，由于有能级交错，也就有长短周期之分。

第 1 周期只有 2 种元素，特短周期；第 2、3 周期各有 8 种元素，称为短周期；第 4、5 周期各有 18 种元素，是长周期；第 6 周期有 32 种元素，称为特长周期；第 7 周期，预计有 32 种元素，现在只有 26 种元素（至今发现的元素只有 112 种），尚未排满，称为不完全周期。

每一周期的元素随着原子序数的递增，总是从活泼的碱金属开始（第 1 周期除外）逐渐过渡到最后一个稀有气体元素，而稀有气体元素因各轨道上的电子都已充满，是一种最稳定的原子结构。对应于其电子结构的能级组则从 ns^1 到 np^6 结束，如此周期性的重复出现。

(2) 周期表中族的划分与价电子构型　价电子与价电子构型：价电子是原子发生化学反应时易参与形成化学键的电子，价电子所在的亚层称为价电子层或价层，价电子层的电子排布称价电子构型，它反映元素原子在电子层结构上的特征。由于原子参与化学反应为外层电子构型中的电子，所以价电子构型与原子的外层电子构型有关。

①族：元素周期表中的纵列称为族。在元素周期表中元素共有 18 个纵列，分为 16 个族，其中 7 个主族（A 族）、7 个副族（B 族）、1 个Ⅷ族和 1 个零族。

②主族：元素周期表中第 1~2 列和第 13~17 列，七列为主族元素，以符号ⅠA~ⅦA 表示。主族元素的最后一个电子填入 ns 或 np 亚层上，价电子总数等于族数。如 7 号元素 N，电子构型为 $1s^22s^22p^3$，最后一个电子填入 $2p$ 亚层，价电子总数为 5，因而是ⅤA 元素。

由于同一族中各元素原子核外电子层数从上到下递增，因此同主族元素化学性质从上到下具有递变性。

③副族：元素周期表中第 3~7，11~12 列共七列称副族元素，即ⅢB~ⅦB，ⅠB~ⅡB 表示。副族元素的最后一个电子填入 $(n-1)d$ 或 $(n-2)f$ 亚层上其价电子构型为 $(n-1)d^{1\sim10}ns^{0\sim2}$，副族元素也称过渡元素。ⅠB，ⅡB 副族元素的族数等于最外层 s 电子的数目，ⅢB~ⅦB 副族元素的族数等于最外层 s 电子和次外层 $(n-1)d$ 亚层的电子数之和，即价电子总数。如 22 号元素 Ti，其价电子构型为 $3d^24s^2$，价电子数为 4，因而是ⅣB 元素。

对主族元素，其价电子构型为最外层电子构型（$ns\,np$）；对副族元素，其价电子构型不仅包括最外层的 s 电子，还包括 $(n-1)d$ 亚层甚至 $(n-2)f$ 亚层的电子。

④Ⅷ族：元素周期表中第 8、9、10 三列共 9 个元素，称Ⅷ族元素，它们的价电子数为 8、9、10，与其族数不完全相同。

⑤零族：元素周期表中第 18 列共 6 个元素，称 0 族元素，元素为稀有气体，最外电子层均已填满，达到 8 电子稳定结构。

（3）价电子构型与元素分区　元素周期表中的元素除按照周期和族来划分外，还可以根据元素的价电子构型不同，把周期表中元素所在的位置分为 s、p、d、ds、f 五个区。

s 区：s 区元素最后一个电子填充在 s 轨道，价电子构型为 ns^1 或 ns^2，位于周期表的左侧，包括ⅠA 和ⅡA 族。它们在化学反应中易失去电子形成+1 价或+2 价离子，为活泼金属。

p 区：p 区元素最后一个电子填充在 p 轨道，价电子构型为 $ns^2np^{1\sim6}$，位于长周期表的右侧。包括ⅢA~ⅦA 和 0 族，共六个族元素。

s 区和 p 区元素为主族元素和 0 族元素，其共同特点是最后一个电子都填入最外电子层，最外层电子总数等于族数。

d 区：d 区元素最后一个电子基本填充在次外层（倒数第二层）$(n-1)d$ 轨道（个别例外），它们具有可变氧化态，包括ⅢB~ⅦB 和Ⅷ族，共六个族元素。d 区元素其价电子构型除 $(n-1)d^xns^2$ 外，还有 $(n-1)d^{x+1}ns^1$ 或 $(n-1)d^{x+2}ns^0$，其中 $x=1\sim8$ 的族数可由最外层 ns 轨道上的电子数（设为 y）与次外层 $(n-1)d$ 轨道上的电子数（设为 x）之和来推断。当 $x+y=8\sim10$ 时为Ⅷ族，其余的数值即为相应副族元素所在的族数。

ds 区：ds 区元素的价电子构型为 $(n-1)d^{10}ns^{1\sim2}$。与 d 区元素的区别在于它们的 $(n-1)d$ 轨道是全满的；与 s 区元素的区别在于它们有 $(n-1)d^{10}$ 电子层，即它们的次外层 d 轨道已全充满。所以 ds 区元素的性质既不同于 d 区元素也不同于 s 区元素，在周期表中的位置介于 d 区和 p 区之间。ds 区元素的族数等于最外层 ns 轨道上的电子数。

f 区：f 区元素最后一个电子填充在 f 亚层，价电子构型为 $(n-2)f^{0\sim14}(n-1)d^{0\sim2}ns^2$，包括镧系和锕系元素，位于周期表下方。

周期表分区示意图如图1-6所示。

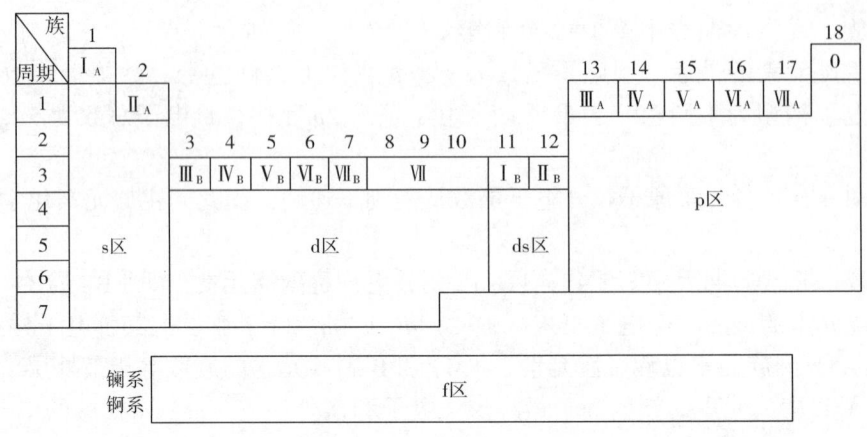

图1-6 周期表分区示意图

2. 元素原子性质的周期性

（1）原子半径（r） 原子核周围是电子云，它们没有确切的边界。我们通常所说的原子半径是根据物质的聚集状态，人为规定的一种物理量。根据量子力学的观点，原子中的电子在核外运动并无固定轨迹，电子云也无明确的边界，因此原子并不存在固定的半径。但是，现实物质中的原子总是与其他原子为邻的，如果将原子视为球体，那么两原子的核间距离即为两原子球体的半径之和。常将此球体的半径称为原子半径（r）。

原子半径的变化规律：同一主族元素原子半径从上到下逐渐增大。因为从上到下，原子的电子层数增多，所以半径增大。副族元素的原子半径从上到下递变不是很明显。第一过渡系到第二过渡系的递变较明显，而第二过渡系到第三过渡系基本没变，这是由于镧系收缩的结果。

同一周期中原子半径的递变按短周期和长周期有所不同。在同一短周期中，由于有效核电荷的逐渐递增，核对电子的吸引作用逐渐增大，原子半径逐渐减小。在长周期中，过渡元素由于有效核电荷的递增不明显，因而原子半径减小缓慢（图1-7）。

（2）元素的电离能 基态的气态原子或气态离子失去一个电子所需要的最小能量称为元素的电离能。单位为kJ/mol（SI单位为J/mol）。

处于基态的气态原子失去一个电子生成+1价的气态阳离子所需要的能量称为第一电离能（I_1），由+1价气态阳离子再失去一个电子形成+2价气态阳离子时所需能量称为元素的第二电离能（I_2），依

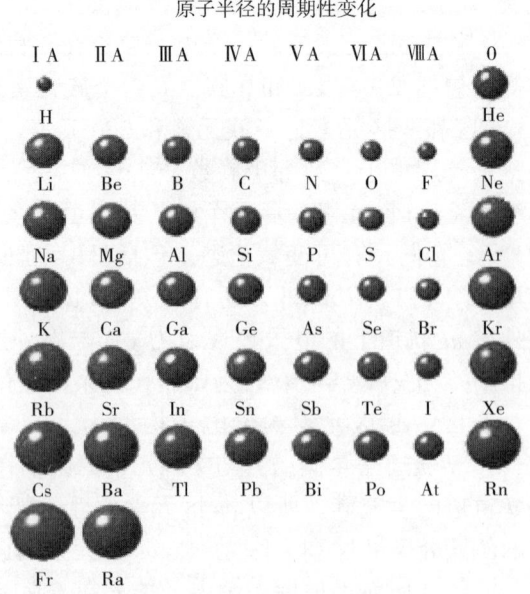

图1-7 原子半径的周期性变化

次类推第三、四电离能。且一般 $I_1<I_2<I_3\cdots$由于原子失去电子必须消耗能量克服核对外层电子的引力,所以电离能总为正值,电离能越小,电子越容易被夺走。通常不特别说明,电离能都是指的第一电离能。

一般来说,周期表中同周期元素,从左到右电离能逐渐增加;而同一主族,由上往下电离能逐渐减小元素第一电离能的周期性变化如图1-8所示。

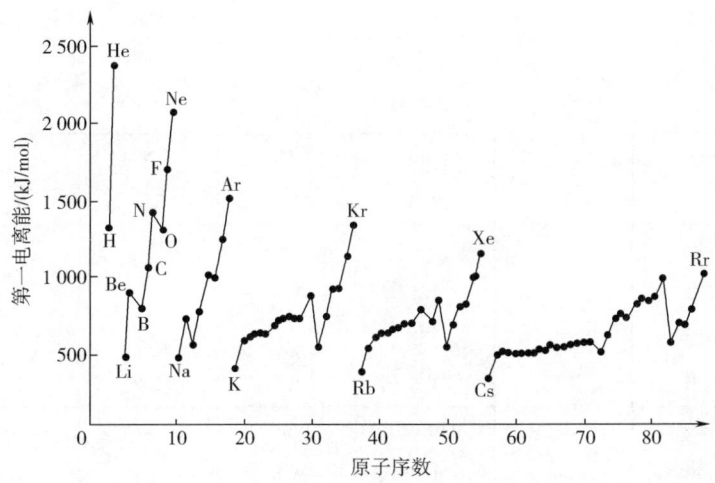

图1-8 元素第一电离能的周期性变化

同一周期主族元素从左到右,有效核电荷逐渐增大,电离能呈增大趋势,表示元素原子越来越难失去电子。它是由电离能最小的碱金属元素,到电离能最大具有稳定电子层结构的稀有气体。故同周期元素从强金属性逐渐变到非金属性,直至强非金属性。短周期的这种递变更为明显,因为同周期元素电子层数相同,但随着核电荷数增大和原子半径的减小,核对外层电子的有效吸引作用依次增强。

同一周期副族元素从左至右,有效核电荷增加不多,电离能增加不如主族元素明显,只是随着原子序数的增加第一电离能略有增加。由于最外层只有两个电子,副族元素(过渡元素)均表现金属性。

同一周期内元素的第一电离能在总体增大的趋势中有些曲折。当外围电子在能量相等的轨道上形成全空(p^0、d^0、f^0)、半满(p^3、d^5、f^7)或全满(p^6、d^{10}、f^{14})结构时,原子的能量较低,元素的第一电离能较大。

同一主族元素从上到下第一电离能逐渐减小,表明自上而下原子越来越容易失去电子。这是因为同主族元素的价电子数相同,原子半径逐渐增大,原子核对核外电子的有效吸引作用逐渐减弱。

同一副族电离能变化不规则。

(3)元素的电负性(χ) 电离能是衡量一个原子给出电子难易程度的定量尺度。相反,电负性是指原子在分子中吸引成键电子的能力,是表示元素的原子在分子中吸引电子能力的相对大小,它较全面地反映了元素金属性和非金属性的强弱。元素的电负性数值越大,其吸引电子的能力就越强。最活泼的非金属氟的电负性为4.0,根据热化学数据比较各元素原子吸引电子的能力,得出其他元素的电负性,数值大小在0.7~4.0。金属元素的电负性一般在 2.0 以下，非金属元素的电负性一般在 2.0 以上。元素电负性的大小可以衡量元素金属性与非金属性的强弱。

电负性的概念最早是由鲍林在 1932 年提出来的，所以也叫鲍林电负性。如表 1-4 所示为主族元素的电负性（鲍林电负性数值）。

表 1-4   主族元素的电负性（L. Pauling 值）

ⅠA	ⅡA	ⅢA	ⅣA	ⅤA	ⅥA	ⅦA
H 2.1						
Li 1.0	Be 1.5	B 2.0	C 2.5	N 3.0	O 3.5	F 4.0
Na 0.9	Mg 1.2	Al 1.5	Si 1.8	P 2.1	S 2.5	Cl 3.0
K 0.8	Ca 1.0	Ga 1.6	Ge 1.8	As 2.0	Se 2.4	Br 2.8
Rb 0.8	Sr 1.0	In 1.7	Sn 1.8	Sb 1.9	Te 2.1	I 2.5
Cs 0.7	Ba 0.9	Tl 1.8	Pb 1.8	Bi 1.9	Po 2.0	At 2.2

s 区 ｜ p 区

如表 1-4 所示可以看出电负性递变规律：随着原子序号的递增，元素的电负性呈现周期性变化。同一周期，从左到右元素电负性递增，同一主族，自上而下元素电负性递减。电负性大的元素集中在元素周期表的右上角，电负性小的元素集中在左下角。非金属元素的电负性越大，非金属元素越活泼，金属元素的电负性越小，金属元素越活泼。氟的电负性最大（4.0），是最活泼的非金属元素；铯是电负性最小（0.7），是最活泼的金属元素。过渡元素的电负性都比较接近，没有明显的变化规律。

（4）元素的金属性与非金属性　元素的金属性是指元素的原子失去电子变成阳离子的能力；元素的非金属性是指元素的原子得到电子变成阴离子的能力。元素的原子越容易失去电子，金属性就越强；而元素的原子越容易得到电子，其非金属性就越强。

按元素周期律，同周期元素由左到右，随核电荷数的增加，非金属性增强；同主族元素由上到下，随电子层数的增加，非金属性减弱。

对于主族元素来说，同周期元素随着原子序数的递增，原子核电荷数逐渐增大，而电子层数却没有变化，因此原子核对核外电子的引力逐渐增强，随原子半径逐渐减小，原子失电子能力逐渐降低，元素金属性逐渐减弱；而原子得电子能力逐渐增强，元素非金属性逐渐增强。例如：对于第三周期元素的金属性 Na>Mg>Al，非金属性 Cl>S>P>Si。同主族元素随着原子序数的递增，电子层逐渐增大，原子半径明显增大，原子核对最外层电子的引力逐渐减小，元素的原子失电子能力逐渐增强，得电子能力逐渐减弱，所以元素的金属性逐渐增强，非金属性减弱。例如：第一主族元素的金属性 H<Li<Na<K<Rb<Cs，卤族元素的

非金属性 F>Cl>Br>I。

在元素周期表中，越向左、下方，元素金属性越强，金属性最强的金属是 Cs；越向右、上方，元素的非金属越强，非金属性最强的元素是 F。例如：金属性 K>Na>Mg，非金属性 O>S>P。

(5) 元素的氧化数　元素的氧化数（或称氧化值）是指某元素一个原子的形式电荷数，这种电荷数是假设化学键中的电子指定给电负性较大原子而求得的。

氧化数反映元素的氧化状态，有正、负、零之分，也可以是分数，与原子的价电子构型有关，周期表中元素的最高氧化数呈周期性变化。ⅠA-ⅦA 族（F 除外）、ⅢB-ⅦB 族元素的最高氧化数等于价电子总数，也等于其族序数，ⅠB、ⅡB、ⅧA、ⅧB 族元素的最高氧化数变化不规律。非金属元素的最高氧化数与负氧化数的绝对值之和等于 8。

综上所述，元素性质随原子序数递增而呈周期性变化的规律，称为元素周期律。元素周期性的实质是原子核外电子分布周期性变化的必然结果。

任务二｜分子结构

分子结构包含两个方面的内容：分子中直接相邻的原子间的相互作用力，即化学键问题和分子的空间构型（几何形状）问题。

一、化学键

在自然界中，除了稀有气体元素的原子能以单原子形式稳定出现外，其他元素的原子则以一定的方式结合成分子或以晶体的形式存在。例如：氧分子由两个氧原子结合而成；干冰是众多的 CO_2 分子按一定规律组合形成的分子晶体；而纯铜以众多铜原子结合形成的金属晶体形式存在。

由于参与化学反应的基本单元是分子，而分子的性质是由其内部结构决定的，所以研究化学键理论是当代化学的一个中心问题。

按照化学键形成方式与性质的不同，化学键可分为三种基本类型：离子键、共价键和金属键。

1. 离子键

离子键理论是 1916 年德国化学家柯塞尔提出的。他认为当活泼金属原子与活泼非金属原子接近时，它们在反应中有得到或失去电子以达到成为稀有气体稳定结构的趋势，由此形成的正离子和负离子以静电引力相互吸引在一起。因而离子键的本质就是正负离子间的静电吸引作用。

(1) 离子键　原子间发生电子的转移形成阴阳离子并通过静电引力而形成的化学键。

例如氯和钠以离子键结合成氯化钠。两个原子间的电负性相差极大，电负性大的氯会从电负性小的钠抢走一个电子，以符合最外层 8 电子稳定结构。之后氯会以 -1 价的方式存在，而钠则以 +1 价的方式存在，二者再以库仑静电力因正负相吸而结合在一起，因此也有人说离子键是金属与非金属结合用的键结方式。而离子键可以延伸，所以并无分子结构。即

$$Na^x + \cdot \ddot{C}l: \longrightarrow Na^+[{}^x_\cdot\ddot{C}l:]^-$$

（2）离子键的特点　由于离子键是正负离子通过静电引力作用相连接的，从而决定了离子键的特点是没有方向性和饱和性。正负离子近似看作点电荷，所以其作用不存在方向问题。没有饱和性是指在空间条件许可的情况下，每个离子可吸引尽可能多的相反离子。由于离子键的这两个特点，所以在离子晶体中不存在独立的"分子"，整个离子晶体就是一个大分子，即无限分子。例如 NaCl 晶体，其化学式仅表示 Na 离子与 Cl 离子的离子数目之比为 1∶1，并不是其分子式，整个 NaCl 晶体就是一个大分子。

由离子键形成的化合物叫离子型化合物，相应的晶体为离子晶体。离子键亦有强弱之分。其强弱影响该离子化合物的熔点、沸点和溶解性等性质。离子键越强，其熔点越高。离子半径越小或所带电荷越多，阴、阳离子间的作用就越强。例如钠离子的微粒半径比钾离子的微粒半径小，则氯化钠 NaCl 中的离子键较氯化钾 KCl 中的离子键强，所以氯化钠的熔点比氯化钾的高。

2. 共价键

离子键理论很好地说明了 CsF，NaBr，NaCl 等电负性差值较大的离子型化合物的成键与性质，但无法解释同种元素间形成的单质分子如 H_2，N_2 等，以及电负性接近的非金属元素间形成的大量化合物如 HCl、CO_2、NH_3 和大量的有机化合物。

美国化学家路易斯提出了共价键的电子理论。他认为原子结合成分子时，原子间可共用一对或几对电子，形成稳定的分子。

（1）共价键　共价键是常见化学键的一种，两个或多个原子共同使用它们的外层电子，在理想情况下达到电子饱和的状态，由此组成比较稳定和坚固的化学结构叫作共价键。与离子键不同的是进入共价键的原子向外不显示电荷，因为它们并没有获得或损失电子。共价键的强度比氢键要强，与离子键差不太多或有些时候甚至比离子键强。本质是在原子之间形成共用电子对。同一种元素的原子或不同元素的原子都可以通过共价键结合。

例如：A，B 两原子各有一个未成对电子，并自旋反平行，则互相配对构成共价单键，如 H—H 单键。H—Cl 也是以单键结合的，因为 H 原子上有一个 $1s$ 电子，而 Cl 原子有一个未成对的 $3p$ 电子。如果 A，B 两原子各有两个或三个未成对电子，则在两个原子间可以形成共价双键或共价叁键。如 N≡N 分子以叁键结合，因为每个 N 原子有三个未成对的 $2p$ 电子。He 原子则因为没有未成对电子因而不能形成双原子分子。如果 A 原子有两个未成对电子，B 原子只有一个未成对电子，则 A 原子可同时与两个 B 原子形成两个共价单键，则形成 AB_2 分子，如 H_2O 分子。

$$H^x + \cdot \ddot{O} \cdot + H^x \longrightarrow H{}^x_\cdot\ddot{O}{}^x_\cdot H$$

（2）共价键的特征

①共价键的饱和性：在形成共价键时，成键的原子需要共用未成对电子，一个原子有几个未成对电子，就只能和几个自旋相反的电子配对成键。所谓共价键的饱和性是指每个原子的成键总数或以单键相连的原子数目是一定的。因为共价键的本质是原子轨道的重叠和共用电子对的形成，而每个原子的未成对电子数是一定的，所以形成共用电子对的数目也就一定。

例如两个 H 原子的未成对电子配对形成 H_2 分子后，如有第三个 H 原子接近该 H_2 分子，则不能形成 H_3 分子。又如 N 原子有三个未成对电子，可与三个 H 原子结合，生成三个共价键，形成 NH_3 分子。这就是共价键的饱和性。

②共价键的方向性：原子轨道中，除 s 轨道呈球形对称没有方向性外，p，d，f 轨道都具有一定的空间伸展方向。根据最大重叠原理，在形成共价键时，原子间总是尽可能的沿着原子轨道最大重叠的方向成键。成键电子的原子轨道重叠程度愈高，电子在两核间出现的概率密度也愈大，形成的共价键就愈稳固。因此，在形成共价键的时候，除了 s 轨道和 s 轨道之间在任何方向上都能达到最大程度的重叠外，p，d，f 原子轨道的重叠，只有沿着一定的方向才能发生最大程度的重叠。这就是共价键的方向性。

（3）共价键的类型

①根据提供电子对的方式：共价键分为普通共价键，配位键。配位键是一类特殊的共价键，它是共用电子对由成键原子中的某个原子单方面提供，另一个原子只提供空轨道，为成键双方所共用。即 A 原子有能量合适的空轨道，B 原子有孤电子对，B 原子的孤电子对所占据的原子轨道和 A 原子的空轨道能有效地重叠，则 B 原子的孤电子对可以与 A 原子共享，这样形成的共价键称为共价配键，以符号 A←B 表示。

②根据共用电子对是否偏移：共价键分为极性键和非极性键。极性键是电负性不同的两种非金属元素之间或者金属与非金属元素之间形成的共价键。其共用电子对发生偏移。非极性键是电负性相同的同种非金属元素形成的共价键。其共用电子对不发生偏移。

③根据共用电子对数：共价键分为单键、双键、三键。

④根据原子轨道的重叠方式不同：可分为 σ 键和 π 键。σ 键是由两个原子轨道沿轨道对称轴方向相互重叠导致电子在核间出现概率增大而形成的共价键，称为 σ 键，可以简记为"头碰头"。π 键是成键原子的未杂化 p 轨道，通过平行、侧面重叠而形成的共价键，称为 π 键，可简记为"肩并肩"。

（4）共价键参数　共价键具有一些表征其性质的物理量，如键长、键角、键能、键级等，这些物理量统称为键参数。

键级是一个描述键的稳定性的物理量。在价键理论中，用成键原子间共价单键的数目表示键级。如 Cl—Cl 分子中的键级 = 1；N≡N 分子中的键级 = 3。

键能是从能量因素衡量化学键强弱的物理量。其定义为在标准状态下，将气态分子 AB（g）解离为气态原子 A（g），B（g）所需的能量，用符号 E 表示，单位为 kJ/mol。

一般说来键能越大，化学键越牢固。双键的键能比单键的键能大得多，但不等于单键键能的两倍；同样叁键键能也不是单键键能的三倍。

当两原子间形成稳定的共价键时，两个原子间保持着一定的平衡距离，这距离称为键长，符号 l，单位 m 或 pm。在不同分子中，两原子间形成相同类型的化学键时，键长相近，即共价键的键长有一定的守恒性。

键角是反映分子空间结构的重要参数。分子中相邻的共价键之间的夹角称为键角，通常用符号 θ 表示，单位为 "°" "′"。其数据可以用分子光谱和 X 射线衍射法测得。如果知道了某分子内全部化学键的键长和键角的数据，那么这些分子的几何构型便可确定。

3. 金属键

金属键是化学键的一种，属于非定域键，主要存在于金属中。金属晶体靠金属键结合。由于金属原子只有少数价电子能用于成键，这样少的价电子不足以使金属原子间形成正常的共价键。因此金属在形成晶体时倾向于组成极为紧密的结构，使每个原子拥有尽可能多的相邻原子，这样原子轨道可以尽可能多的发生重叠，使少量的电子自由地在较多原子、离子之间运动，将这些金属原子或金属离子结合起来。由于电子的自由运动，金属键没有固定的方向，因而是非极性键。金属键有金属的很多特性。例如一般金属的熔点、沸点随金属键的强度而升高。

二、分子间力

1. 分子间力

分子间力是 1872 年由荷兰物理学家范德华首先发现并提出的。分子中除有化学键外，在分子与分子之间还存在着比化学键弱得多的相互作用力，称为分子间力，也叫范德华力。与化学键相比，分子间力是比较弱的力。分子间力一般随相对分子质量的增大而增大。气体的液化、液体的凝固主要靠分子间力。分子间力是决定物质熔点、沸点、溶解度等物理化学性质的一个重要因素。

2. 氢键

分子间力一般随相对分子质量的增大而增大。p 区同族元素氢化物的熔、沸点从上到下升高，而 NH_3、H_2O 和 HF 却例外。如 H_2O 的熔点、沸点比 H_2S，H_2Se 和 H_2Te 都要高。H_2O 还有许多反常的性质，如特别大的介电常数和比热容以及密度等。又如实验证明，有些物质的分子不仅在液相，甚至在气相都处于紧密的缔合状态中。例如 HF 分子气相为二聚体（HF）$_2$，HCOOH 分子气相也为二聚体（HCOOH）$_2$。根据甲酸二聚体在不同温度的解离度，可求得它的解离能为 59.0kJ/mol，这个数据显然远远大于一般的分子间力。这些反常的现象除与分子间力有关外，还存在另外一种力，这就是在这些反常分子间还存在氢键。

（1）氢键　当氢与电负性很大、半径很小的原子 X（X 是 F、O、N 等高电负性元素）形成共价键时，共用电子对强烈偏向于 X 原子，使氢原子几乎成为半径很小、只带正电荷的裸露质子。这个几乎裸露的质子能与电负性很大的其他原子（Y）相互吸引，或和另一个 X 原子相互吸引，从而形成氢键。

（2）形成氢键的条件

①氢原子与电负性很大的原子 X 形成共价键；②有另一个电负性很大且具有孤对电子的原子 X（或 Y）。

氢键一般用 X—H—X（Y）表示，把 H—X（Y）之间的键称作氢键。在化合物中，容易形成氢键的元素有 F、O、N，有时还有 Cl、S。氢键的强弱与形成氢键的元素电负性大小、原子半径大小有关，这些元素的电负性愈大，氢键愈强；这些元素的原子半径愈小，氢键也愈强。氢键的强弱顺序：F—H—F＞O—H—O＞N—H—N＞O—H—Cl＞O—H—S。

氢键的键能一般在 40kJ/mol 以下，比化学键的键能小得多，和范德华力处于同一数量级。但氢键有两个与范德华力不同的特点，那就是它的饱和性和方向性。氢键的饱和性表示一个 X—H 只能和一个 Y 形成氢键，这是因为氢原子半径比 X，Y 小得多，如果另有一个 Y 原子接近它们，则受到 X 和 Y 原子的排斥力比受氢原子的吸引力大得多，所以 X—H—Y 中的 H 原子不可能再形成第二个氢键。氢键的方向性是指 Y 原子与 X—H 形成氢键时，其方向尽可能与 X—H 键轴在同一方向，即 X—H—Y 尽可能保持 180°。因为这样成键可使 X 与 Y 距离最远，两原子的电子云斥力最小，形成稳定的氢键。

（3）氢键的类型　氢键可以分为分子间氢键和分子内氢键两大类。前面的例子都是分子间氢键。HNO₃分子以及在苯酚的邻位上有—NO₂，—COOH，—CHO，—CONH₂等基团时都可以形成分子内氢键。冰是分子间氢键的一个典型。由于分子必须按氢键的方向性排列，所以它的排列不是最紧密的，因此冰的密度小于液态水。同时，因为冰有氢键，必须吸收大量的热才能使其断裂，所以其熔点大于同族的 H_2S。

氢键的形成对物质的物理性质有很大影响。分子间形成氢键时，使分子间结合力增强，使化合物的熔点、沸点、熔化热、汽化热、黏度等增大，蒸气压则减小。例如：HF 的熔、沸点比 HCl 高，H_2O 的熔点、沸点比 H_2S 高，分子间氢键还是分子缔合的主要原因。分子内氢键的形成一般使化合物的熔点、沸点、熔化热、汽化热、升华热减小。氢键的形成还会影响化合物的溶解度。当溶质和溶剂分子间形成氢键时，使溶质的溶解度增大；当溶质分子间形成氢键时，在极性溶剂中的溶解度下降，而在非极性溶剂中的溶解度增大。当溶质形成分子内氢键时，在极性溶剂中的溶解度也下降，而在非极性溶剂中的溶解度则增大。例如：邻硝基苯酚易形成分子内氢键，比其间、对硝基苯酚在水中的溶解度更小，更易溶于苯中。

此外，氢键在生物大分子如蛋白质、DNA、RNA 及糖类等中有重要作用。蛋白质分子的 α-螺旋结构就是靠羰基（CO）上的 O 原子和氨基（—NH）上的 H 原子以氢键（CO—H—N）结合而成。DNA 的双螺旋结构也是靠碱基之间的氢键连接在一起的。氢键在人类和动植物的生理、生化过程中也起着十分重要的作用。

项目小结

一、原子结构

（1）描述核外电子运动状态的四个量子数：主量子数与电子层，电子云形状和电子亚层，磁量子数与电子云的伸展方向，自旋量子数与电子的自旋。

（2）四个量子数及其对应的原子核外电子排布。

（3）核外电子排布遵循的三条原则：保里不相容原理，能量最低原则和洪特规则。

（4）元素周期表中的周期、族以及分区、原子的电子层结构特点和元素的典型性质。

7 个周期：（1 特短周期；2，3 短周期；4，5 长周期；6，7 特长周期；7 也是不完全周期）。

7 个主族：ⅠA～ⅦA；7 个副族：ⅢB～ⅦB，ⅠB～ⅡB；1 个 0 族；1 个Ⅷ族。

①s 区元素；②p 区元素；③d 区元素；④ds 区元素；⑤f 区元素。

（5）原子半径、电离能、电负性等概念及周期性变化规律。

①原子半径及其变化规律：同一周期从左向右原子半径减小；同族元素自上而下原子半径增大。

②电离能变化规律：同一周期从左向右电离能增大；同族元素自上而下电离能减小。

③电负性变化规律：同一周期从左向右电负性增大；同族元素自上而下电负性减小。

④元素的金属性与非金属性变化规律：同一周期从左向右金属性减弱，非金属性增强，；同族元素自上而下金属性增强，非金属性减弱。

⑤元素的氧化数变化规律：非金属元素的最高氧化数与负氧化数的绝对值之和等于 8。

二、分子结构

1. 化学键——离子键、共价键、金属键

离子键本质：阴阳离子间静电引力。

离子键特点：无方向性；无饱和性。

化学键——共价键
- 本质：原子之间形成共用电子对（或电子云重叠）
- 特征：具有方向性和饱和性
- 成键方式
  - σ键 —特征→ 电子云呈轴对称
  - π键 —特征→ 电子云分布的界面关于通过键轴的一个平面对称
- 规律
  - 共价单键——σ键
  - 共价双键——1个σ键、1个π键
  - 共价三键——1个σ键、两个π键
- 键参数
  - 键能：键能越大，共价键越稳定 ⎫ 用于衡量共价键的稳定性
  - 键长：键长越短，共价键越稳定 ⎭
  - 键角：描述分子空间结构的重要参数 } 描述分子的空间结构
- 类型
  - 极性键：A—B
  - 非极性键：A—A

2. 氢键：形成氢键的条件、氢键的强弱、氢键的键能、氢键的类型、氢键的作用。

目标检测

一、填空题

1. 根据本项目所学知识，回答下表问题。

K层是最外层时，最多能容纳的电子数	
除K层外，其他各层为最外层时，最多能容纳电子数	
次外层最多能容纳的电子数	
倒数第3层最多能容纳的电子数	
第n层里最多能容纳的电子数	

2. M^{2+}离子$3d$轨道上有5个电子，该元素的名称是_____。

3. 第35号元素的原子的电子排布是_____，价电子构型为_____，最高氧化数为_____，它位于第_____周期_____族，其元素符号是_____。

4. 原子间通过_____而形成的化学键叫共价键。共价键的两个特征是_____。

二、选择题

1. 主族元素的次外层电子数（除氢）（　　）。

A. 一定是8个　　　　　　　　B. 一定是2个

C. 一定是18个　　　　　　　D. 是2个、8个或18个

2. 下列无机含氧酸分子中酸性最强的是（ ）。

A. HNO_2 B. H_2SO_3

C. $HClO_3$ D. $HClO_4$

3. 在下列元素中，最高正化合价数值最大的是（ ）。

A. Na B. P

C. Cl D. Ar

4. 下列离子化合物中，离子组成与 Ne 和 Ar 的电子层结构分别相同的是（ ）。

A. NaCl B. LiI

C. NaF D. CsI

5. 在下列元素中，最高正化合价数值最大的是（ ）。

A. Na B. P

C. Cl D. Ar

6. XY_2 是离子化合物，X 和 Y 离子的电子层结构都与氖原子相同，则 X、Y 为（ ）。

A. Ca 和 Cl B. K 和 S

C. Ca 和 F D. Mg 和 F

7. 下列关于离子化合物的叙述正确的是（ ）。

A. 离子化合物中都含有离子键

B. 离子化合物中的阳离子只能是金属离子

C. 离子化合物如能溶于水，其水溶液一定可以导电

D. 溶于水可以导电的化合物一定是离子化合物

8. 下列 4 组原子序数的元素，彼此间能形成共价键的是（ ）。

A. 6 和 16 B. 8 和 13

C. 15 和 17 D. 12 和 35

9. 下列化合物全部以共用电子对成键的是（ ）。

A. NH_3 B. $Ba(OH)_2$

C. $MgCl_2$ D. NH_4Cl

10. 下列每组中各物质内既有离子键又有共价键的一组是（ ）。

A. NaOH、H_2SO_4、$(NH_4)_2SO_4$ B. MgO、Na_2SO_4、NH_4HCO_3

C. Na_2O_2、KOH、Na_2SO_4 D. HCl、Al_2O_3、$MgCl_2$

三、简答题

1. 总结元素周期表中，同周期从左到右，同族从上到下，主族元素的电负性、氧化数、元素的金属性与非金属性等基本性质的变化规律。

2. A，B 两元素，A 原子的 M 层和 N 层的电子数分别比 B 原子的 M 层和 N 层的电子数少 7 个和 4 个。写出 A，B 两原子的名称和电子排布式。

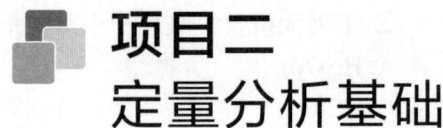

项目二 定量分析基础

【知识目标】
1. 掌握定量分析误差的来源、分类和减免措施；理解准确度、精密度、误差和偏差的意义及表示方法。
2. 理解有效数字的意义，会处理定量分析中的数据。
3. 理解滴定分析法、滴定方式、化学计量点等滴定分析中的基本概念。

【能力目标】
1. 能正确记录实验中的数据。
2. 会分析实验中误差产生的主要原因及减少误差应采取的方法。
3. 学会配制常用的标准溶液。

任务一 │ 误差与分析数据的处理

一、定量分析的任务和作用

分析化学是人们获取物质的化学组成与结构信息的科学，分析化学的任务是对物质进行组成分析和结构鉴定。物质组成的分析，主要包括定性与定量两个部分。定性分析的任务是确定物质由哪些组分（元素、离子、基团或化合物）组成，定量分析的任务是确定物质中有关组分的含量。

1. 定量分析的分类

定量分析根据测定原理和操作方式，可分为化学分析法和仪器分析法。

（1）化学分析法 是以物质的化学反应为基础的分析方法，主要分为重量分析法和滴定分析法。

①重量分析法：在重量分析中，一般首先采用适当的方法，使被测组分以单质或化合物的形式从式样中与其他组分分离。重量分析的过程包括了分离和称量两个过程。根据分离的方法不同，重量分析法又可分为沉淀法、挥发法和萃取法。

②滴定分析法：滴定分析是将一种已知其准确浓度的试剂溶液（称为标准溶液）滴加到被测物质的溶液中，直到化学反应完全时为止，然后根据所用试剂溶液的浓度和体积求得被测组分含量的分析方法。根据化学反应的类型，滴定分析可分为酸碱滴定法、沉淀滴定法、配位滴定法和氧化还原滴定法。

重量分析法和滴定分析法是最早应用于定量分析的分析方法，其特点是所用仪器简单，结果准确，应用范围广。但对样品中的微量组分的分析往往无能为力，也不能够满足快速分析的需要。

（2）仪器分析法　仪器分析法也叫物理化学分析，它是以物质的物理性质和物理化学性质为基础的分析方法。由于这类分析都要使用特殊的仪器设备，所以一般称为仪器分析法。常用的仪器分析方法有：光学分析法、电化学分析法、色谱分析法等。

①光学分析法：是根据物质的光学性质建立起来的一种分析方法。主要有分子光谱（如比色法、紫外-可见分光光度法、红外光谱法等）、原子光谱法（如原子发射光谱法、原子吸收光谱法等）、光声光谱法、化学发光分析法等。

②电学分析法：是根据被分析物质溶液的电化学性质建立起来的一种分析方法。主要有电位分析法、电导分析法、电解分析法、极谱法和库仑分析法等。

③色谱分析法：是一种分离与分析相结合的方法。主要有气相色谱法、液相色谱法、离子色谱法。

随着科学技术的发展，近年来，质谱法、核磁共振波谱法、X射线、电子显微镜分析以及毛细管电泳等大型仪器分析法已成为强大的分析手段。仪器分析由于具有快速、灵敏、自动化程度高和分析结果信息量大等特点，从而备受青睐。

若按物质的属性来分类，分析方法可分为无机分析和有机分析。无机分析的对象是无机化合物，有机分析的对象是有机化合物。若按被测组分的含量来分类，分析方法又可分为常量组分分析、微量组分分析和痕量组分分析。若按所取试样的量来分类，分析方法还可分为常量试样分析、微量试样分析和超微量试样分析。

一般常量分析采用化学分析法，而微量分析则采用仪器分析法。目前分析化学正朝着从常量、微量分析到微粒分析；从总体分析到微区分析；从宏观到微观结构分析；从简单体系到复杂体系分析等方面发展和完善。

2. 定量分析的程序

定量分析的过程，一般有取样、样品的制备、分解、干扰组分的分离、分析测定、数据的处理及评价等几个环节所组成。

（1）取样　在实际分析工作过程中，首先要保证采集的试样均匀性和代表性，否则无论分析工作做的多么认真、准确，都毫无意义。如果提供无代表性的试样，则会带来难以估计的后果。例如，取了几块含金量很高的矿石作了分析，根据这个结果，去开采一个实际含金量很低、根本没有开采价值的矿山，必定导致人力、物力的浪费。通常，分析的对象是大量的、很不均匀的（如矿石、土壤等），而分析所取的试样量很少。另外，分析的对象也是多种多样，有气体、液体、固体等。在进行分析测定之前，必须根据具体情况，做好试样的采集和处理，然后再进行分析工作。

（2）试样的分解　在实际分析工作中，除干法分析外，通常要先将试样分解，把待测组分定量转入溶液后再进行测定。在分解试样的过程中，应遵循以下几个原则：①试样的分解必须完全；②在分解试样的过程中，待测组分不能有损失；③不能引入待测组分和干扰物质。根据试样的性质和测定方法的不同，常用的分解方法有溶解法、熔融法和干式灰化法等。

（3）干扰组分的分离　若试样组成简单，测定时，各组分之间互不干扰，则将试样制成溶液后，即可选择合适的分析方法进行直接测定。但实际工作过程中，试样的组成往往较为复杂，测定时彼此相互干扰。所以，再测定某一组分之前，常需进行干扰组分得分离。如果待测成分含量很小，分离工作就显得更加重要，不仅要把干扰排除，被测组分也不能有损失。对于微量或痕量组分的测定，在分离干扰的同时，还需把被测组分富集，以提高分析方法的灵敏度。常用的分离方法有沉淀分离法、挥发法、萃取法、离子交换树脂法和色谱分离法等。

（4）分析方法的选择　随着科学技术的快速发展，新的分析方法不断问世，对同一样品、同一物质的测定，有着不同的多种分析方法。为使分析结果满足准确度、灵敏度等方面的要求，应根据具体的实际情况，从测定的具体要求、被测组分含量、被测组分的性质、干扰物质的影响、实验室设备和技术条件等几个方面考虑，选择合适的分析方法。

（5）数据的处理及结果的评价　整个分析过程的最后一个环节是计算待测组分的含量，并同时对分析结果进行评价，判断分析结果的准确度、灵敏度、选择性等是否达到要求。

二、定量分析误差

在定量分析的各种测试中，由于使用仪器设备精度的限制、试剂纯度的差异、分析方法的不完善、测试环境的变化等客观因素的影响，也由于测试人员经验、技术的主观差异，测试结果不可能与真实值完全一致，这种差别即为误差。

误差是客观存在且难以避免的，但随着科学的进步和人们技能的提高，误差是可以被控制在一个极小的范围内的。

1. 误差的分类

定量分析工作中产生误差的原因很多，根据误差产生的原因及性质不同，误差可以分为两类，即系统误差和偶然误差。

（1）系统误差　是由分析过程中的某些确定原因造成的，服从一定函数规律的误差。根据其产生的原因可分为以下几类。

①方法误差：由于所选择的分析方法本身不完善而产生的误差。例如，发生的副反应及诱导反应、反应进行不完全、重量分析中沉淀少量溶解、滴定分析中的滴定误差等，都会使测定结果与真实值之间产生差异。

②仪器误差：由于所用仪器本身不够准确或未经校准所引起的误差。如天平两臂不等长、移液管刻度不准确等，这些都会在使测定结果不准确，产生的系统误差是仪器误差。

③试剂误差：由于所用试剂不纯或蒸馏水中含有微量杂质而引起的误差。如使用的试剂中含有微量的被测组分或是存在干扰测量的杂质等。

④操作误差：由于分析者掌握操作规程与控制条件的习惯与偏见造成。如有人对滴定终点不甚敏感，指示剂的变色常常偏浅或偏深。分析者操作不当所造成的"过失"不是操作误差，是错误操作。

（2）偶然误差　是由于一些难以控制的因素随机波动而产生的误差。例如，由于室温、气压、湿度的波动，仪器性能出现的微小变化。偶然误差服从统计学规律，遵循正态分布（图2-1），即正误差与负误差出现的概率相同；小误差出现的次数多，大误差出现的次数少，个别特大误差出现的次数极少。

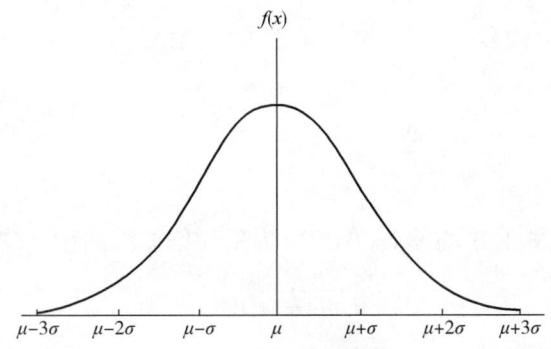

图 2-1　偶然误差大小分布图

μ —真值　$f(x)$ —出现概率

系统误差与偶然误差的区别是系统误差具有确定性，在相同条件下，多次测量同一量时，误差的绝对值和方向保持恒定；条件改变时，误差亦按照确定的规律变化。而偶然误差则具有随机性，误差的绝对值和符号不以一定的方式变化。

误差是用来表示定量分析结果准确度的量度，即定量分析的结果与真值的符合程度。但由于实际测定时试样中待测组分的真实值往往是不知道的（测量的目的就是为了测得真实值），因此处理实际问题时常常在尽量减小系统误差的前提下，将多次平行测量值的平均值当作真实值。个别测量值与平均值之间的差值，我们叫偏差。偏差是表示一组分析结果的精密度的，偏差可以用平均偏差和标准偏差两种方法来表示。误差与偏差的含义不同，必须加以区别，分析过程中，就是尽量让偏差接近误差，用精密度代替准确度。

2. 误差的表示方法

为了表示误差，人们引入了准确度和精密度的概念。准确度指测量结果的正确性，准确度高表示系统误差小；而精密度表示测量结果的重演程度，精密度高表示偶然误差小。

（1）准确度与误差　准确度表示分析值与真实值的接近程度。准确度越高，分析值与真实值就越接近。根据这个概念，人们常用绝对误差和相对误差来表示误差。

①绝对误差：绝对误差（δ）是指测量值（X）与真实值（μ）之差。

$$\delta = X - \mu$$

②相对误差：相对误差是指绝对误差在真实值中所占的百分比，即绝对误差除以真实值的百分数。

$$相对误差 = \frac{\delta}{\mu} \times 100\% = \frac{X - \mu}{\mu} \times 100\%$$

绝对误差和相对误差都有大小、正负之分，正值表示分析结果偏高，负值表示分析结果偏低。

（2）精密度与偏差　精密度是在相同条件下对同一样品多次平行分析的各个分析值彼此间的接近程度。各分析值彼此间越接近，精密度越高，反之则精密度越低。精密度可用偏差、平均偏差、相对平均偏差、标准偏差和相对标准偏差来表示。其数值越小，说明结果的精度越高。

①偏差：偏差（d）为分析值（x_i）与平均值（$\bar{x}$）之差。

$$d = x_i - \bar{x}$$

②平均偏差：平均偏差（$\bar{d}$）为各单个偏差绝对值的平均值。平均偏差没有正、负号。

$$\bar{d} = \frac{\sum_{i=1}^{n} |x_i - \bar{x}|}{n} \quad (n\text{为测定次数})$$

③相对平均偏差：相对平均偏差（$\bar{d}_r$）为平均偏差占测量平均值得百分率。

$$\bar{d}_r = \frac{\bar{d}}{\bar{x}} \times 100\%$$

④标准偏差：标准偏差（S）是衡量测量值分散程度的参数。使用标准平均偏差是为了突出较大偏差对测定结果的影响。

$$S = \sqrt{\frac{\sum_{i=1}^{n}(x_i - \bar{x})^2}{n-1}} \quad (n\text{为测定次数})$$

⑤相对标准偏差：相对标准偏差（RSD）是指标准偏差占平均值的百分率。

$$RSD = \frac{S}{\bar{X}} \times 100\%$$

准确度与精密度的关系：准确度高，精密度一定好，精密度是保证准确度的先决条件。精密度高不一定准确度高，因为可能存在系统误差。好的测量结果，要求准确度高，精密度也好。

例题2-1　甲、乙、丙、丁四人分别对同一样品进行分析，每人分析四次，其结果与真值间的关系如图2-2所示。请对他们四人的分析准确度和精密度做出评判。

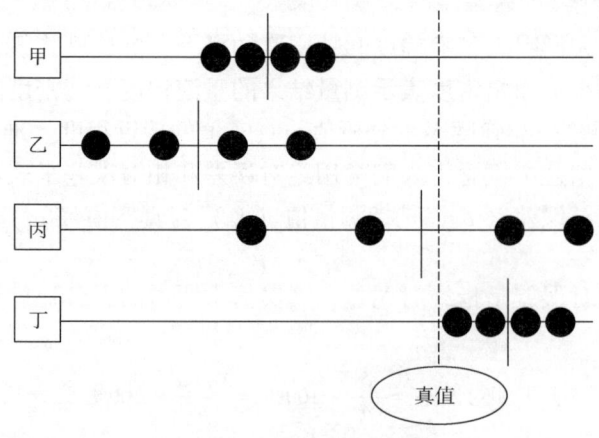

图2-2　样品分析图

甲：精密度高，但准确度较低；
乙：准确度和精密度均很差；
丙：几次分析值相差甚远，说明精确度很差。虽然最终因正负抵消，结果和真值很接近，但这纯属巧合，并不可靠，不能认为是准确度高。
丁：精密度和准确度均较高。

三、提高分析准确度的方法

分析结果的准确度直接受到各种误差的制约，想要提高准确度，必须设法减免在分析过程中的各种误差。对于偶然误差，可通过规范操作，仔细分析，进行多次平行试验结果的平均值来减免。误差可通过下列方法减小。

（1）减小偶然误差　增加平行分析次数，取多次测试的平均值，是减小偶然误差的最好方法。

（2）校准仪器　因仪器不准确造成的系统误差，可以通过校准仪器消除。特别是在精密试验中，必须对仪器（如移液管、砝码等）进行校准。

（3）空白试验　空白试验是指在只有试剂，而无样品的情况下，按测定样品的方法、步骤进行分析，所得结果为空白值。空白值旨在检查分析试剂、蒸馏水、器皿和环境带入杂质对分析结果的影响。将分析结果扣除空白值，即为较准确的结果。

（4）对照试验　采用标准样品进行分析测试，将分析结果与已知结果进行对照，以确定系统误差是否存在及正负情况。

（5）改进分析方法　分析方法的改进，应在准确可靠的前提下，抓住存在的主要问题，使分析更加完善并力求快速简便。如在滴定分析中，指示剂变色不敏锐，造成分析结果不准确，就应从提高指示剂敏锐度方面加以改进。

四、有效数字及运算准则

1. 有效数字的含义

有效数字指在分析工作中实际上能测量到的数字，也就是说有效数字是分析中所得到的有实际意义的数字。有效数字的位数，不仅表示数量的大小，也代表着测量的精确程度。例如：50mL 的滴定管刻度只准确到 0.1mL，读数时可估读到 0.01mL。假设观察到的读数位于 11.2~11.3mL，经过估计，最终读数 11.25mL，前三位为准确数字，最后一位"5"是估读的，是不准确数字，该数字有可能应该为"4"，也可能为"6"，有±1 个单位的差异。可见有效数字是由准确数字和最后一位不准确数字组成的。

2. 有效数字的位数

在判断有效数字位数的时候，对数字"0"应该特别注意。"0"是否为有效数字，应根据情况而定。数字中间的"0"是有效数字；以"0"开头的小数，非0数字前的"0"都不是有效数字；小数结尾的"0"是有效数字；整数结尾的"0"，要看"0"的意义而定。

13678	五位有效数字
0.1000	四位有效数字
10.0%	三位有效数字
0.030	两位有效数字
2×10^5	一位有效数字

在数字中，凡无意义的"0"都应该略去，写成相应的指数形式，如"7680000"在写成 7.68×10^6 时，有效数字为三位；写成 7680×10^3 时，有效数字为四位。在转换单位时，有效数字位数应保持不变，如 20.00mL 变换为 0.02000L。

常数 π、e 及 $\sqrt{2}$ 等，其有效位数可根据需要确定。

3. 有效数字的运算规则

数字修约规则：在处理数据时，常遇到一些有效数字位数不相同的数据，对这些数据，在计算前应先进行修约处理，以舍去多余的尾数，这样不仅可以节省计算时间，也可以避免误差累积。其基本原则如下。

（1）"四舍六入五留双" 这种方法比传统的"四舍五入"法更加合理。其具体为：有效数字确定后，多余位数一律舍弃，当被修约数 ≥6 时，进位；当被修约数 ≤4 时，舍去；当被修约数=5 时，且其后还有不为 0 的数字，进位；当被修约数=5 时，其后数字为 0，若进位后有效数字末位为偶数，则进位，若进位后为奇数，则舍弃。

（2）修约要一次到位 如果对数字进行分次修约，得到的结果可能是错误的。例如，将 5.2349 修约为三位有效数字，应为 5.23。若分次修约：5.2349→5.235→5.24，则为错误运算。

（3）运算规则

①加减法：几个数据相加或相减时，其和或差的误差是各个分析值绝对误差的传递结果。所以计算结果的绝对误差必须和数据中绝对误差最大的数据相当。即计算结果有效数字的保留位数，应以其中小数点后位数最少（即绝对误差最大）的数据为准，先修约多的位数，再进行计算。

例题 2-2 计算 0.0121、25.64、1.05782 的和。

修约为 0.01+25.64+1.06=26.71。

例题 2-3 计算 18.2154、2.561、4.52、1.00 的和。

修约为 18.22+2.56+4.52+1.00=26.30。

②乘除法：几个数据相乘除时，其结果的误差是各个分析值绝对误差的传递结果。故它们的积或商的有效数字位数，应以有效数字位数最少者为准，先修约多的位数，再进行计算。

例题 2-4 计算 0.0221、31.62、1.3542 的积。

修约为 0.0221×31.6×1.35≈0.943

由于平均值的精度较高，所以在计算时，平均值的有效数字位数可以增加一位。常数 π、e 及 $\sqrt{2}$ 等有效数字位数不应少于参与计算的有效数字最少的位数。

在对一个样品的多次平行测定所得的一组数值里，有时会出现与其他数值相比明显偏高或偏低的数值，这种数值称为逸出值或离群值。如果该数值属于实验过失所致，就应当在数据统计时将其舍弃。如不能确定是否是属于实验过失，就应该用统计检验方法，决定其取舍。统计检验是用样本的测定值来推断总体的特征，既然是推断，自然不可能有 100% 的把握，因此在做统计推断时，应指明统计推断的可靠程度，即置信度。在分析化学中，常选择 95% 的置信度作为统计推断的标准。

现在，介绍一种常见的统计检验方法：Q 检验法。Q 检验法比较简单，适用于 3~10 次的实验测定。其具体计算方法：

$$Q_{计} = \frac{|x_{逸出} - x_{相邻}|}{x_{max} - x_{min}}$$

具体操作方法：①将各个数据从小到大排列；②计算最大值与最小值之差；③计算逸出值和与其接近的数据（即相邻值）之差；④计算出 $Q_{计}$；⑤根据平行测定的次数（n）

和置信度（常取95%）查表（表2-1），得到 $Q_表$ 值。若 $Q_计 \geq Q_表$，则该逸出值应舍弃，否则就应保留。

表 2-1　　　　　　　　　　　　95%置信度下的 Q 值表

n	3	4	5	6	7	8	9	10
$Q_表$	0.97	0.84	0.73	0.64	0.59	0.54	0.51	0.49

例题2-5　测定 NaOH 浓度时，平行测定了5次，其结果分别为 0.2016mol/L、0.20156mol/L、0.20126mol/L、0.20146mol/L 和 0.20206mol/L。试用 Q 检验法确定 0.2020 是否应该舍弃。

解：
$$Q_计 = \frac{|x_{逸出} - x_{相邻}|}{x_{max} - x_{min}} = \frac{0.2020 - 0.2016}{0.2020 - 0.2012} = 0.50$$

查表得，$n = 5$ 时，$Q_表 = 0.73$。

因为 $Q_计 < Q_表$，所以 0.2020 不能被舍弃。

任务二｜滴定分析概述

滴定分析法概述

1. 滴定分析的基本概念

滴定分析法就是将一种已知准确浓度的试剂溶液通过滴定管滴加到被测物质的溶液中，直到所加试剂与被测物质按化学计量关系完全反应为止。然后根据所加试剂的浓度和体积，计算出被测物质的含量。

这种已知准确浓度的试剂溶液称为标准溶液，或称滴定剂。将标准溶液通过滴定管逐滴地加入到被测物质溶液中去的过程称为滴定。把加入的标准溶液与被测物质按化学计量关系完全反应的时刻称为化学计量点，或称为理论终点。化学计量点是借助于指示剂颜色的变化来确定的，我们把指示剂发生颜色改变的时刻称为滴定终点，简称终点。化学计量点和滴定终点的概念是不同的。化学计量点是根据化学反应关系确定的理论点，而滴定终点是实验时依据指示剂的颜色变化确定的实验值。由于指示剂的颜色变化只能在化学计量点附近，而不一定恰好在理论终点变色。所以，化学计量点和滴定终点不一定恰好相符，通常是不一致的，它们之间存在一个很小的差别，这两者之间的差别为滴定误差，或称终点误差。终点误差的大小决定于指示剂的性能和用量。在滴定分析中必须学会选择合适的指示剂，使滴定终点尽可能地和化学计量点相一致，才能获得较准确的分析结果。

2. 滴定分析的方法分类

根据所利用化学反应类型的不同，滴定分析主要分为以下四种方法：

（1）酸碱滴定法　以酸碱反应为基础而建立的分析方法称为酸碱滴定法。

（2）沉淀滴定法　利用沉淀反应进行的滴定分析法称为沉淀滴定法。

（3）氧化还原滴定法　基于氧化还原反应建立的分析方法即为氧化还原滴定法。

（4）配合滴定法　利用生成配位化合物的反应建立的分析方法就是配合滴定法。

滴定分析法主要用来测定成分含量在 1% 以上的物质，有时也可以测定微量成分。对常量组分的测定，滴定分析法比仪器分析法的准确度高，一般测定的相对误差在 0.1%～0.2% 之间。滴定分析法的优点在于使用的仪器设备简单、操作易学简便，测定快速。由于对这种方法的研究从理论到应用都已比较成熟，也常称其为经典分析法。用滴定分析可测定许多物质，在工农业生产、日常生活和科学研究中都有着广泛的应用。也是从事分析工作必须要掌握的基本分析方法。

3. 滴定分析对化学反应的要求和滴定方式

（1）滴定分析对化学反应的要求　滴定分析是以化学反应为基础的，但并不是所有的化学反应都可以用于滴定分析，适合滴定分析的反应必须具备以下几个条件：

①反应必须定量地完成：滴定分析法所依据的化学反应必须严格按一定的化学方程式进行，不能有副反应发生，反应要进行完全，通常要达到 99.9% 以上。这是定量分析进行定量计算的前提。

②反应必须迅速完成：滴定反应要能在瞬间完成，对于速度慢的应，有时可通过加热或加入催化剂等办法来加快反应速度。

③反应必须有适当的方法确定滴定终点：在滴定分析中只有极少数标准溶液，如高锰酸钾本身的颜色可以指示终点外，绝大多数滴定反应需要加入合适的指示剂，或用其他方法（如电位滴定、电导滴定等）确定终点。

（2）滴定分析的方式　滴定分析常用的滴定方式有以下四种：

①直接滴定法：把标准溶液直接滴加到被测试样溶液中的方法称为直接滴定法。凡是能满足滴定分析上述三个条件要求的反应，都可以用标准溶液直接滴定被测物质。直接滴定法是最常见的一种滴定方式。例如用盐酸标准溶液滴定未知含量的碱溶液，用高锰酸钾标准溶液滴定亚铁盐等都是直接滴定法。

②返滴定法：当被测物是固体或与标准溶液反应较慢，或没有适宜的指示剂时，可采用返滴定法。即先向待测物质溶液中加入已知过量的标准溶液，待反应完成后，再用另一种标准溶液滴定剩余的前一种标准溶液。例如用 $AgNO_3$ 滴定 Cl^- 时，缺乏合适的指示剂，此时可加过量的 $AgNO_3$ 标准溶液使 Cl^- 沉淀完全后，再用 NH_4SCN 标准溶液返滴过剩的 Ag^+，以 Fe^{3+} 指示剂，出现 $Fe(SCN)^{2+}$ 的淡红色，即为终点。然后用 $AgNO_3$ 和 NH_4SCN 标准溶液的浓度和体积计算出 Cl^- 的含量。反应方程式：

$$NaCl + AgNO_3 =\!=\!= AgCl\downarrow + NaNO_3$$

$$AgNO_3 + NH_4SCN =\!=\!= AgSCN\downarrow + NH_4NO_3$$

$$Fe^{3+} + SCN^- =\!=\!= [Fe(SCN)]^{2+}$$

③置换滴定法：对于不按确定的反应式进行（伴有副反应）的反应，可以不直接滴定被测物质，而是先用适当试剂与被测物质起置换反应，得到另一生成物，再用标准溶液滴定此生成物，这种滴定方法称为置换滴定法。例如硫代硫酸钠不能直接滴定重铬酸钾及其他氧化剂，因为重铬酸钾等氧化剂将 $S_2O_3^{2-}$ 氧化为 $S_4O_6^{2-}$ 或 SO_4^{2-}，没有一定的计量关系，无法计算。但是，如果在 $K_2Cr_2O_7$ 的酸性溶液中加入过量 KI，使生产一定量的 I_2，从而就可用 $Na_2S_2O_3$ 标准溶液进行滴定。其反应式如下：

$$Cr_2O_7^{2-} + 6I^- + 14H^+ =\!=\!= 2Cr^{3+} + 3I_2 + 7H_2O$$

$$2Na_2S_2O_3 + I_2 =\!=\!= 2NaI + Na_2S_4O_6$$

④间接滴定法：有时被测物质并不能直接与标准溶液作用，但却能和另一种可以与标

准溶液直接作用的物质反应，这时便可采用间接法进行滴定。例如，Ca^{2+}既不能直接被酸或碱滴定，也不能直接和氧化剂作用，就只能采用间接法滴定。可先利用$C_2O_4^{2-}$使其沉淀为CaC_2O_4，分离后用H_2SO_4溶解沉淀，便得到与Ca^{2+}等物质量的$H_2C_2O_4$，用$KMnO_4$标准溶液滴定$H_2C_2O_4$从而间接算出Ca^{2+}的含量。其反应如下：

$$Ca^{2+} + C_2O_4^{2-} = CaC_2O_4 \downarrow$$
$$CaC_2O_4 + H_2SO_4 = CaSO_4 + H_2C_2O_4$$
$$2MnO_4^- + 5C_2O_4^{2-} + 16H^+ = 2Mn^{2+} + 10CO_2 \uparrow + 8H_2O$$

通过返滴定法，置换滴定法，间接滴定法的应用，大大扩展了滴定分析的应用范围，丰富了滴定分析的内容。

4. 滴定分析中的标准溶液

（1）标准溶液浓度的表示方法　在滴定溶液分析中，不论采用哪种滴定方式，都离不开标准溶液，否则就无法计算分析结果。标准溶液浓度的表示方法，主要有以下两种：

①物质的量浓度（C）

$$C = n/V$$

式中　C——物质的量浓度，mol/L；
　　　n——物质的量，mol；
　　　V——溶液的体积，L。

②滴定度（T）：滴定度一般有两种表示方法。一种是以每1mL标准溶液中含有标准物质的质量（g）来表示，符号为T_s（S是标准物质的化学式），另一种是以每1mL标准溶液相当于被测物质的质量（g）来表示，符号为$T_{s/x}$（x是被测物质的化学式）。例如，1L溶液含有NaOH 40.00g，则此NaOH溶液的滴定度$T_{NaOH} = 0.04g/mol$。如果用此溶液去测定HCl含量时，也可用被测物质HCl来表示，即NaOH对HCl的滴定度。$T_{NaOH/HCl} = 0.03646g/mol$。例如用NaOH标准溶液测定HCl时，设消耗NaOH的体积为32.05mL，那么用滴定度就可计算出HCl的质量：

$$HCl(g) = T_{NaOH/HCl} \times V = 0.03646 \times 32.05 = 1.169(g)$$

用这种方法表示标准溶液的浓度时，计算很方便，它适用于大批样品的分析。

（2）标准溶液的配制和浓度的标定　标准溶液的配制方法有直接配制法和间接配制法两种。

①直接配制法：准确称取一定量的纯物质，用适量的蒸馏水溶解后，定量地转移到容量瓶中，加水稀释到刻度。根据称取纯物质的质量和溶液的体积，即可算出该标准溶液的准确浓度。例如，欲配制0.1mol/L的NaCl标准溶液1000mL，可在分析天平上准确称取纯NaCl 5.844g置于烧杯中，加适量蒸馏水溶解后，转移到1000mL的容量瓶中，烧杯用蒸馏水洗2~3次合并到容量瓶中，再加水稀释至刻度。摇均即得准确浓度是0.1000mol/L的NaCl溶液。

可直接用来配制标准溶液的纯物质称为基准物质，或称基准试剂。

基准物质必须具备下列条件：

a. 试剂纯度要高：一般要求纯度在99.9%以上，其中杂质含量应少到可以忽略不计。

b. 物质的组成固定：即物质的称量形式必须精确地符合一定的化学式。如草酸$H_2C_2O_4 \cdot 2H_2O$，称量时的结晶水含量必须与化学式相符合。

c. 性质稳定：基准物质在配制和贮存过程中应不易发生变化。例如，在烘干时不分解，称量时不易吸湿，不因氧化还原而变质等。

滴定分析中常用的基准物质如表2-2所示。

表2-2　　　　　　　　　　滴定分析常用的基准物质

基准物质	使用前的干燥条件	标定对象
Na_2CO_3	(270 ± 10)℃除去水、CO_2	酸
$Na_2B_4O_7 \cdot 10H_2O$	室温保存在装有蔗糖和NaCl溶液的密闭器皿中	酸
$KHC_8H_4O_4$	100~125℃除去H_2O	碱
$Na_2C_2O_4$	150~200℃除去H_2O	$KMnO_4$
$K_2Cr_2O_7$	100~110℃除去H_2O	$Na_2S_3O_3$
As_2O_3	室温保存于干燥器皿中	$KMnO_4$
Cu	室温保存于干燥器皿中	EDTA
Zn	室温保存于干燥器皿中	EDTA
NaCl	500~600℃除去H_2O	$AgNO_3$

②间接配制法（标定法）：在实际应用中，有许多用来配制标准溶液的物质，达不到基准物质的条件。例如配制NaOH标准溶液，因其易吸湿水分和CO_2，称得的质量不能代表纯净NaOH的质量，故配制时就必须采用间接法。即先配成接近于所需浓度的溶液，然后再用基准物质测出该溶液的准确浓度。这种利用基准物质来测定标准溶液浓度的过程叫"标定"。

标定标准溶液浓度的方法有两种：

a. 用基准物质标定：称取一定量的基准物质，溶解后用待标定的溶液滴定，然后根据待标定的溶液所消耗的体积和称取的基准物质的质量即可算出该溶液的准确浓度。大多数标准溶液是通过这种标定的方法测量其准确浓度的。

为了使标定做的更准确，选用的基准物质和被标定物质之间的反应，除了要满足滴定反应的三个条件外，最好基准物质还有较大的摩尔质量，因为摩尔质量越大，称取的量越多，称量误差就越小。

b. 与标准溶液进行比较：准确吸取一定量的待标定溶液，用一种标准溶液去滴定；或者反过来，准确吸取一定量的标准溶液，用待标定溶液滴定。根据滴定至终点时，两种溶液所消耗的体积及标准溶液的浓度，就可计算出待标定溶液的准确浓度。使用这种方法时，要求标准溶液浓度的准确度要高，否则就会直接影响待标定溶液浓度的准确性。因此，应尽量采用基准物质标定法。

标定时，不论采用哪种方法，一般要求应平行做3~4次，取其平均值，标定的相对偏差要不大于0.1%~0.2%。配制和标定溶液的量器，必要时需进行校正。

标定好标准溶液要在试剂瓶上贴好标签妥善存放。溶液保存于瓶中，由于蒸发，在瓶的内壁上会有水滴凝聚，使溶液浓度发生变化，因此在每次使用前应将溶液摇匀。对于一些不够稳定的溶液，应根据它们的性质装在不同材质、颜色的试剂瓶中，存放在适宜的地点。

5. 滴定分析结果的计算方法

滴定分析结果计算的依据是滴定剂与被测物之间的量比关系。例如：

$$aA + bB \longrightarrow cC$$
$$\text{滴定剂} \quad \text{被测物} \quad \text{产物}$$

若滴定时，标准溶液 A 的浓度用 $c(A)$，消耗 A 的体积用 $V(A)$ 表示，则 A 的物质的量：

$$n(A) = c(A) \cdot V(A) \times 10^{-3}$$

根据量比关系，可知被测物 B 的物质的量：

$$n(B) = \frac{b}{a} \cdot n(A) = \frac{b}{a} \cdot c(A) \cdot V(A) \times 10^{-3}$$

于是：

$$m(B) = \frac{b}{a} \cdot c(A) \cdot V(A) \times 10^{-3} \times M(B)$$

则被测物质 B 的质量分数：

$$w(B) = \frac{m_B}{W} \times 100\% = \frac{\frac{b}{a} \cdot c_A \cdot V_A \times 10^{-3} \times M_B}{W} \times 100\%$$

式中　m_B——被测组分 B 的质量，g；

W——试样质量，g；

$w(B)$——试样中 B 组分的质量分数，%；

c_A——标准溶液的量浓度，mol/L；

V_A——标准溶液的体积，mL；

M_B——B 组分的摩尔质量，g/mol。

例如用 HCl 标准溶液测定含中性组分的 Na_2CO_3：

$$2HCl + Na_2CO_3 == 2NaCl + H_2CO_3$$

滴定时只要测出消耗 HCl 溶液的体积 V_{HCl} 再根据标准 HCl 溶液的浓度 c_{HCl}。就可根据上述关系式求出 Na_2CO_3 的量，由反应关系式可知：

$$a = 2, \ b = 1$$

则：

$$m_{Na_2CO_3} = \frac{1}{2} c_{HCl} V_{HCl} M_{Na_2CO_3} \times 10^{-3}$$

$$w(Na_2CO_3) = \frac{\frac{1}{2} c_{HCl} V_{HCl} M_{Na_2CO_3} \times 10^{-3}}{W} \times 100\%$$

电子分析天平使用与称量技术

【实训目的】

1. 了解电子分析天平的基本构造。
2. 学会用增量法、减量法称量试样。

【实训原理】

电子分析天平是最新一代天平，它是利用电子装置完成电磁力补偿的调节，使物体在重力场中实现力的平衡，或通过电磁力矩的调节，使物体在重力场中实现力矩的平衡。自动调零、自动校准、自动去皮和自动显示称量结果是电子天平最基本的功能。这里的"自动"，严格地说应该是"半自动"，因为需要经人工触动指令键后方可自动完成指定的动作。

1. 直接法称量

直接法适用于称量洁净干燥的器皿，块状的金属，不易潮解或升华的整块固体试样。调整天平零点后，把被称物用一干净的纸条套住（也可采用戴一次性手套、专用手套、用镊子或钳子等方法），放在天平称盘中央，直接称量其质量。记录称量结果（准确至0.1mg）。

2. 固定质量称量法（增量法）

固定质量衡量法适用于称取指定质量的试样。适合于称取本身不易吸水，并在空气中性质稳定的细粒或粉末状试样，在分析化学实训中，当需要用直接配制法配制指定浓度的标准溶液时，通常用此法来称取基准物。其操作步骤如下：先称出容器（如表面皿、铝勺、硫酸纸）的质量，再用牛角勺将试样慢慢加入盛放试样的表面皿（或其他器皿、硫酸纸）中。少量加样后，判断加入的量距指定的质量差多少。用牛角匙逐渐加入试样，当所加试样与指定质量相差不到10mg时，极其小心地将盛有试样的牛角勺伸向左称盘的容器上方约2~3cm处，勺的另一端顶在掌心上，用拇指、中指及掌心拿稳牛角勺，并用食指轻弹勺柄，将试样慢慢抖入容器中，直至天平平衡。然后，取出表面皿，将试样直接转入接受器。

3. 差减称量法（减量法）

即称取试样的量是由两次称量之差而求得。此法比较简便、快速、准确，在化学实验中常用来称取待测样品和基准物，是最常用的一种称量法。它与上述两种方法不同，称取样品的质量只要控制在一定要求范围内即可。操作步骤如下：用手拿住表面皿的边沿，连同放在上面的称量瓶一起从干燥器里取出。用小纸片夹住称量瓶，打开瓶盖，将稍多于需要量的试样用牛角匙加入称量瓶（在台秤上粗称），盖上瓶盖，用清洁的纸条叠成约1cm宽的纸带套在称量瓶上，左手拿住纸带尾部把称量瓶放到天平左盘的正中位置，天平平衡，称出称量瓶加试样的准确质量（准确到0.1mg），记下读数设为W_1。左手仍用纸带将称量瓶从秤盘上拿到接受器上方，右手用纸片夹住瓶盖柄打开瓶盖，瓶盖不能离开接受器上方。将瓶身慢慢向下倾斜，并用瓶盖轻轻敲击瓶口，使试样慢慢落入容器内，不要把试样撒在容器外。当估计倾出的试样已接近所要求的质量时（可从体积上估计），慢慢将称量瓶竖起，用盖轻轻敲瓶口，使粘附在瓶口上部的试样落入瓶内，然后盖好瓶盖，将称量瓶再放回天平左盘上称量。需准确称取其质量，设此时质量为W_2。则倒入接受器中的质量为(W_1-W_2)。按上述方法连续操作，可称取多份试样。

【仪器及试剂】

1. 仪器用具

电子分析天平、称量瓶、锥形瓶、小烧杯、药匙、毛刷、纸条等。

2. 试剂

氯化钠、硼砂等。

【过程设计】

1. 准确称取 0.0300g 氯化钠 3 份（增量法）

（1）将一干燥洁净的小烧杯放在电子分析天平的秤盘上，利用 TAR 键调天平至零点。

（2）用药匙将试样少量多次加到小烧杯瓶中，直到显示出所设定的试样量。称量误差不得超过 0.2mg。

注意：天平的使用、称量瓶的使用和样品加入的操作技巧等由老师指导。

2. 准确称取 0.4~0.6g 硼砂 3 份（减量法）

（1）取一只洁净、干燥的称量瓶，先在台秤上粗称其质量，加入 0.5g 左右的硼砂，后在分析天平上准确称量（准确至 0.1mg），记下质量为 W_1 g。

（2）从称量瓶中小心倾斜轻敲出 0.4~0.6g 硼砂试样于一洁净的 100mL 锥形瓶中，并准确称出称量瓶和剩余试样的质量 W_2 g。(W_1-W_2) 即为第一份试样的质量。

（3）重复上两步操作，称出第二、三份试样，将有关数据分别填入相应的表中。

（4）称量完毕后，检查天平盘内和大理石底面上有无脏物，如有用毛刷清除。

（5）最后用罩布将天平罩好，在天平使用簿上填写使用记录。请指导教师检查签名后，方可离开。

【数据记录与结果处理】

表 2-3　　　　　　　　　固定质量称量法（增量法）记录表

项目	第一份	第二份	第三份
试样质量/g			
称量后天平零点/mg			

表 2-4　　　　　　　　　差减称量法（减量法）记录表

项目	第一份	第二份	第三份
称量瓶+试样质量（倾出前）m_1/g			
称量瓶+试样质量（倾出后）m_2/g			
试样质量 (m_1-m_2)/g			
称量后天平零点/mg			

【注意事项】

（1）天平在校准后，切不可轻易移动天平，否则校准工作需重新进行。

（2）严禁不使用称量纸（瓶）直接称量，每次称量后，请清洁天平，避免对天平造成污染而影响称量精度。

【参考学时】

2 学时。

【实训思考】

1. 使用分析天平时，以下操作是否允许？为什么？

（1）在天平门没有关闭时读取读数。

(2) 用手直接拿取称量瓶或称量物。

2. 什么情况下用直接法称量？什么情况下则需用减量法称量？

3. 用减量法称取试样时，若称量瓶内的试样吸湿，将对称量结果造成什么误差？若试样敲落在烧杯内再吸湿，对称量结果是否有影响？

附：TP-214 型电子分析天平的使用方法

TP-214 型电子分析天平（如图 2-3 所示）是多功能、上皿式常量分析天平，感量为 0.1mg，最大载荷为 210g，其显示屏和控制键板如图 2-4 所示。从左到右控制键分别为开/关键（ON/OFF）；功能键（FUNCTION）；清除键（CF）；打印键（PRINT）；去皮/调零键（TARE）；质量显示屏。

一般情况下，只能用开/关键、去皮调零键和校准/调整键。使用时的操作步骤如下：

(1) 检查水平仪，如不水平，应通过调节天平前边左、右两个水平支脚而使其达到水平状态。天平后面的水平仪内的气泡位于圆环的中央表示水平调好，见图 2-5。

图 2-3 电子分析
天平外形

图 2-4 电子分析天平的
显示屏及控制板

图 2-5 电子分析
天平调平状态

(2) 接通天平电源：按 ON/OFF 键。在天平预热 30min 后，天平达到所需的操作温度后在执行量测作业。首先按 TARE 键将天平去皮，天平显示为 0.0000g，见图 2-4。

(3) 天平去皮归零后，可以将待测物品放入天平秤盘上，待显示数据稳定后即为物品质量。

(4) 量测完毕后，先取出测量物品，然后按 ON/OFF 键关闭电源。最后将电源变压器插头拔出，切断电源。

(5) 如果量测后，秤盘表面有污染物，切断天平电源后用一块浸有中性清洗剂如肥皂水的布清洁秤盘，清洗干净后，用柔软的干布将天平擦干，最后拿出秤盘并清洗。清洗作业的时候动作一定要轻。

(6) 如果天平长时间没有用过，或天平移动位置，应进行一次校准。校准要在天平预热 30min 以后进行，程序：调整水平，按下"开/关"键，显示稳定后如不为零则按一下"TARE"键，稳定地显示"0.0000g"后，按一下校准键（CAL），天平将自动进行校准。10s 左右，"CAL"消失，表示校准完毕，应显示出"0.0000g"。如果显示不正好为零，可按一下"TARE"键，然后即可进行称量。

实习实训2

滴定分析基本操作练习

【实训目的】

1. 学习滴定管的准备和滴定操作。
2. 初步学会准确地确定终点的方法。
3. 熟悉甲基橙和酚酞指示剂的使用和终点的变化。

【实训原理】

一定浓度的 HCl 溶液和 NaOH 溶液相互滴定，中和反应 HCl+NaOH══NaCl+H₂O 达到终点时，HCl 的物质的量 n_{HCl} 与 NaOH 的物质的量 n_{NaOH} 之比为 1∶1。$C_{HCl} \cdot V_{HCl} = C_{NaOH} \cdot V_{NaOH}$。由此可见，酸碱溶液通过滴定，确定它们中和时所需的体积比，即可确定它们的浓度比。如果其中一溶液的浓度已知，则另一溶液的浓度即可求出。可以检验滴定操作技术及判断终点的能力。中和反应的滴定终点借助指示剂的颜色变化来确定。

本实训选用的指示剂甲基橙的变色范围是 pH 为 4.4（红色）~ 6.2（黄色），pH 为 5.0 附近为橙色。用 NaOH 溶液滴定 HCl 溶液时，终点颜色的变化为由橙色转变为黄色，而用 HCl 溶液滴定 NaOH 溶液时，则由黄色转变为橙色。酚酞指示剂的变色范围是 pH 为 8.0（无色）~ 10.0（红色），用 NaOH 溶液滴定 HCl 溶液时，终点颜色的变化为由无色转变为微红色，并保持 30s 内不褪色。

【仪器及试剂】

1. 仪器用具

酸式滴定管、碱式滴定管、20mL 移液管、锥形瓶等。

2. 试剂

0.1mol/L HCl 溶液、0.1mol/L、NaOH 溶液、酚酞指示剂（2g/L）、甲基橙指示剂（1g/L）等。

【过程设计】

(1) 用 0.1mol/L NaOH 润洗碱式滴定管 2~3 次（每次用量 5~10mL）——装液至"0"刻度线以上——排除管尖的气泡——调整液面至 0.00 刻度或稍下处，静置 1min 后，记录初始读数。

(2) 用 0.1mol/L HCl 润洗酸式滴定管 2~3 次（每次用量 5~10mL）——装液至"0"刻度线以上——排除管尖的气泡——调整液面至 0.00 刻度或稍下处，静置 1min 后，记录初始读数。

(3) 用移液管称取 20.00mL NaOH 于 100mL 锥形瓶中——滴加 2 滴甲基橙指示剂——用 HCl 滴定至橙色（30s 内不褪色）——记录读数，反复练习至熟练，要求 $Er \leqslant |\pm 0.1\%|$。

(4) 用移液管称取 20.00mL HCl 于 100mL 锥形瓶中——滴加 2 滴酚酞指示剂——用 NaOH 滴定至微红色（30s 内不褪色）——记录读数，反复练习至熟练，要求 $Er \leqslant |\pm 0.1\%|$。

【数据记录与结果处理】

表 2-5　　　　　HCl 滴定 NaOH 数据记录表（指示剂：甲基橙）

记录项目 \ 次序	I	II	III
V_{NaOH}/mL			
HCl 初读数/mL			
HCl 终读数/mL			
V_{HCl}/mL			
V_{NaOH}/V_{HCl}			
$\bar{V}_{NaOH}/\bar{V}_{HCl}$			
个别测定误差			
平均偏差			
相对平均偏差			

表 2-6　　　　　NaOH 滴定 HCl 数据记录表（指示剂：酚酞）

记录项目 \ 次序	I	II	III
V_{HCl}/mL			
NaOH 初读数/mL			
NaOH 终读数/mL			
V_{NaOH}/mL			
V_{NaOH}/V_{HCl}			
$\bar{V}_{NaOH}/\bar{V}_{HCl}$			
个别测定误差			
平均偏差			
相对平均偏差			

【注意事项】

（1）滴定管使用前先润洗，后装入操作液，先赶走气泡，再调零。
（2）平行试验每次从 0.00mL 开始。
（3）规范滴定操作，注意观察终点前后颜色的变化。

【参考学时】

2 学时。

【实训思考】

1. 滴定管和移液管均需用待装溶液润洗 3 次的原因何在？滴定用的锥形瓶也要用待装溶液润洗吗？

2. 以下情况对滴定结果有何影响？（1）滴定管中留有气泡。（2）滴定近终点时，没有用蒸馏水冲洗锥形瓶的内壁。（3）滴定完后，有液滴悬挂在滴定管的尖端处。（4）滴定过程中，有一些滴定液自滴定管的旋塞处渗漏出来。

3. 滴定至临近终点时加入半滴的操作是怎样进行的？

项目小结

1. 定量分析的概念

（1）定量分析的主要方法　包括化学分析法和仪器分析法，前者所用仪器简单，后者分析更加快捷。

（2）定量分析的程序　一般是取样、样品的制备、分解、干扰组分的分离、分析测定、结果的计算及评价。

2. 系统误差和偶然误差

（1）系统误差　具有单向性，主要由方法、仪器、试剂、操作四个原因引起。减免系统误差，应该从校准仪器、空白试验、对照试验、改进分析方法等方面着手。

（2）偶然误差　大小、方向不一定，但服从统计规律，呈正态分布。

3. 准确度与精密度

（1）准确度　分析结果与真实值的接近程度，常用误差和相对误差来表示。

（2）精密度　相同条件下对同一样品多次平行分析的各分析值彼此间的接近程度。常用平均偏差、相对平均偏差、标准偏差和相对标准偏差来表示。

（3）准确度与精密度的关系　准确度高，精密度一定好，精密度是保证准确度的先决条件。在消除系统误差之后，精密度高的分析结果非常可靠。

4. 有效数字

有效数字指在分析工作中实际上能测量到的数字，也就是说有效数字是分析中所得到的有实际意义的数字。要正确记录有效数字，并对其进行正确的修约和计算。

5. 滴定分析基本概念

（1）滴定分析是化学分析法的一种。滴定分析过程中需掌握标准溶液、滴定、化学计量点、滴定终点、终点误差、基准物质、标定等基本概念。

（2）滴定分析常用的滴定方式：直接滴定法、间接滴定法、返滴定法、置换滴定法等。

（3）标准溶液是滴定分析的必须工具，它的配制方法有直接配制法和间接配制法两种。既可用基准物质直接配制标准溶液，也可先粗略配制成近似所需浓度的溶液，再用基准物质或其他标准溶液进行标定。

一、名词解释

标准溶液、滴定、化学计量点、滴定终点、终点误差、基准物质、标定。

二、填空题

1. 用沉淀法测定试剂中 Ca 含量，但 $CaCO_3$ 微溶于水，导致分析值比真值偏低，这种误差属于_____误差。

2. 容量瓶由于每次实验时室温不等，导致体积稍有改变，而给实验结果带来的误差，属于_____误差。

3. 天平砝码长期使用，出现磨损，导致质量下降，所带来的误差属于_____误差。

4. 测量某物质含量时，所用的溶剂中含有微量的该被测物质，导致分析值偏高，这种误差属于_____误差。

5. 滴定管的读数误差为±0.02mL。如果滴定中用去标准溶液的体积分别是2mL，读数的相对误差各是_____，如果滴定中用去标准溶液的体积分别是20mL，读数的相对误差各是_____。

6. 标定 HCl 溶液所用的 NaOH 标准溶液吸收了 CO_2，会造成_____误差。

7. 数字 0.0330 包含_____位有效数字。

8. 有效数字修约的原则是_____。若将 15.4546 修约为 2 位有效数字，则应为_____。

9. 滴定分析法按化学反应类型不同，可分为_____、_____、_____、_____四种方法。

10. 基准物质必须具备_____、_____、_____等特点。标准溶液的配制有_____、_____两种方法。氢氧化钠标准溶液的配制需用_____法。

11. 定性分析的任务是_____，定量分析的任务是_____，分析化学依据分析原理和使用仪器的不同分为_____和_____分析法。

三、选择题

1. 误差的正确定义是（　　）。
   A. 某一测量值与其算术平均值之差　　B. 含有误差之值与真值之差
   C. 测量值与真实值之差　　D. 错误值与其真值之差

2. 下列措施属于减免偶然误差的是（　　）。
   A. 空白试验　　B. 对照试验
   C. 校准仪器　　D. 增加平行测量次数

3. 空白试验的主要目的是消除（　　）。
   A. 方法误差　　B. 试剂误差
   C. 操作误差　　D. 仪器误差

4. 滴定管的读数误差为±0.01mL，若滴定时消耗滴定液20mL，则相对误差为（　　）。
   A. ±0.005%　　B. ±0.01%
   C. ±0.05%　　D. ±0.5%

5. 下列数值中，不是四位有效数字的是（　　）。
   A. −2020　　B. $2280×10^2$
   C. 10.00%　　D. 0.0315

6. 下列说法不正确的是（　　）。
   A. 测定结果的精密度好，准确度不一定好。
   B. 测定结果的精密度好，准确度一定好。
   C. 测定结果准确度高，其精密度必然很好。
   D. 测定结果准确度不好，其精密度可能很好。

7. 下列对滴定反应的要求中错误的是（　　）。
   A. 反应中不能有副反应。

B. 必须有合适的方法确定滴定终点
C. 反应较慢时，等待反应完成后，确定终点即可。
D. 滴定反应的完全程度要求达到99.9%以上。

8. 化学计量点和滴定终点的关系正确的表述是（　　）。
   A. 相差越大误差越小　　　　　　　B. 相差越小误差越大
   C. 相差越大误差越大　　　　　　　D. 两者必须一致

9. 如果容量瓶的瓶底存有少量的蒸馏水，则配制成溶液的浓度会（　　）。
   A. 偏高　　　　　　　　　　　　　B. 偏低
   C. 无影响　　　　　　　　　　　　D. 无法确定

四、判断题

1. 化学分析法应用广泛，结果准确，分析速度比仪器分析更快捷。（　　）
2. 由于不能得到准确的真值，所以常用多次平行测量的平均值代替真值。（　　）
3. 分析的过程中，取样要保证有代表性。（　　）
4. 准确度往往用偏差来表示，精确度往往用误差来表示。（　　）
5. 天平两臂不等长带来的误差，可以用校准仪器来消除。（　　）
6. 化学计量点和滴定终点两个概念的本质没有区别。（　　）
7. 在滴定分析中必须有适当的方法确定滴定终点。（　　）
8. 滴定分析法通常适于微量成分的测定。（　　）
9. 滴定结束后应将滴定管内剩余的液体放回原试剂瓶中待继续使用。（　　）
10. 若滴定管在装夜前不用所装溶液润洗，就会使测定结果偏高。（　　）
11. 所谓终点误差是由于操作者终点判断失误造成的。（　　）
12. 滴定结束后应将滴定管内剩余的液体放回原试剂瓶中待继续使用。（　　）
13. 若滴定管在装夜前不用所装溶液润洗，就会使测定结果偏高。（　　）
14. 所谓终点误差是由于操作者终点判断失误造成的。（　　）
15. 用移液管移取液体时其管尖存留的液体也应一并吹出。（　　）

五、简答题

1. 提高分析结果准确度的方法有哪些？
2. 简述"四舍六入五留双"规则。
3. 什么是滴定分析法？什么是化学计量点？什么是滴定终点？两者有何区别？

六、计算题

1. 某铁矿石中铁的质量分数为39.19%，若甲的测定结果（%）：39.12，39.15，39.18；乙的测定结果（%）：39.19，39.24，39.28。试比较甲乙二人测定结果的准确度和精密度（精密度以标准偏差和相对标准偏差表示）。
2. 依照有效数字的运算规则，计算0.358、25.36、8.4452、1.265四个数字的乘积。
3. 依照有效数字的运算规则，计算7.9936÷0.9967−5.02的结果。

项目三 化学反应速率与化学平衡

【知识目标】
1. 理解化学反应速率和化学平衡的概念及影响因素。
2. 理解平衡常数的意义,掌握化学平衡的特征及平衡移动原理。

【能力目标】
1. 会书写标准平衡常数表达式。
2. 能应用平衡移动原理判断平衡移动的方向。

任务一 化学反应速率

人类生活的世界中时时处处都存在化学反应。比如,煤炭、石油、天然气等燃料的燃烧,人和动物的呼吸、钢铁生锈、食物腐烂、粮食酿酒、光合作用等。由此可见,研究化学反应、了解其本质对人类的生活起着至关重要的作用。

一、化学反应的概念

分子可分成原子,原子得到或失去电子就形成离子。物质变化过程中原子或离子重新排列组合构成新物质的过程称为化学反应。即化学反应就是旧键的断裂和新键的形成过程。在化学反应中常伴有发光、发热、变色、生成沉淀等现象。

例如 $2H_2+O_2 \stackrel{\triangle}{=\!=\!=} 2H_2O$,$Ag^++Cl^- =\!=\!= AgCl\downarrow$ (白)。

二、化学反应速率

各种化学反应进行的速率差别较大,有些反应瞬间就能完成,譬如:火药的爆炸于瞬间完成;中和反应和沉淀反应在分、秒之内也可实现。而有些却需要较长时间,比如塑料的分解要几百年,大自然中溶洞的形成,煤、石油的形成则需要万年以至几十万年。这些都说明不同的化学反应具有不同的反应速率。

1. 化学反应速率概念

化学反应速率是衡量化学反应进行快慢程度的物理量。通常用单位时间内反应物浓度的减少或生成物浓度的增加来表示。化学反应速率的单位常用 mol/(L·min) 或 mol/(L·s) 表示。对于气相反应来说，化学反应的速率也可以用气体分压 Pa/m³ 表示。

对于恒容反应　　$aA+bB \longrightarrow dD+eE$

在恒温条件下，反应速率（$\bar{v}_i$）表示：

$$\bar{v}_i = \frac{\Delta c_i}{\Delta t}$$

式中，Δc_i 为物质 i 在时间间隔 Δt 内的浓度变化。

因为反应物的浓度随着时间的变化不断减少，为使反应速率为正值，所以用反应物浓度变化来表示平均速率时，必须在式中加一个负号，如：

$$\bar{v}_A = \frac{c(A_2) - c(A_1)}{t_2 - t_1} = -\frac{\Delta c(A)}{\Delta t}$$

$$\bar{v}_B = \frac{c(B_2) - c(B_1)}{t_2 - t_1} = -\frac{\Delta c(B)}{\Delta t}$$

用生成物浓度来表示，则：

$$\bar{v}_D = \frac{c(D_2) - c(D_1)}{t_2 - t_1} = -\frac{\Delta c(D)}{\Delta t}$$

$$\bar{v}_E = \frac{c(E_2) - c(E_1)}{t_2 - t_1} = -\frac{\Delta c(E)}{\Delta t}$$

例题 3-1　298K 下 N_2O_5 的分解反应 $2N_2O_{5(g)} \rightarrow 4NO_{2(g)} + O_{2(g)}$ 中各物质的浓度与反应时间的对应关系如下表所示：

c/(mol/L) \ t/s	0	100	300	700
$c(N_2O_5)$/(mol/L)	2.10	1.95	1.70	1.31
$c(NO_2)$/(mol/L)	0	0.30	0.80	1.58
$c(O_2)$/(mol/L)	0	0.08	0.20	0.40

试计算以各物质的浓度表示的平均速率。

解：分别以 N_2O_5、NO_2、O_2 的浓度变化来表示反应速率

$$\bar{v}(N_2O_5) = -\frac{\Delta c(N_2O_5)}{\Delta t} = -\frac{(1.31 - 1.70)}{(700 - 300)} = 0.98 \times 10^{-3} [\text{mol}/(L \cdot s)]$$

$$\bar{v}(NO_2) = \frac{\Delta c(NO_2)}{\Delta t} = \frac{(1.58 - 0.80)}{(700 - 300)} = 1.95 \times 10^{-3} [\text{mol}/(L \cdot s)]$$

$$\bar{v}(O_2) = \frac{\Delta c(O_2)}{\Delta t} = \frac{(0.40 - 0.20)}{(700 - 300)} = 0.50 \times 10^{-3} [\text{mol}/(L \cdot s)]$$

以上计算结果表明，同一反应的反应速率，当以不同物质的浓度变化来表示时，其数值可能会有所不同，但它们之间的比值恰好等于反应方程式中各物质化学式前的计量数之比，如例 3-1 中：

$$\bar{v}(N_2O_5) : \bar{v}(NO_2) : \bar{v}(O_2) = 0.98 \times 10^{-3} : 1.95 \times 10^{-3} : 0.50 \times 10^{-3} = 2 : 4 : 1$$

对于恒容反应：

$$aA+bB \longrightarrow dD+eE$$

其平均化学反应速率：

$$\bar{v} = -\frac{1}{a}\frac{\Delta c(A)}{\Delta t} = -\frac{1}{b}\frac{\Delta c(B)}{\Delta t} = -\frac{1}{d}\frac{\Delta c(D)}{\Delta t} = -\frac{1}{e}\frac{\Delta c(E)}{\Delta t}$$

以上讨论的是在一段时间间隔内的平均速率。在这段时间间隔内的每一时刻，反应速率是不同的。要确切地描述某一时刻的反应速率，必须使时间间隔尽量的小，当 $\Delta t \to 0$ 时，反应速率就是这一瞬间的真实速率，称为瞬时速率。

2. 有效碰撞理论

我们知道，化学反应的过程就是反应物分子中的原子重新组合成生成物分子的过程，也就是反应物分子中化学键的断裂、生成物分子中化学键的形成过程。旧键的断裂和新键的形成都是通过反应物分子（或离子）的相互碰撞来实现的，如果反应物的分子（或离子）相互不接触、不碰撞，就不可能发生化学反应。因此，反应物分子（或离子）间的碰撞是反应发生的先决条件。以气体的反应为例，任何气体中分子间的碰撞次数都是非常巨大的。在 101kPa 和 500℃时，0.001mol/L 的 HI 气体，每 1L 气体中，分子碰撞达每 1s 3.5×10^{28} 次之多。如果每次碰撞都能发生化学反应，HI 的分解反应瞬间就能完成，而事实并不是这样的。又如，在常温常压下，H_2 和 O_2 的混合物可以长时间放置而不发生明显的反应，可见反应物分子的每次碰撞不一定都能发生化学反应，能够发生化学反应的碰撞是很少的。我们把能够发生化学反应的碰撞叫作有效碰撞，把能够发生有效碰撞的分子叫作活化分子。活化分子具有比普通分子更高的能量，在碰撞时有可能克服原子间的相互作用而使旧键断裂。但活化分子碰撞时，也不是每一次都能起反应的，还必须在有合适的取向时的碰撞才能使旧键断裂。例如，HI 分子的分解反应：

$$2HI \xrightleftharpoons{\Delta} H_2 + I_2$$

可能有以下几种碰撞（如图 3-1 所示）。

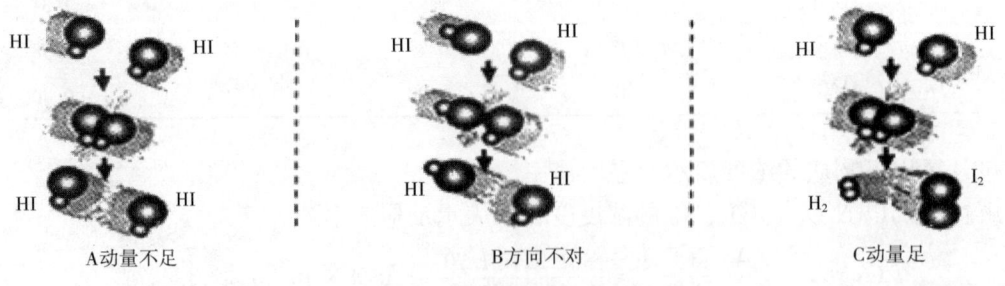

图 3-1　HI 分子的几种碰撞模式

在 A 中，HI 分子没有足够的能量，使得碰撞较轻，因而两个分子又彼此弹离；在 B 中，由于碰撞没有合适的取向，因此两个分子也彼此弹离；在 C 中，分子具有足够的能量且碰撞的取向合适，成为活化分子的有效碰撞，因此导致 H—I 键的断裂及 H—H 键和 I—I 键的形成，即 HI 发生分解反应，生成了 H_2 和 I_2。

活化分子具有最低能量（$E_{最低}$）与反应物分子具有的平均能量（$E_{平均}$）的差称为活化能，用 E_a 表示。

$$E_a = E_{最低} - E_{平均}$$

在一定温度下，每个反应都有特定的活化能。反应的活化能越大，反应速率越慢；反应的活化能越小，反应速率越快。一般地，化学反应的活化能 $E_a = 60 \sim 250\text{kJ/mol}$，若 $E_a < 40\text{kJ/mol}$，则反应速率快得难以测定；若 $E_a > 250\text{kJ/mol}$，则反应速率慢得难以察觉。

分子碰撞理论比较直观形象，以有效碰撞成功地解释了简单分子间的反应，但是它不能说明反应过程及反应过程中能量的变化。

3. 影响化学反应速率的因素

化学反应速率的大小，首先取决于反应物的本性。例如：无机物之间的反应一般比有机物之间的快得多；对于无机物之间的反应来说，分子之间进行的反应一般较慢，而溶液中离子之间进行的反应一般较快。对于给定的化学反应，除了反应物的本性外，影响化学反应速率的因素还有：反应物的浓度、压力（主要针对有气体参加的反应）、反应时的温度及催化剂等。

（1）浓度对化学反应速率的影响　在其他条件不变时，对某一反应来说，活化分子在反应物分子中所占的百分数是一定的，因此单位体积内活化分子的数目与单位体积内反应物分子的总数成正比，也就是和反应物的浓度成正比。当反应物浓度增大时，单位体积内分子数增多，活化分子数也相应增大。譬如原来每单位体积里有100个反应物的分子，其中只有5个活化分子，如果每单位体积内的反应物分子增加到200个，其中必定有10个活化分子，那么单位时间内的有效碰撞次数也相应增多，化学反应速率就增大。因此，增大反应物的浓度可以增大化学反应速率。

对于基元反应，在一定温度下，其反应速率与各反应物以它参加反应的分子系数为幂次方浓度的乘积成正比，这一规律称为质量作用定律。

例如在一定的温度下，基元反应：

$$a\text{A} + b\text{B} \longrightarrow d\text{D} + e\text{E}$$

$$V = k c_A^a \cdot c_B^b$$

上式是质量作用定律的数学表达式，也称为速率方程。式中 V 为反应的瞬时速率，c_A、c_B 是物质 A 和 B 的瞬时浓度，k 称为速率常数，是化学反应在一定温度下的特征常数。当反应物浓度都为 1mol/L 时，$V = k$。所以速率常数 k 就是某反应在一定温度下，反应物浓度为单位浓度时的反应速率。速率常数与反应物的本性和温度等因素有关，不随反应物浓度改变而改变。在相同条件下，k 值越大，反应速率越快。同一反应，一般情况下，温度升高，k 值增大。

质量作用定律有一定的使用条件和范围，在使用时应注意以下几点：

①质量作用定律只适用于基元反应和构成复杂反应的各基元反应，不适用于复杂反应的总反应。

②稀溶液中的反应，若有溶剂参与反应，其浓度不写入质量作用定律表示式。

③有固体或纯液体参加的多相反应，若它们不溶于其他介质，则其浓度不写入质量作用定律表示式。

④气体的浓度可以用分压代替。

（2）压强对化学反应速率的影响　对于气体反应来说，压强对化学反应速率的影响实质上是浓度的影响。当温度一定时，一定量气体的体积与其所受的压强成反比。也就是说，如果气体的压强增大到原来的 2 倍，气体的体积就缩小到原来的 1/2，单位体积内的分子数就增大到原来的 2 倍（图 3-2）。所以，增大压强，就是增加单位体积里反应物的物质的量，即增大反应物的浓度，因而可以增大化学反应速率。相反，减小压强，气体的体积就扩大，浓度减小，因而化学反应速率也减小。

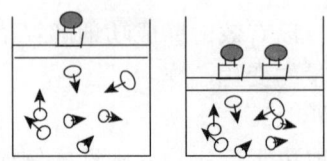

图 3-2　压强大小与一定气体分子所占体积示意图

如果参加反应的物质是固体、液体或溶液时，由于改变压强对它们体积改变的影响很小，因而对它们浓度改变的影响也很小，可以认为改变压强对它们的反应速率无影响。

（3）温度对化学反应速率的影响　温度是影响化学反应速率的重要因素之一。在浓度一定时，升高温度，反应物分子的能量增大，使一部分原来能量较低的分子变成活化分子，从而增加了反应物分子中活化分子的百分数，使有效碰撞次数增多，因而化学反应速率增大。当然，由于温度升高，会使分子的运动加快，这样单位时间里反应物分子间的碰撞次数增加，反应也会相应地加快，但这不是反应加快的主要原因，而前者是反应加快的主要原因。

1889 年，瑞典物理化学家阿伦尼乌斯（S. Arrhenius）在总结了大量实验数据的基础上，给出了化学反应速率常数 k 与温度之间的定量关系：

$$k = Ae^{-\frac{Ea}{RT}}$$

其对数式表示：

$$\ln k = \ln A - \frac{Ea}{RT}$$

$$\lg k = \lg A - \frac{Ea}{2.303RT}$$

式中，k 为速率常数；Ea 为反应的活化能，单位 kJ/mol；T 为热力学温度，单位 K；R 为气体常数；A 为碰撞频率因子。上述三个式子均称为阿伦尼乌斯方程式。

一般地，当化学反应的温度变化不大时，Ea 和 A 可以看作是常数。若反应在温度 T_1 时的速率常数为 k_1，在温度 T_2 时的速率常数为 k_2，则由式（3）得：

$$\lg k_1 = \lg A - \frac{Ea}{2.303RT_1}$$

$$\lg k_2 = \lg A - \frac{Ea}{2.303RT_2}$$

两式相减，得

$$\lg \frac{k_2}{k_1} = \frac{Ea}{2.303R}\left(\frac{1}{T_1} - \frac{1}{T_2}\right) = \frac{Ea}{2.303R}\left(\frac{T_2 - T_1}{T_2 T_1}\right)$$

这样，对于某反应若已知其在温度 T_1 时的反应速率 k_1 和温度 T_2 时的反应速率 k_2，即可求出此反应的活化能 Ea；若已知某反应的活化能 Ea，亦可求出此反应在任一温度下的反应速率常数 k。

例题 3-2　对于下列反应：

$$2N_2O_{5(g)} \longrightarrow 4NO_{2(g)} + O_{2(g)}$$

其碰撞频率因子 $A = 4.3 \times 10^{13}/s$，$E_a = 103.3 kJ/mol$，求 27℃时的速率常数 k。

解：根据阿伦尼乌斯公式：

$$\lg k = \lg A - \frac{E_a}{2.303RT}$$

将数据代入公式：

$$\lg k = \lg 4.3 \times 10^{13} - \frac{103.3 \times 1000}{2.303 \times 8.31 \times 300} = -4.36$$

$$k = 4.36 \times 10^{-5}$$

用同样的方法，可以计算出 37℃和 127℃时的速率常数分别为 1.66×10^{-4} 和 1.38。可看出，当温度升高 10℃时，反应速率常数大约增加为原来的 4 倍；升高 100℃时，反应速率常数大约增加为原来的 3×10^4 倍。一般情况下，温度每 1L 高 10℃，化学反应速率大约增加为原来的 2~4 倍。

阿伦尼乌斯公式不仅说明了反应速率与温度的关系，而且还可以说明活化能对反应速率的影响。对于活化能大小不同的两个反应，升高温度时具有较大的活化能的反应，其反应速率常数增加的倍数比活化能低的反应增加的倍数大。也就是说，升高温度更有利于活化能较高的反应。

（4）催化剂对反应速率的影响　催化剂是在化学反应中能够改变化学反应速率，而其自身的质量和化学组成在反应前后保持不变的物质。能加快反应速率的催化剂称为正催化剂；能减慢反应速率的催化剂称为负催化剂。如果没有特别注明，通常所说的催化剂，都是指正催化剂。催化剂改变化学反应速率的作用称为催化作用。在催化剂作用下进行的反应，称为催化反应。

催化剂能够加快反应速率的原因：在催化反应过程中，它能够降低反应所需要的能量，这样就会使更多的反应物分子成为活化分子，大大增加单位体积内反应物分子中活化分子所占的百分数，从而使反应速率大大加快。

由于催化剂能成千成万倍地增大化学反应速率，因此，催化剂在现代化工生产中占有极为重要的地位。据初步统计，约有 85%的化学反应需要使用催化剂，有很多反应还必须靠使用性能优良的催化剂才能进行。

综上所述，对于同一个化学反应，条件不同时，反应速率会发生变化。除了浓度（对于有气体参加的反应，改变压强相当于改变浓度）、温度、催化剂等外界因素对反应速率都有较大的影响外，反应物颗粒的大小、溶剂的性质等也会对化学反应速率产生影响。在适当条件下，人们还可以利用光、超声波，甚至磁场来改变某个反应的速率。

任务二｜化学平衡

化学研究和化工生产中，对于一个化学反应，我们不仅要考虑如何提高反应速率，使反应物尽快地转化为生成物，增加单位时间内的产量，同时还必须考虑到如何使反应物尽可能多地转化为生成物，提高原料的利用率。这就涉及到反应进行的程度——化学平衡。

一、可逆反应与化学平衡

在实际进行的化学反应中,反应物几乎完全能转变为生成物的仅占少数。例如氯酸钾的分解反应:

$$2KClO_3 \xrightarrow[\Delta]{MnO_2} 2KCl + 3O_2 \uparrow$$

通常认为 KCl 不能和 O_2 反应生成 $KClO_3$。把只能向一个方向进行的反应称为不可逆反应。而绝大多数反应都是可逆的。例如合成氨的反应,在 873K 和 20.2MPa 的条件下,以铁作催化剂,H_2 和 N_2 按体积比为 3∶1 混合于密闭容器内进行反应,氢气和氮气化合可以生成氨气。习惯上,把由反应物到生成物的反应,即从左向右进行的反应称为正反应。在同样条件下,氨气也能够分解生成氢气和氮气,把由生成物到反应物的反应,即从右向左进行的反应称为逆反应。正反应和逆反应这两个反应同时发生,这种在一定条件下,既能向正方向进行,又能向相反方向进行的反应,称为可逆反应。如氢气和氮气可以合并写成下列形式:

$$3H_2 + N_2 \xrightleftharpoons[\text{催化剂}]{\text{高温高压}} 2NH_3$$

当反应开始时,H_2 和 N_2 的浓度最大,NH_3 的浓度为零,正反应的速率($v_正$)最大,而逆反应速率($v_逆$)为零。反应进行一段时间后,H_2、N_2 合成为 NH_3,一旦有 NH_3 生成,逆反应立即发生,$v_逆$ 逐渐增大,同时,由于 N_2、H_2 的浓度减少,$v_正$ 逐渐减少;当反应体系中氨的含量达到 92% 时,反应似乎停止了,这时各反应物和生成物的浓度不再发生变化。最终达到正、逆反应速率相等($v_正 = v_逆$)。此时,单位时间内由 N_2、H_2 合成 NH_3 的分子数等于相同时间内 NH_3 分解为 N_2、H_2 的分子数,反应体系中各种物质的浓度不再发生变化,正、逆反应达到了平衡状态(如图 3-3 所示)。

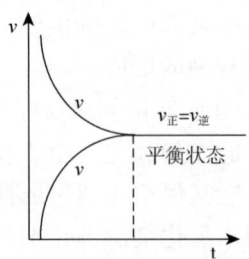

图 3-3 可逆反应的正逆反应速率变化示意图

在一定条件下,密闭容器中可逆反应进行到正、逆反应速率相等时的状态,称为化学平衡。

化学平衡具有以下特点:

(1)化学平衡状态最主要的特征是可逆反应的正、逆反应速率相等。可逆反应达到平衡后,只要外界条件不变,反应体系中各物质的量不随时间而变。

(2)化学平衡是一种动态平衡。反应体系达到平衡后,实际上反应并没有终止,正反应和逆反应始终在进行着,只是由于单位时间内各物质(生成物和反应物)的生成量和消耗量相等,从而使各物质的浓度都保持不变,反应物与生成物处于动态平衡。

(3)化学平衡是有条件的。化学平衡只能在一定的外界条件下才能保持,当外界条件改变时,原平衡就会被破坏,随后在新的条件下建立起新的衡。

(4)化学平衡可双向达到。由于反应是可逆的,因而化学平衡即可由反应物开始达到平衡,也可以由产物开始达到平衡。

二、化学平衡常数及应用

可逆反应达到化学平衡时，各物质的浓度在一定的条件下是一个不变的值。那么，各物质的浓度之间有什么关系呢？

大量实验证明，在一定温度下，任何可逆反应：

$$aA + bB \rightleftharpoons mM + nN$$

达到化学平衡时，生成物浓度系数次方的乘积与反应物浓度系数次方乘积的比值是一个常数，这个常数称为化学平衡常数，简称平衡常数，用 K 表示。

如反应是在溶液中进行的，则平衡常数表达式：

$$K_c = \frac{c_M^m \cdot c_N^n}{c_A^a \cdot c_B^b}$$

若反应物与生成物均为气体，在平衡时，各物质的分压分别为 p_A、p_B、p_M、p_N，则：

$$K_p = \frac{p_M^m \cdot p_N^n}{p_A^a \cdot p_B^b}$$

式中 K_c 和 K_p 分别称为浓度平衡常数和压力平衡常数。K_c 和 K_p 都是从实验数据得到的，统称为实验平衡常数。它是反应的特征常数，表明反应进行程度的大小。K 越大，反应进行的程度越大；反之，K 越小，反应进行的程度越小。平衡常数 K_c 与反应的温度有关，而与反应物的浓度无关。为便于与热力学函数联系和有关平衡的计算，通常反应中的浓度要用相对浓度 $\frac{c}{c^\theta}$，压力要用相对压力 $\frac{p}{p^\theta}$ 来代替，因而对于上述可逆反应标准平衡常数表达式可表示：

$$K_c^\theta = \frac{(c_M/c^\theta)^m \cdot (c_N/c^\theta)^n}{(c_A/c^\theta)^a \cdot (c_B/c^\theta)^b}$$

和

$$K_p^\theta = \frac{(p_M/p^\theta)^m \cdot (p_N/p^\theta)^n}{(p_A/p^\theta)^a \cdot (p_B/p^\theta)^b}$$

其中，K_c^θ 为标准浓度平衡常数，K_p^θ 为标准压力平衡常数。

由于 $c^\theta = 1\text{mol/L}$，$p^\theta = 100\text{kPa}$，所以：

$$K_c^\theta = \frac{c_M^m \cdot c_N^n}{c_A^a \cdot c_B^b}, \quad K_p^\theta \neq \frac{p_M^m \cdot p_N^n}{p_A^a \cdot p_B^b}$$

书写和应用标准平衡常数应注意：

（1）平衡常数表达式中各物质的浓度（或分压），必须是在系统达到平衡状态时相应的值。

（2）平衡常数表达式要与计量方程式相对应。同一个化学反应，用不同计量方程式表示时，平衡常数表达式不同，得到的数值也不相同。

（3）有纯固体和纯液体参加的可逆反应，纯固体和纯液体的浓度为常数1，不必写入 k^θ 的表达式中。例如：

$$CO_{2(g)} + C_{(s)} \rightleftharpoons 2CO_{(g)}$$

则平衡常数表示：

$$K_c^\theta = \frac{c_{CO}^2}{c_{CO_2}}$$

(4) 稀溶液中的反应，如果有水参加，水的浓度也视为常数1，但是反应中有气相水或非水溶液中有水参加（或有水生成）的反应，水的浓度不可视为常数。例如：

$$CO_{(g)} + H_2O_{(g)} \rightleftharpoons CO_{2(g)} + H_{2(g)}$$

则平衡常数表示：

$$K_c^\theta = \frac{c_{CO_2} \cdot c_{H_2}}{c_{CO} \cdot c_{H_2O}}$$

化学反应在一定条件下达到平衡时，通过实验测定各物质的平衡浓度或平衡分压，即可计算出该反应的平衡常数。工业生产中正是根据这种平衡关系来计算有关物质的平衡浓度以及反应物的转化率。

例题 3-3 在下列平衡体系中

$$CO_{(g)} + H_2O_{(g)} \rightleftharpoons CO_{2(g)} + H_{2(g)}$$

反应容器为 1L，1103K 时 $K_C^\theta = 1.0$，若 CO 的起始浓度为 2mol/L，H_2O 的起始浓度为 3mol/L，达到平衡时，各物种的浓度为多少？CO 的转化率（指平衡时已转化了的某反应物的量与转化前该反应物的量之比）为多少？

解：设此体系达到平衡时，有 x mol/L CO 转化为 CO_2，则：

$$CO_{(g)} + H_2O_{(g)} \rightleftharpoons CO_{2(g)} + H_{2(g)}$$

$C_{起始}$	2	30	0	0
$C_{平衡}$	$2-x$	$3-x$	x	x

$$K_c^\theta = \frac{c_{CO_2} \cdot c_{H_2}}{c_{CO} \cdot c_{H_2O}} = \frac{x^2}{(2-x)(3-x)}$$

$$x = 1.2 \text{ (mol/L)}$$
$$c_{CO} = 2 - x = 0.8 \text{ (mol/L)}$$
$$c_{H_2O} = 3 - x = 1.8 \text{ (mol/L)}$$
$$c_{H_2} = c_{CO} = x = 1.2 \text{ (mol/L)}$$
$$CO_{转化率} = \frac{1.2}{2} \times 100\% = 60\%$$

答：达到平衡时，CO，H_2O，H_2，CO_2 的浓度：

$$c_{CO} = 0.8 \text{mol/L}, \quad c_{H_2O} = 1.8 \text{mol/L}, \quad c_{H_2} = c_{CO} = 1.2 \text{mol/L}$$

CO 的转化率为 60%。

例题 3-4 在 440℃，$H_{2(g)} + I_{2(g)} \rightleftharpoons 2HI_{(g)}$ 的标准平衡常数为 49.5，已知 0.200mol H_2 和 0.200mol I_2 置于 10.0L 密闭容器中，待反应达成平衡后，各物质的平衡浓度各为多少？

解：设此体系达到平衡时，有 x mol/L H_2 转化为 HI，则：

$$H_{2(g)} + I_{2(g)} \rightleftharpoons HI_{(g)} \quad K_c = 49.5$$

氢的 $c_{起始} = \frac{0.200\text{mol}}{10.0\text{L}} = 0.020\text{mol/L}$

碘的 $c_{起始} = \frac{0.200\text{mol}}{10.0\text{L}} = 0.020\text{mol/L}$

$$\begin{array}{cccc} & H_{2(g)} & + & I_{2(g)} & \rightleftharpoons & 2HI_{(g)} \\ c_{起始} & 0.020 & & 0.020 & & 0 \\ c_{平衡} & 0.020-x & & 0.020-x & & 2x \end{array}$$

$$K_c^\theta = \frac{c_{HI}^2}{c_{H_2} \cdot c_{I_2}} = \frac{(2x)^2}{(0.020-x)(0.020-x)} = 49.5$$

$$\frac{2x}{0.020-x} = 7.04,\ x = 0.016\ (mol/L)$$

则平衡浓度：

$$c_{H_2} = 0.020 - 0.016 = 0.004\ (mol/L)$$
$$c_{I_2} = 0.020 - 0.016 = 0.004\ (mol/L)$$
$$c_{HI} = 2 \times 0.0156 = 0.0312\ (mol/L)$$

答：当达成平衡时 $c_{H_2} = c_{I_2} = 0.004 mol/L$，$c_{HI} = 0.0312 mol/L$。

例题 3-5 在催化剂存在下，将 2.00mol SO_2 和 1.00mol O_2 的混合物在 2L 的容器中加热至 1000K，当体系处于平衡时，SO_2 的转化率为 46%，求该温度下的 K_c^θ。

解：

$$\begin{array}{cccc} & SO_{2(g)} & + & \frac{1}{2}O_2 & \rightleftharpoons & SO_{3(g)} \\ c_{起始} & 1.00 & & 0.50 & & 0 \\ c_{平衡} & 0.54 & & 0.27 & & 0.46 \end{array}$$

$$K_c^\theta = \frac{c_{SO_3}}{c_{SO_2} \cdot c_{O_2}^{1/2}} = \frac{0.46}{0.54 \times \sqrt{0.27}} = 1.64$$

答：在 1000K 时，K_c^θ 等于 1.64。

三、化学平衡的移动

化学平衡只是可逆反应在一定条件下一种相对的、暂时的稳定状态。如果改变浓度、压强、温度等反应条件，正、逆反应速率不再相等，原平衡反应混合物里各组分的浓度也随着改变，经过一段时间后，从而达到新的平衡状态。我们把可逆反应中旧化学平衡的破坏、新化学平衡的建立过程称为化学平衡的移动。

研究化学平衡目的就是要利用外界条件的改变，使旧的化学平衡破坏，建立新的较理想的化学平衡。例如：使转化率不高的化学平衡破坏，而建立新的转化率高的化学平衡，从而提高产量。下面，着重讨论浓度、压强和温度对化学平衡的影响。

1. 浓度对化学平衡的影响

当化学反应达到平衡时，只要其他条件不变，改变任何一种反应物或生成物的浓度，都会引起化学平衡的移动。

例如，氯化铁与硫氰化钾起反应，生成血红色的硫氰化铁和氯化钾，这个反应的化学平衡可表示：

$$FeCl_3 + 3KSCN \rightleftharpoons Fe(SCN)_3 + 3KCl$$
黄色　　无色　　　　红色　　　无色

在平衡混合物里，当加入 $FeCl_3$ 或 $KSCN$ 溶液后，溶液的颜色会变深。这说明增大任何一种反应物浓度都促使化学平衡向正反应的方向移动,生成更多的硫氰化铁。通过实验还可以证明,当达到平衡时,减小任何一种反成物的浓度,平衡也会向逆反应的方向移动。

浓度对化学平衡的影响可概括:在其他条件不变的情况下,增大反应物的浓度或减小生成物的浓度,都可以使平衡向着正反应的方向移动;增大生成物的浓度或减小反应物的浓度,都可以使平衡向着逆反应的方向移动。在化工生产中,往往采用增大容易取得的或成本较低的反应物浓度的方法,使成本较高的原料得到充分利用,从而提高某反应物的转化率。例如在硫酸生产工业中,常用过量的空气使二氧化硫充分氧化,生成更多的三氧化硫。

2. 压力对化学平衡的影响

固态或液态物质的体积,受压强的影响很小,可以忽略不计。因此,平衡混合物都是固体或液体时,改变压力,化学平衡不发生移动。而对于有气体参加的可逆反应,当处于化学平衡状态时,改变压力就可能使化学平衡发生移动。现以合成氨的反应为例,说明压力对平衡的影响。氨合成的平衡反应方程式:

$$N_2 + 3H_2 \rightleftharpoons 2NH_3$$

在该反应式中,反应物的气体总分子数为4mol,产物的气体总分子数为2mol,反应前后气体分子总数是有变化的。

在一定温度下,当上述反应达到平衡时,各组分的平衡分压为 p_{NH_3}、p_{H_2}、p_{N_2},则:

$$K_p^\theta = \frac{p_{NH_3}^2}{p_{N_2} \cdot p_{H_2}^3}$$

若平衡体系的总压力增加到原来的2倍,则各组分的分压分别为 $2p_{H_2}$、$2p_{N_2}$、$2p_{NH_3}$,则:

$$\frac{(2p_{NH_3})^2}{2p_{N_2} \cdot (2p_{H_2})^3} = \frac{4p_{NH_3}^2}{16 p_{N_2} \cdot p_{H_2}^3} = \frac{1}{4} K_p^\theta$$

上式表明,体系已经不再处于平衡状态,反应必须朝着生成氨(即分子数减少)的正方向进行。在反应进行的过程中,随着 p_{NH_3} 的不断增大,p_{H_2} 和 p_{N_2} 下降,最后建立新的平衡。

若将平衡体系的总压力降低到原来的1/2,则各组分的分压也分别减为原来的1/2,即:$\frac{1}{2}p_{H_2}$、$\frac{1}{2}p_{N_2}$、$\frac{1}{2}p_{NH_3}$,则:

$$\frac{\left(\frac{1}{2}p_{NH_3}\right)^2}{\frac{1}{2}p_{N_2} \cdot \left(\frac{1}{2}p_{H_2}\right)^3} = \frac{\frac{1}{4}p_{NH_3}^2}{\frac{1}{16}p_{N_2} \cdot p_{H_2}^3} = 4K_p^\theta$$

上式表明,体系已经不再处于平衡状态,反应必须朝着生成氨分解(即分子数增大)的逆反应方向进行。在反应进行的过程中,随着 NH_3 的不断分解,p_{NH_3} 不断下降,p_{H_2} 和 p_{N_2} 不断升高,最后又建立新的平衡。

由此可见,对于一个反应前后气体分子总数有变化的反应来说,在其他条件不变的情况下,增大压强,化学平衡向着气体体积缩小的方向移动;减小压强,化学平衡向着气体体积增大的方向移动。

在有些可逆反应里，反应前后气体分子总数没有变化。例如：

$$2HI_{(g)} \rightleftharpoons H_{2(g)} + I_{2(g)}$$

在该反应式中，反应物的气体总分子数为 2mol，产物的气体总分子数也为 2mol，反应前后气体分子总数没有变化。在一定温度下，改变体系的压力对平衡是否有影响呢？

假设上述反应在恒温下达到平衡时，各组分的分压分别为 p_{HI}、p_{H_2}、p_{I_2}，则：

$$K_p^\theta = \frac{p_{H_2} \cdot p_{I_2}}{p_{HI}^2}$$

当体系的总压力增加到原来的两倍时，各组分的分压分别为 $2p_{HI}$、$2p_{H_2}$、$2p_{I_2}$，此时，压力平衡常数表达式中的分子和分母总是同倍数地增大，所以增加体系的压力，并不影响平衡。同理，当体系的总压力减小到原来的 1/2 时，压力平衡常数表达式中的分子和分母总是同倍数地减小，也不影响平衡。

由此可见，在恒温下有气体参加的可逆反应中，如果气态反应物总分子数和气态生成物的总分子数相等，增加或减小压力对平衡没有影响。

3. 温度对化学平衡的影响

温度对化学平衡的影响与前两种情况有本质的区别。改变浓度或压力只能使平衡点改变，而温度的变化却导致平衡常数值的改变，从而影响平衡移动。例如合成氨反应是个放热反应，该反应的平衡常数随温度变化而变化见表 3-1。

表 3-1　　　　　　　　　　合成氨反应的平衡常数随温度的变化情况

T/K	473	573	673	773	873	973
K	4.4×10^{-2}	4.9×10^{-3}	1.9×10^{-4}	1.6×10^{-5}	2.8×10^{-6}	4.8×10^{-7}

如表 3-1 所示可见，对于一个可逆反应来说，如果是放热反应，升高温度，平衡常数减小，平衡向逆反应方向进行。如果是吸热反应，升高温度，平衡常数增大，平衡向正反应方向进行。

综上所述，在一个可逆反应的平衡体系中，如果改变影响平衡的一个条件（如浓度、温度、压力等），平衡就向能够减弱这种改变的方向移动，这可概括为平衡移动原理也叫勒夏特列原理。该原理适用于已达到平衡的体系，不适用于非平衡体系。平衡移动原理对所有的动态平衡都适用，如后面将要学习的电离平衡也适用。但是，这个原理也有局限性，如虽然能用它来判断平衡移动的方向，但不能用它来判断建立新平衡所需要的时间，以及在平衡建立过程中各物质间的数量关系等。这需要进一步学习其他理论，在此不再介绍。

由于催化剂能够同等程度地增加正反应速率和逆反应速率，因此它对化学平衡的移动没有影响。也就是说，催化剂不能改变达到化学平衡状态的反应混合物的组成，但是使用催化剂，能够改变反应达到平衡所需的时间。

项目小结

1. 化学反应

分子可分成原子，原子得到或失去电子就形成离子，原子、离子重新排列组合构成新物质的过程，称为化学反应。在化学反应中常伴有发光、发热、变色、生成沉淀物等现象。

2. 化学反应速率

化学反应速率是表明化学反应进行的快慢的物理量。通常是用单位时间内反应物浓度的减小或生成物浓度的增大来表示，其单位常用 $mol/(L \cdot min)$ 或 $mol/(L \cdot s)$ 表示。

参加化学反应的物质的性质是决定化学反应速率的主要因素，不同的物质参加的化学反应，具有不同的反应速率。此外，温度、浓度、压强和催化剂等也能影响化学反应速率。

3. 化学平衡的概念与化学平衡常数

一定温度下，在一个密闭容器里进行的可逆反应，当正反应和逆反应的化学反应速率相等时，即达到了化学平衡。化学平衡是动态平衡，可以从正反应达到，也可以从逆反应达到。在平衡状态时，平衡混合物里各组分的浓度保持不变。

对于可逆反应：

$$aA + bB \rightleftharpoons mM + nN$$

达到平衡时：

$$k^{\theta} = \frac{c_M^m \cdot c_N^n}{c_A^a \cdot c_B^b}$$

式中 k 是该反应的平衡常数，它只随温度的改变而改变。

4. 化学平衡移动原理（勒夏特列原理）

如果改变影响平衡的一个条件（如浓度、温度、压力等），平衡就向能够使这种改变减弱的方向移动。具体分述如下：

（1）浓度　增大反应物浓度或减小生成物浓度，平衡向正反应方向移动；减小反应物浓度或增大生成物浓度，平衡向逆反应方向移动。

（2）温度　升高温度，平衡向吸热反应方向移动；降低温度，平衡向放热反应方向移动。

（3）压力　增大压力，平衡向气体体积缩小方向移动；减小压力，平衡向气体体积增大方向移动。

催化剂对化学平衡的移动没有影响。

一、填空题：

1. 反应 $3Fe_{(s)} + 4H_2O \rightleftharpoons Fe_3O_{4(s)} + 4H_{2(g)}$，在一可变的容积的密闭容器中进行，试

回答：

(1) 增加 Fe 的量，其正反应速率的变化是_____（填增大、不变、减小，以下相同）。

(2) 将容器的体积缩小一半，其正反应速率_____，逆反应速率_____。

(3) 保持体积不变，充入 N_2 使体系压强增大，其正反应速率_____，逆反应速率_____。

(4) 保持压强不变，充入 N_2 使容器的体积增大，其正反应速率_____，逆反应速率_____。

2. 合成氨的反应如下：$N_2+3H_2 \rightleftharpoons 2NH_3+Q$，为提高氨的生成速率应采取的措施：

(1)_____ (2)_____ (3)_____ (4)_____

3. 对于 $A+2B_{(g)} \rightleftharpoons nC_{(g)}$，$\Delta H<0$。在一定条件下达到平衡后，改变下列条件，请回答：

(1) A 量的增减，平衡不移动，则 A 为_____态。

(2) 增压，平衡不移动，当 $n=2$ 时，A 为_____态；当 $n=3$ 时，A 为_____态。

(3) 若 A 为固态，增大压强，C 的组分含量减少，则 n _____。

(4) 升温，平衡向右移动，则该反应的逆反应为_____热反应。

二、选择题

1. 从植物花中可提取一种简写为 HIn 的有机物，它在水溶液中因存在下列平衡：HIn（溶液，红色）$\rightleftharpoons H^+$（溶液，无色）$+In^-$（溶液，黄色）而用作酸碱指示剂。往该溶液中加入 Na_2O_2 粉末，则溶液颜色为（　）。

A. 红色变深 B. 黄色变浅

C. 黄色变深 D. 褪为无色

2. 下列说法中有明显错误的是（　）。

A. 对有气体参加的化学反应，增大压强体系体积减小，可使单位体积内活化分子数增加，因而反应速率增大。

B. 升高温度，一般可使活化分子的百分数增大，因而反应速率增大。

C. 活化分子之间发生的碰撞一定为有效碰撞。

D. 加入适宜的催化剂，可使活化分子的百分数大大增加，从而成千上万倍地增大化学反应的速率。

3. 对于 $CH_3COOC_2H_5+OH^- \rightleftharpoons CH_3COO^-+C_2H_5OH$ 的反应达平衡后，加入盐酸，以下说法正确的是（　）。

A. 平衡正向移动 B. 平衡逆向移动

C. 平衡不移动 D. 反应速度不变

4. 在体积不变的密闭容器中发生 $2NO+O_2 \rightleftharpoons 2NO_2$ 反应，并达到平衡，若升温体系的颜色变浅，则下列说法正确的是（　）。

A. 正反应是吸热 B. 正反应是放热

C. 升温后，1mol 混合气的质量变大 D. 升温后，气体密度变小

5. 下列措施不能使 $FeCl_3+3KSCN \rightleftharpoons Fe(SCN)_3+3KCl$ 平衡发生移动的是（　）。

A. 加少量 KCl 固体 B. 加固体 $Fe_2(SO_4)_3$

C. 加 NaOH D. 加 Fe 粉

6. 在一定条件下，可逆反应 $N_2+3H_2 \rightleftharpoons 2NH_3+Q$ 达平衡。当单独改变下述条件后，有关叙述错误的是（　　）。

A. 加催化剂，$v_正$，$v_逆$ 都发生变化，且变化的倍数相等。

B. 加压 $v_正$，$v_逆$ 都增大，且 $v_正$ 增大倍数大于 $v_逆$ 增大倍数。

C. 降温，$v_正$，$v_逆$ 都减小，且 $v_正$ 减小倍数小于 $v_逆$ 减小倍数。

D. 增大 $[N_2]$，$v_正$，$v_逆$ 都增大，且 $v_正$ 增大倍数大于 $v_逆$ 增大倍数。

7. 向 $Cr_2(SO_4)_3$ 的水溶液中，加入 NaOH 溶液，当 pH=4.6 时，开始出现 $Cr(OH)_3$ 沉淀，随着 pH 的升高，沉淀增多，但当 pH≥13 时，沉淀消失，出现亮绿色的亚铬酸根离子。其平衡关系如下：

$$Cr^{3+}+3OH^- \rightleftharpoons Cr(OH)_3 \rightleftharpoons CrO_2^-+H^++H_2O$$
（紫色）　　　（灰绿色）　　（亮绿色）

向 0.05mol/L 50mL 的 $Cr_2(SO_4)_3$ 溶液中，加入 1.0mol/L 的 NaOH 溶液 50mL，充分反应后，溶液中可观察到的现象为（　　）。

A. 溶液为紫色　　　　　　　　B. 溶液中有灰绿色沉淀

C. 溶液为亮绿色　　　　　　　D. 无法判断

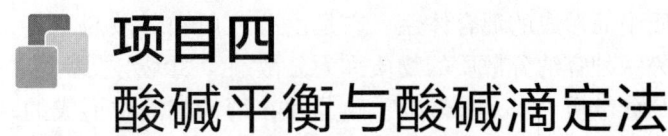
项目四
酸碱平衡与酸碱滴定法

【知识目标】
1. 掌握溶液的组成和常用浓度的表示方法,能应用物质的量浓度、质量分数进行计算,熟悉浓度的换算。
2. 理解电解质的概念,能判断电解质、非电解质和强电解质、弱电解质,会正确书写电离方程式。
3. 了解水的电离,能运用水的标准离子积常数判断溶液的酸碱性。掌握强酸和强碱的 pH 的计算。
4. 理解强酸强碱滴定的滴定曲线、突跃范围并能合理选择指示剂。

【能力目标】
1. 掌握溶液浓度的计算方法。
2. 掌握溶液的配制方法。
3. 能准确选用公式计算酸碱溶液的 pH。
4. 掌握酸碱标准溶液的制备方法及具体应用。

任务一 | 溶液

一、溶液的基本知识

溶液在自然界中普遍存在,生活中的果汁液、白醋、洗发水,人体内的血液及各种分泌液都是溶液。溶液与生命活动和工农业生产密切联系,动植物摄取的养分,必须经过转化变成溶液后才能吸收;农业生产中使用的化学肥料,医疗上用的葡萄糖、生理盐水和注射液,都要在配成溶液后才能使用;工业生产上的化学反应通常在溶液里进行才比较快,所以溶液无论对动植物的生理活动,还是对工农业生产都有其重大意义。

1. 分散体系

溶液是一种分散体系。分散体系简称分散系,就是将一种或几种物质分散到另一种物质中而形成的混合体系，它是由分散质和分散剂组成。通常将被分散的物质称为分散质，另一种容纳分散质的物质称为分散剂。如泥水、豆浆、糖水都是分散系，泥土、豆质、糖是分散质，水是分散剂；碘分散在酒精溶液中形成的碘酒，碘是分散质，酒精是分散剂。分散质和分散剂均可以为气体、液体和固体。常见的分散系类型如表4-1所示。

表4-1　　　　　　　　　　　常见的分散系的类型

分散质	分散剂	实例
气体	气体	空气
液体	气体	雾、云
固体	气体	烟、灰尘
气体	液体	泡沫、汽水
液体	液体	牛乳、酒精
固体	液体	食盐水、碘酒
气体	固体	泡沫塑料、面包
液体	固体	珍珠、湿砖头
固体	固体	合金、有色玻璃

通常按分散质的分散程度不同把分散体系分成三类：粗分散体系，胶体分散体系和分子分散体系。分散质颗粒直径 $>10^{-7}$ m 的是粗分散体系（悬浊液、乳浊液），它的特性表现为粒子不能通过滤纸，不扩散，不能渗透，在普通显微镜下可以看见。分散质颗粒直径大小在 $10^{-9} \sim 10^{-7}$ m 之间的是胶体分散体系（胶体），它的特性表现为粒子能通过滤纸，扩散极慢，不能渗透，在普通显微镜下看不见，在超显微镜下可以看见。分散质颗粒直径 $<10^{-9}$ m 的是分子分散体系（溶液），它的特性表现为粒子能通过滤纸，扩散很快，能渗透，在超显微镜下也看不见。粗分散系、胶体分散系和分子分散系的区别如表4-2所示。

表4-2　　　　　　粗分散系、胶体分散系和分子分散系的区别

分散系	外观	稳定性	分散质粒子大小	例子
分子分散系（溶液）	均一、透明	稳定	小于 10^{-9} m	NaCl 溶液
胶体分散系（胶体）	均一、透明	稳定	$10^{-9} \sim 10^{-7}$ m	牛乳
粗分散系（浊液）	不均一、不透明	不稳定	大于 10^{-7} m	泥水

2. 溶液概念

溶液也就是分子分散系，它是由一种或几种物质以分子或离子形式分散于另一种物质中形成的均一、稳定的混合物。溶液中的分散质和分散剂分别叫溶质和溶剂，其中，被溶解的物质是溶质，能溶解其他物质的物质是溶剂。例如：用盐和水配制的生理盐水，盐就是溶质，水就是溶剂。溶液中的溶质是分子或离子，并具有透明、均匀、稳定的宏观特征。溶质与溶剂可以是气体、液体和固体，当固体或气体溶于液体形成溶液时，通常把固体或气体叫溶质，液体叫溶剂；两种溶液互溶时，若其中一种是水，一般将水称为溶剂；两种溶液互溶时，两种液体都不为水，一般把量多的一种叫溶剂，量少的一种叫溶质。

溶液可根据颜色分为有色溶液和无色溶液，根据酸碱性分为酸性溶液、中性溶液和碱

性溶液，根据导电性分为电解质溶液和非电解质溶液，根据溶质含量分为浓溶液和稀溶液，根据溶解程度分为饱和溶液和不饱和溶液等。

如向一定量溶剂里加入某种溶质，当溶质不能继续溶解时，所得的溶液就是饱和溶液。饱和溶液是指一定温度下，一定量的溶剂里，不能再溶解某种物质的溶液。在一定温度下，一定量的溶剂里，还能再溶解某种物质的溶液叫不饱和溶液。饱和溶液反映了溶剂的最大溶解能力，表明溶质达到了最大的溶解限度，是这个最大的溶解限度与外界温度，压力（气体受此影响）和溶质、溶剂的比例有关，饱和溶液增加溶剂，改变温度、压力（气体受此影响）是可能变为不饱和溶液；同样不饱和溶液增加溶质，改变温度、压力（气体受此影响）也可能变为饱和溶液。溶液的饱和程度可用溶解度来描述，固体物质的溶解度是指在一定温度下，固态物质在100g溶剂中达到饱和状态时所溶解的质量。大部分固体物质的溶解度随温度升高而增大，如硝酸钾；少部分固体溶解度受温度影响不大，如氯化钠；极少数物质溶解度随温度升高反而减小，如氢氧化钙。气体物质的溶解度是指一定温度、压强为1atm时，溶解在1体积水里达到饱和状态时的气体的体积。气体的溶解度随温度的升高而减小，随压强的增大而增大。

饱和溶液不一定是浓溶液，浓溶液也有可能是不饱和溶液。如饱和氢氧化钙水溶液，因为水中的氢氧化钙溶解度较小它是稀溶液，98%的硫酸是浓溶液，但还能吸收SO_3说明是不饱和溶液。浓溶液、稀溶液与饱和溶液、不饱和溶液是从不同角度对溶液进行的描述，它们之间并没有必然联系。

二、溶液的浓度

溶液的浓度是指一定量的溶液里所含溶质的量。溶液的浓度是反映溶液浓稀程度的标准，它表达了溶液中溶质跟溶剂存在的量的关系，溶液中溶质含量越多，溶液的浓度相应越大。根据溶液中溶液和溶质的表示形式不同，溶液的浓度有多种表示方法，常用浓度的表示方法有以下几种。

1. 物质的量浓度

物质的量浓度是一种溶质用物质的多少、溶液用体积来表示的浓度。对宏观物质多少可以用个数来描述，如：一个苹果，十个同学。而微观物质的多少通常是用物质的量来描述，物质的量就是表示微观粒子数目多少的一个物理量。物质的量和"长度"、"质量"、"时间"等概念一样，是国际单位制中七个基本物理量之一（七个基本的物理量分别为长度、质量、时间、电流强度、温度、物质的量、发光强度），它是表示微观粒子数量多少的，常用n表示，单位为摩尔（mol），简称摩。摩尔与千克、米一样，是一个单位，它是物质的量这个物理量的单位。在意大利化学家阿佛加德罗推导出阿佛加德罗常数后，摩尔便像一座桥梁把单个的、肉眼看不见的微粒跟大数量的微粒集体、可称量的物质联系起来了，1mol任何物质均含有阿佛加德罗常数个微粒。阿佛加德罗常数用N_0表示，其数值为$6.02×10^{23}$。如1mol H_2O含有$6.02×10^{23}$个水分子，含有$6.02×10^{23}$个氧原子，含有$1.806×10^{24}$个原子。1mol H_2SO_4含有$6.02×10^{23}$个硫酸分子，含有$6.02×10^{23}$个硫酸根离子，含有$1.204×10^{24}$个氢离子，含有$1.806×10^{24}$个离子。

1摩尔物质的质量称为该物质的摩尔质量，用M表示，单位为g/mol。摩尔质量在数值上等于该物质的原子质量、分子质量或离子的式量。如Fe的摩尔质量为56g/mol，H_2O

的摩尔质量为 18g/mol，OH^- 的摩尔质量为 17g/mol。摩尔质量是物质的质量与物质的量相联系的纽带，它们的关系可以用下列公式来反映：

$$物质的量 = \frac{物质的质量}{摩尔质量}$$

$$n = \frac{m}{M}$$

式中，n 为物质的量，单位是 mol，m 为物质的质量，单位是 g，M 为摩尔质量，单位是 g/mol。

例题 4-1　90g 水相当于多少摩尔水分子？

解：水的摩尔质量是 18g/mol

$$n = \frac{m}{M} = \frac{90g}{18g/mol} = 5mol$$

答：90g 水相当于 5 摩尔水分子。

例题 4-2　4mol H_2SO_4 有多少克 H_2SO_4？有多少个 H_2SO_4 分子？多少摩尔 H^+？多少摩尔离子？多少个 SO_4^{2-}？

解：H_2SO_4 的摩尔质量是 98g/mol

$$m = n \cdot M = 4mol \times 98g/mol = 392g$$

$$H_2SO_4 分子个数 = n \cdot N_0 = 4 \times 6.02 \times 10^{23} = 2.408 \times 10^{24} 个$$

$$n_{H^+} = 4mol \times 2 = 8mol$$

$$n_{离子} = 4mol \times 3 = 12mol$$

$$SO_4^{2-} 的个数 = 4 \times 6.02 \times 10^{23} = 2.408 \times 10^{24} 个$$

答：4mol H_2SO_4 有 392g H_2SO_4；有 2.408×10^{24} 个 H_2SO_4 分子；有 8mol H^+；有 12mol 离子；有 2.408×10^{24} 个 SO_4^{2-}。

对于气体物质，不仅具有质量和数量，还要占有一定的空间，具有一定的体积。在标准状况下，1mol 任何气体所占的体积都约为 22.4L，这个体积称为该气体的摩尔体积，用 V_m 表示，单位是 L/mol。使用气体的摩尔体积时应注意：①必须是标准状况。②"任何气体"既包括纯净物又包括气体混合物。③22.4L 是个近似数值。④单位是 L/mol 而不是 L。

例题 4-3　5.1g 氨有多少摩尔的氨？在标准状况下它的体积是多少升？

解：氨的摩尔质量是 17g/mol

$$n_{NH_3} = 5.1g / 17g/mol = 0.3mol$$

$$V_{NH_3} = n_{NH_3} \cdot V_m = 0.3mol \times 22.4L/mol = 6.72L$$

答：5.1g 氨有 0.3mol 的氨；在标准状况下它的体积是 6.72L。

例题 4-4　实验室用锌与稀盐酸反应制氢气，在标准状况下生成了 3.36L 氢气。试问需要多少摩尔的锌和盐酸？

解：设需要 x 摩尔的锌和 y 摩尔的盐酸。

$$\begin{array}{cccc} Zn & + & 2HCl = ZnCl_2 & + & H_2 \\ 1mol & & 2mol & & 22.4L \\ x & & y & & 3.36L \end{array}$$

$$x = \frac{1mol \times 3.36L}{22.4L} = 0.15mol$$

$$y = 2x = 0.30mol$$

答：需要0.15mol的锌和0.30mol盐酸。

化学反应的实质是溶液中溶质之间的反应，利用化学反应进行定量分析时，浓度用物质的量浓度来表示更为方便。所谓物质的量浓度是指用1L溶液中所含溶质物质的量来表示的浓度，即：物质的量浓度就是溶质B的物质的量（mol）与溶液体积（L）之比，用c_B表示，单位为mol/L。

其表达式：

$$c_B = \frac{n_B}{V}$$

式中c_B为溶液的物质的量浓度，单位为mol/L；n_B为溶质B的物质的量，单位为mol；V为溶液的体积，单位为L。

例题4-5 将23.4g NaCl溶于水中，配成250mL溶液，计算所得溶液中溶质的物质的量浓度。

解：NaCl的物质的量计算公式：

$$n = \frac{m}{M} = \frac{23.4g}{58.5g/mol} = 0.4mol$$

NaCl溶液物质的量浓度计算公式：

$$c = \frac{n}{V} = \frac{0.4mol}{0.25L} = 1.6mol/L$$

答：NaCl溶液中溶质的物质的量浓度为1.6mol/L。

物质的量、质量、微粒数目、气体体积、物质的量浓度几者之间的关系如图4-1所示。

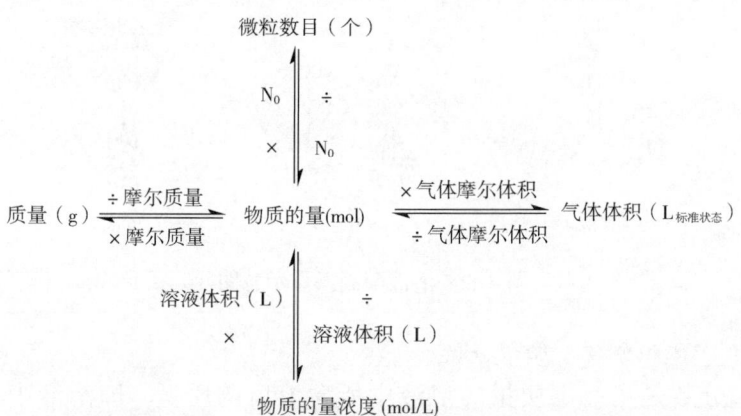

图4-1 物质的量、质量、微粒数目、气体体积及物质的量浓度之间的关系

溶液浓度的配制在实际工作中应用相当广泛，化学上把用化学物品和溶剂（一般是水）配制成需要浓度的溶液的过程称为溶液浓度的配制。溶液浓度的配制使用的主要仪器：容量瓶、天平（吸量管）、药匙、烧杯、玻璃棒、胶头滴管。溶液浓度的配制一般分六个步骤：计算—称量（量取）—溶解—移液—定容—摇匀。

第一步计算：常用$n = m_{溶质}/M$，$c = n/v$，$\rho = m_{溶液}/v$，质量分数$= m_{溶质}/m_{溶液}$公式计算。如：配制0.1mol/L的氢氧化钠溶液500mL，该称取氢氧化钠的质量为$m = 0.1 \times 0.5 \times 40 = 2$（g）。如：实验室用密度为1.19g/mL，质量分数为36.5%，浓盐酸配制250mL，0.1mol/L的盐酸溶

液。应取盐酸的量为 $v=m/\rho=$（0.25×0.1×36.5）/（36.5%×1.19）= 2.1（mL）。

第二步称量或量取：固体试剂用分析天平或电子天平（为了与容量瓶的精度相匹配）称量，液体试剂用吸量管量取。称量或量取的试剂将放入小烧杯中，进行下一步溶解。

第三步溶解：将称好的固体放入烧杯，用适量（20~30mL）蒸馏水溶解，用玻棒搅拌加速溶解，冷却至室温。

第四步移液：将烧杯中冷却后的溶液转移到容量瓶。由于容量瓶的颈较细，为了避免液体洒在外面，用玻璃棒引流，玻璃棒不能紧贴容量瓶瓶口，棒底应靠在容量瓶瓶壁刻度线下。转移后，并用蒸馏水洗涤小烧杯和玻璃棒2~3次，将洗涤液一并注入容量瓶。

第五步定容：在容量瓶中继续加水至距刻度线 2~3cm 处，改用胶头滴管滴加至刻度（液体凹液面最低处与刻度线相切）。

第六步摇匀：把定容好的容量瓶瓶塞塞紧，用食指顶住瓶塞，用另一只手的手指托住瓶底，把容量瓶倒转和摇动几次，混合均匀。由于容量瓶不能长时间盛装溶液，故将配得的溶液转移至试剂瓶中，贴好标签（标签上应注明药品名称和溶液的浓度），放到相应的试剂柜中。溶液的配制过程见图 4-2。

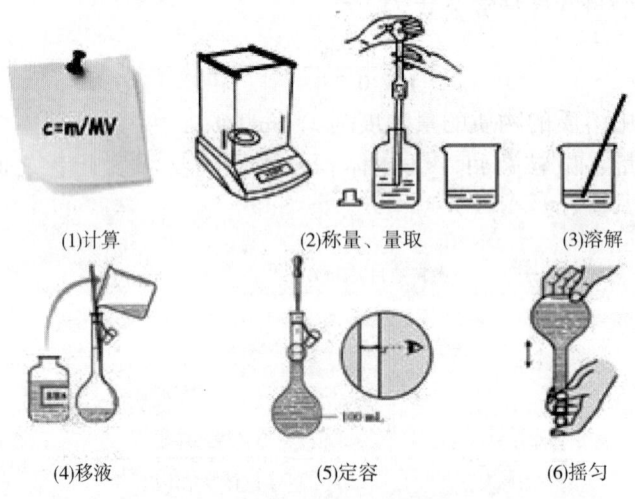

图 4-2 溶液配制操作示意图

2. 质量分数、体积分数、摩尔分数

溶液的质量分数是指一定质量的溶液中所含溶质的质量，即溶液中溶质 B 的质量（m_B）与溶液质量（m）之比。常用 w_B 表示，表达式：

$$w_B = \frac{m_B}{m}$$

式中 m 为溶液的质量，单位为 g 或 kg，m_B 为溶质的质量，是指被溶解的那部分溶质的质量，没有被溶解的那部分溶质质量不能计算在内，它的单位与溶液的质量的单位相同，也为 g 或 kg。w_B 为溶液的质量分数，它无单位，可以用小数或百分数表示。质量分数与物质的量浓度之间是可以换算，换算公式：

$$c_B = \frac{\rho_B w_B}{M_B} \times 1000$$

式中 c_B 为溶液的物质的量浓度，单位为 mol/L；M_B 为溶质的摩尔质量，单位为 g/mol，ρ_B 为溶液的密度，单位为 g/mL，w_B 为溶液的质量分数，无单位。

例题 4-6 求密度为 1.84g/mL，质量分数为 0.98 的浓硫酸的物质的量浓度。

解：浓硫酸的物质的量浓度

$$c_B = \frac{\rho_B w_B}{M_B} \times 1000 = \frac{1.84 \times 0.98}{98} \times 1000 = 18.4 \text{ (mol/L)}$$

答：质量分数为 0.98 的浓硫酸的物质的量浓度为 18.4mol/L。

体积分数是指在同温同压下溶质 B 的体积 V_B 与溶液总的体积 V 的比值，用 ϕ_B 表示。表达式：

$$\phi_B = \frac{V_B}{V}$$

体积分数也可称为体积浓度，无单位，可以用小数或百分数表示。如配制 75% 的医用酒精即 75 体积的乙醇加 25 体积的水，再如勾兑 30 度的酒即 30 体积的酒精加 70 体积的水。

摩尔分数是指溶液中溶质 B 的物质的量（n_B）与溶液物质的量（$n_A + n_B$）之比。用 x_B 表示，表达式：

$$x_B = \frac{n_B}{n_A + n_B}$$

3. 质量摩尔浓度

质量摩尔浓度是指 1kg 溶剂中所含溶质的物质的量，即溶液中溶质 B 的物质的量（n_B）除以溶剂的 A 质量（m_A），用符号为 b_B 表示，单位为 mol/kg。

表达式：

$$b_B = \frac{n_B}{m_A} \quad b_B = \frac{1000 m_B}{m_A M_B}$$

式中 n_B 是溶质 B 的物质的量，单位为摩尔（mol）；m_B 是溶质 B 的质量，m_A 是溶剂 A 质量，都是以千克（kg）作单位。质量摩尔浓度的优点是不受温度的影响，在要求精确浓度时，最好用质量摩尔浓度表示。质量摩尔浓度常用来研究难挥发的非电解质稀溶液的性质，如：蒸气压下降、沸点上升、凝固点下降和渗透压。对于极稀的水溶液，其密度近似等于水的密度，物质的量浓度与质量摩尔浓度的数值几乎相等。

例题 4-7 浓盐酸含 HCl 37%，密度 1.19g/cm 求物质的量浓度，质量摩尔浓度。

解：HCl 物质的量浓度、质量摩尔浓度计算方法：

$$c_{HCl} = \frac{\rho_B w_B}{M_B} \times 1000$$

$$= \frac{1.19 \text{g/cm}^3 \times 0.37}{36.5 \text{g/mol}} \times 1000$$

$$= 12.06 \text{mol/L}$$

设：溶液体积为 1L

溶液的质量：

$$m = \rho V = 1.19 \text{g/cm} \times 1000 \text{cm} = 1190 \text{g}$$

溶质的质量：

$$m_B = 0.37m = 0.37 \times 1190 \text{g} = 440.3 \text{g}$$

$$m_A = 0.63m = 0.63 \times 1190\text{g} = 749.7\text{g}$$

$$b_B = \frac{1000 m_B}{m_A M_B} = \frac{1000 \times 440.3\text{g}}{749.7\text{g} \times 36.5\text{g/mol}} = 16.09\text{mol/kg}$$

答：HCl 物质的量浓度为 12.06mol/L、质量摩尔浓度为 16.09mol/kg。

4. 质量浓度

溶质的质量浓度是指单位体积的溶液中所含溶质的质量，即溶质 B 的质量与溶液体积之比，用符号 ρ_B 表示，质量浓度的表达式：

$$\rho_B = \frac{m_B}{V}$$

式中 m_B 为溶液中溶质 B 的质量，单位为 kg 或 g，V 为溶液的体积，单位为 m^3 或 L。ρ_B 为溶液的质量浓度，单位为 kg/m^3 或 g/L。在分析化学中常量、微量组分的浓度常用质量浓度表示，电镀工业中配制的电镀液一般也用质量浓度表示。

例题 4-8　常温下，取 NaCl 饱和溶液 20.00mL，测得其质量为 12.3120g，将溶液蒸干，得 NaCl 固体 2.9250g。求：（1）饱和溶液中 NaCl 和 H_2O 的摩尔分数；（2）物质的量浓度；（3）质量摩尔浓度；（4）NaCl 饱和溶液的质量分数；（5）质量浓度。

解：物质的量

$$n_{NaCl} = \frac{m_{NaCl}}{M_{NaCl}} = \frac{2.9250\text{g}}{58.50\text{g/mol}} = 0.05\text{mol}$$

$$n_{H_2O} = \frac{m_{H_2O}}{M_{H_2O}} = \frac{(12.3120-2.9250)\text{g}}{18\text{g/mol}} = 0.52\text{mol}$$

（1）摩尔分数

$$x_{NaCl} = \frac{n_{NaCl}}{n_{NaCl}+n_{H_2O}} = \frac{0.05}{0.05+0.52} = 0.088$$

$$x_{H_2O} = 1-0.088 = 0.912$$

（2）物质的量浓度

$$c_{NaCl} = \frac{n_{NaCl}}{V} = \frac{0.05}{20 \times 10^{-3}} = 2.5\text{mol/L}$$

（3）质量摩尔浓度

$$b_{NaCl} = \frac{n_{NaCl}}{m_{H_2O}} = \frac{0.05\text{mol}}{(12.3120-2.9250) \times 10^{-3}\text{kg}} = 5.33\text{mol/kg}$$

（4）质量分数

$$w_{NaCl} = \frac{m_{NaCl}}{m_{溶液}} = \frac{2.925\text{g}}{12.312\text{g}} = 0.24$$

（5）质量浓度

$$\rho_{NaCl} = \frac{m_{NaCl}}{V} = \frac{2.925\text{g}}{20 \times 10^{-3}\text{L}} = 146.25\text{g/L}$$

答：饱和溶液中 NaCl 和 H_2O 的摩尔分数分别为 0.088 和 0.912；物质的量浓度为 2.5mol/L；质量摩尔浓度为 5.33mol/kg；NaCl 饱和溶液的质量分数为 0.24；质量浓度为 146.25g/L。

三、电解质溶液

电解质溶液是指溶质溶解于溶剂后能够电离出离子的溶液,相应的溶质即为电解质。某物质是否为电解质并不是绝对的,同一物质在不同的溶剂中,可表现出不同的性质。例如 HCl 在水中是电解质,但在苯中则为非电解质;葡萄糖在水中是非电解质,而在液态 HF 中却是电解质。物质是否是电解质取决于物质在溶剂中能不能电离出自由移动的离子,所以电解质与溶剂有关,本书在讨论电解质时都是以水溶剂为标准,涉及的电解质溶液也都是指电解质水溶液。

1. 电解质和非电解质

电解质是指在水溶液里或熔融状态下能够导电的化合物,它主要包含酸、碱、盐、水、活泼金属氧化物。非电解质是指在水溶液里或熔融状态下不能导电的化合物,它主要包含非金属氧化物(如:CO_2、SO_2)和某些非金属氢化物(如:NH_3)及绝大多数有机物(如酒精、蔗糖)。电解质和非电解质均为化合物,判断化合物是否是电解质要看在水溶液或熔化状态下化合物能否电离,能否导电。电解质本身不导电,而只有在溶于水或熔融状态时电离出自由移动的离子后才能导电。

能导电的物质也不一定是电解质,不能只凭化合物在水溶液中导电与否来判断化合物是否是电解质,还需要考虑化合物的结构和性质等因素。例如:硫酸钡的水溶液不导电,硫酸钡是电解质。原因是硫酸钡难溶于水,溶液中离子浓度很小,水溶液不导电,但溶于水的那小部分硫酸钡却是完全电离了,因此硫酸钡是电解质。SO_2 的水溶液能导电,但 SO_2 不是电解质。原因是 SO_2 本身不能电离,溶解于水是由于它和水反应生成了亚硫酸,亚硫酸是电解质,能导电。

判断氧化物是否为电解质,要具体分析。金属氧化物,如 Na_2O、MgO、Al_2O_3 等是离子化合物,它们在熔化状态下能够导电,因此是电解质。非金属氧化物,如 SO_3、P_2O_5、CO_2 等是共价化合物,液态时不导电,所以不是电解质。但有些非金属氧化物,如 HCl、HF、H_2O 等却是电解质,所以非金属氧化物可能是电解质,也可能是非电解质。从结构看电解质包括离子型或强极性共价型化合物,非电解质包括弱极性或非极性共价型化合物。电解质与非电解质的区别如表 4-3 所示。

表 4-3　　　　　　　　　　电解质与非电解质的区别

类别		结构微粒	导电情况		
			固态	熔化	水溶液
电解质	离子化合物	离子	不导电	导电	导电
	共价化合物	分子	不导电	不导电	导电
非电解质	共价化合物	分子			不导电

另外,有些能导电的物质,如铜、铝等不是电解质。因它们并不是化合物,而是单质,不符合电解质的定义。

2. 强电解质和弱电解质

根据电解质的电离程度,电解质一般可分为强电解质和弱电解质。电解质的强弱也与溶剂有关,例如乙酸在水中为弱电解质,而在液氨中则为强电解质;LiCl 和 KI 晶体,在水中为强电解质，在醋酸中却是弱电解质。本书要讨论的电解质强弱也就是对水溶液而言。我们把在水溶液中完全电离的电解质称为强电解质，在水溶液中只有部分电离的电解质称为弱电解质。强电解质在水溶液中完全电离，电离过程是不可逆的，不存在电离平衡，溶液中的电解质主要以正、负离子的形式存在。主要的强电解质：强酸如 HNO_3、H_2SO_4、HCl、HI、$HClO_4$，强碱如 $NaOH$、KOH、$Ba(OH)_2$ 和大多数盐如 $CaCO_3$、$CuSO_4$。弱电解质在水溶液中部分电离，电离过程是可逆的，存在电离平衡，溶液中的电解质是以分子、正负离子的形式共存。主要的弱电解质：弱酸如 HAc、H_2CO_3、HCN，弱碱如 $NH_3 \cdot H_2O$、CH_3NH_2 和水，以及少数盐，如：醋酸铅、氯化汞。必须说明，电解质导电能力不仅与电解质强弱有关，还与电解质的溶解性、离子浓度和所带电荷有关，强电解质并非导电能力强。强电解质与弱电解质的区别如表 4-4 所示。

表 4-4　　　　　　　　　　　　强电解质与弱电解质的区别

	强电解质	弱电解质
电离程度	完全电离	部分电离
电离过程	不可逆	可逆
溶液中粒子	离子	分子、离子
同条件下导电性	强	弱
物质类别	强酸、强碱、大多数盐	弱酸、弱碱、水

电解质在水溶液中形成自由移动离子的过程叫电离或解离。电解质的电离可以用电离方程式来表示，我们把用化学式和离子符号表示电离过程的式子称为电离方程式。

在书写电离方程式时，要特别注意：电离方程式中，阴阳离子所带正负电荷的总数必须相等；强电解质用箭头（或等号）、弱电解质用可逆号表示。

强电解质的电离方程式：

$$HCl \longrightarrow H^+ + Cl^-$$

$$NaCl \longrightarrow Na^+ + Cl^-$$

$$NaOH \longrightarrow Na^+ + OH^-$$

$$H_2SO_4 \longrightarrow 2H^+ + SO_4^{2-}$$

$$MgCl_2 \longrightarrow Mg^{2+} + 2Cl^-$$

弱电解质的电离方程式：

$$HAc \rightleftharpoons H^+ + Ac^-$$

$$NH_3 \cdot H_2O \rightleftharpoons NH_4^+ + OH^-$$

$$H_2O \rightleftharpoons H^+ + OH^-$$

多元弱酸的电离是分步进行的，以第一步为主，例如：

$$H_2S \rightleftharpoons H^+ + HS^-$$

$$HS^- \rightleftharpoons H^+ + S^{2-}$$

多元弱碱的电离也是分步进行的，一般简化为一步，例如：

$$Mg(OH)_2 \rightleftharpoons Mg^{2+} + 2OH^-$$

强酸的酸式盐一步电离，弱酸的酸式盐分步电离，第一步不可逆，以后步步可逆，且一步比一步的电离程度小。

$$KHSO_4 \longrightarrow K^+ + H^+ + SO_4^{2-}$$
$$NaHCO_3 \longrightarrow Na^+ + HCO_3^-$$
$$HCO_3^- \rightleftharpoons H^+ + CO_3^{2-}$$

多数离子化合物在熔化时也能发生电离，表示方法如下：
$$NaCl(熔融) \longrightarrow Na^+ + Cl^-$$
$$K_2O(熔融) \longrightarrow 2K^+ + O^{2-}$$

3. 水的电离和溶液的酸碱性

（1）水的电离　水通常认为是不导电的，但用精密仪器测定时，发现水有微弱的导电性，证明水是一种极弱的电解质。水有一定的导电性是由于水分子间的互相作用，H^+ 从一个水分子转移给另一个水分子，形成 H_3O^+ 和 OH^-，水发生微弱的电离。

$$H_2O + H_2O \rightleftharpoons H_3O^+ + OH^-$$

可简写：
$$H_2O \rightleftharpoons H^+ + OH^-$$

水分子与水分子之间相互作用较小，因此，水的电离是极难发生的。实验测得，25℃时，1L 纯水中含有 55.5mol 水分子，其中，只有 1.0×10^{-7}mol 的水分子发生了电离，由水分子电离出的 H^+ 和 OH^- 数目在任何情况下总相等，电离前后 H_2O 的物质的量几乎不变，由平衡常数表达式得：$c_{H^+} \times c_{OH^-} = K \times c_{H_2O}$，既然 K 是常数，c_{H_2O} 也可以看作是不变的数，那么常数的乘积仍然是一个常数，我们把它称为水的离子积常数用 K_w 表示。

水的电离：
$$H_2O \rightleftharpoons H^+ + OH^-$$

在一定温度下，达到平衡电离时，其标准平衡常数 K_w^θ：

$$K_w^\theta = \frac{\left[\dfrac{c_{H^+}}{c^\theta}\right] \cdot \left[\dfrac{c_{OH^-}}{c^\theta}\right]}{\dfrac{c_{H_2O}}{c^\theta}} = \frac{c'_{H^+} \cdot c'_{OH^-}}{c'_{H_2O}}$$

式中 c' 为物质平衡的相对浓度，是物质的平衡浓度 c 与标准浓度 c^θ 的比值，即：

$$c'_{H^+} = \frac{c_{H^+}}{c^\theta} \quad c'_{OH^-} = \frac{c_{OH^-}}{c^\theta}$$

标准浓度 $c^\theta = 1$mol/L，故 c 和 c' 数值完全相等，只是量纲不同，c 量纲为 mol/L，c' 量纲为 1；或者说 c' 只是个相对浓度。因此 K_w^θ 的量纲也为 1。

$$K_w^\theta = K^\theta \cdot c_{H_2O} = c'_{H^+} \cdot c'_{OH^-}$$
$$K_w^\theta = c_{H^+} \cdot c_{OH^-}$$

在 25℃时，$c_{H^+} = c_{OH^-} = 1 \times 10^{-7}$mol/L，水的标准离子积常数 K_w^θ 为 1×10^{-14}。水的电离是一个吸热过程，温度升高，电离平衡正向移动，H^+ 和 OH^- 浓度同时增大。在 100℃时，1L 纯水中有 1.0×10^{-6}mol 的水分子发生电离，水的标准离子积常数 K_w^θ 为 1×10^{-12}。

如表 4-5 所示可知，K_w^θ 只随温度变化而变化，是一个温度常数，在室温范围内，K_w^θ 值变化不大，一般采用 $K_w^\theta = 1.00 \times 10^{-14}$。在酸性或碱性溶液中，水的电离平衡仍然存在，$H^+$ 浓度或者 OH^- 浓度两者中若有一个增大，则另一个便减小，达到新的平衡时，虽然 H^+ 和 OH^- 浓度不等，但溶液中 $c'_{H^+} \cdot c'_{OH^-} = K_w^\theta$ 这一关系式仍然存在。所以水的标准离子积常数不仅适用于纯水，对于任何酸性或碱性电解质的稀溶液同样适用。水的标准离子积常数 K_w^θ 是计算水溶液中 c_{H^+} 和 c_{OH^-} 的重要依据。

表 4-5　　　　　　　　　　　不同温度下水的标准离子积常数

$T/℃$	0	10	20	25	40	50	90	100
K_w^θ（$\times 10^{-14}$）	0.11	0.29	0.68	1.01	2.92	5.47	38.02	54.95

例题 4-9　在 0.1mol/L 的 HCl 溶液中，c_{OH^-} 为多少？溶液中溶质 HCl 电离的 c_{H^+} 与水电离的 c_{H^+} 之比是多少？

解：因为在任何溶液中 $K_w^\theta = c_{H^+} \cdot c_{OH^-} = 1 \times 10^{-14}$（无温度说明时，一般指 25℃）。溶液中的 OH^- 全部来自于水的电离，而 H^+ 来自于水的电离和溶质 HCl 的电离。由于溶质 HCl 电离的 c_{H^+} 远大于水电离的 c_{H^+}，因而溶液中总的 c_{H^+} 可近似等于溶质 HCl 电离的 c_{H^+}，即 $c_{H^+} = 0.1\text{mol/L} = 1 \times 10^{-1} \text{mol/L}$。

由于 $K_w^\theta = c_{H^+} \cdot c_{OH^-} = 1 \times 10^{-14}$ 则 $c_{OH^-} = 1 \times 10^{-13} \text{mol/L}$。

溶液中的 c_{OH^-} 是水电离的 c_{OH^-} 等于水电离的 c_{H^+}，因而溶液中溶质 HCl 电离的 c_{H^+} 与水电离的 c_{H^+} 之比：$c_{盐酸 H^+}/c_{水 H^+} = 10^{-1}/1 \times 10^{-13} = 1 \times 10^{12}$。

答：在 0.1mol/L 的 HCl 溶液中，c_{OH^-} 为 $1 \times 10^{-13} \text{mol/L}$。HCl 电离的 c_{H^+} 与水电离的 c_{H^+} 之比是 1×10^{12}。

(2) 溶液的酸碱性　在水溶液中，始终存在 H^+ 和 OH^-，溶液显酸性、中性还是碱性，取决于溶液中 c_{H^+} 和 c_{OH^-} 的相对大小。在一定温度下，水溶液中氢离子和氢氧根离子的物质的量浓度之积为常数，只要知道溶液中氢离子（或氢氧根离子）的浓度，就可以计算溶液中氢氧根离子（或氢离子）的浓度。根据氢离子和氢氧根离子浓度的相对大小可判断溶液的酸碱性。$c_{H^+} > c_{OH^-}$ 溶液呈酸性，c_{H^+} 越大，酸性越强；$c_{H^+} = c_{OH^-}$ 溶液呈中性；$c_{H^+} < c_{OH^-}$ 溶液呈碱性，c_{OH^-} 越大，碱性越强。

在 25℃ 时，水的离子积常数 K_w^θ 为 1.0×10^{-14}，纯水中 $c_{H^+} = c_{OH^-} = 10^{-7} \text{mol/L}$。

即：当 $c_{H^+} > 10^{-7} \text{mol/L}$，$c_{OH^-} < 10^{-7} \text{mol/L}$ 溶液呈酸性。

当 $c_{H^+} = 10^{-7} \text{mol/L}$，$c_{OH^-} = 10^{-7} \text{mol/L}$ 溶液呈中性。

当 $c_{H^+} < 10^{-7} \text{mol/L}$，$c_{OH^-} > 10^{-7} \text{mol/L}$ 溶液呈碱性。

例如：室温下测得某溶液中的 c_{H^+} 为 $1.0 \times 10^{-5} \text{mol/L}$，根据 $K_w^\theta = c_{H^+} \cdot c_{OH^-} = 1.0 \times 10^{-14}$ 可求得该溶液中 $c_{OH^-} = 1.0 \times 10^{-9} \text{mol/L}$ 此时溶液呈酸性。

在浓度数值非常小时，用 c_{H^+} 及 c_{OH^-} 表示溶液的酸碱性很不方便。实际应用中，常用溶液中氢离子浓度的负对数（pH）来表示溶液的酸碱性。pH 与氢离子浓度的关系式：

$$\text{pH} = -\lg c_{H^+}$$

如在 25℃ 时，纯水中 $c_{H^+} = 10^{-7} \text{mol/L}$，所以 pH = 7，此时溶液显中性。当溶液中 $c_{H^+} > 10^{-7} \text{mol/L}$，pH < 7 时，溶液显酸性，且 pH 越小，溶液的酸性越强。当溶液中 $c_{H^+} < 10^{-7} \text{mol/L}$，pH > 7 时，溶液显碱性，且 pH 越大，溶液的碱性越强。

pH 在生命活动中极为重要，维持人和动物生存的酶、植物的生长，都只有在适宜的 pH 条件下，才能进行。

表 4-6　一些重要溶液的 pH

溶液	pH	溶液	pH
标准饮用水	6.5~8.5	柠檬汁	2.2~2.4
人的血液	7.35~7.45	橙汁	3.0~4.0
人的唾液	6.5~7.5	葡萄酒	2.8~3.8
人尿	4.8~8.4	啤酒	4.0~5.0
胃液	1.0~1.5	咖啡	5.0
胆液	7.8~8.6	食醋	3.0
牛乳	6.3~6.6	西红柿汁	4.0~4.4
鸡蛋清	7.6~8.0	苹果	2.9~3.3
乳酪	4.8~6.4	白菜	5.2~5.4
海水	7.0~7.5	马铃薯	5.6~6.0

同样 pOH 用 c_{OH^-} 的负对数表示：

$$pOH = -\lg c_{OH^-}$$

水溶液：

$$c_{H^+} \cdot c_{OH^-} = K_w^\theta$$

在等式两边分别取负对数：

$$-\lg [c_{H^+} \cdot c_{OH^-}] = -\lg K_w^\theta$$
$$-\lg c_{H^+} - \lg c_{OH^-} = -\lg K_w^\theta$$
$$pH + pOH = pK_w^\theta$$

常温时因为：

$$pK_w^\theta = 10^{-14}$$

所以：

$$pH + pOH = 14$$

一般而言，pH 的应用范围是 0~14，即溶液中 $c_{H^+} \leq 1\text{mol/L}$ 或 $c_{OH^-} \leq 1\text{mol/L}$ 的情况使用 pH。当溶液中 c_{H^+} 或 c_{OH^-} 大于 1mol/L 时，用 pH 表示溶液的酸碱性并不简便，例如：$c_{H^+} = 1\text{mol/L}$ 的溶液，其 pH 为 0；$c_{H^+} = 10\text{mol/L}$ 的溶液，其 pH 为 -1；$c_{OH^-} = 1\text{mol/L}$ 的溶液，其 pH 为 14；$c_{OH^-} = 10\text{mol/L}$ 的溶液，其 pH 为 15。因此，当溶液的 c_{H^+} 或 c_{OH^-} 大于 1mol/L 时，采用物质的量浓度来表示溶液的酸碱性更为方便。

例题 4-10　计算 0.1mol/L HCl 溶液的 pH。

解：盐酸为强电解质，在溶液中全部电离

$$HCl = H^+ + Cl^-$$
$$c_{H^+} = 0.1\text{mol/L}$$
$$pH = -\lg c_{H^+} = -\lg 0.1 = 1.00$$

答：0.1mol/L HCl 溶液的 pH 为 1.00。

例题 4-11　计算 5.0×10^{-5} mol/L NaOH 溶液的 pH。

解：氢氧化钠为强电解质，在溶液中全部电离

$$NaOH = Na^+ + OH^-$$
$$c_{OH^-} = 5.0 \times 10^{-5} \text{mol/L}$$
$$pOH = \lg c_{OH^-} = -\lg 5.0 \times 10^{-5} = 4.30$$
$$pH = pK_w^\theta - pOH = 14.00 - 4.30 = 9.70$$

答：5.0×10^{-5} mol/L NaOH 溶液的 pH 为 9.70。

例题 4-12 当 pH = 4 的盐酸溶液稀释 10^2、10^5 倍时，计算稀释后溶液的 pH。

解：pH = 4，$c_{H^+} = 10^{-4}$ mol/L。

根据稀释规律，当稀释 10^2 倍时 $c_{H^+} = 10^{-4}$ mol/L / 10^2 = 10^{-6} mol/L（忽略水的电离）

$$pH = 6$$

当稀释 10^5 倍时需考虑水的电离。溶液的氢离子浓度等于盐酸电离的氢离子浓度与水电离的氢离子浓度的和。

稀释后溶液的 c_{H^+} 浓度：

$$c_{H^+} = 10^{-4}/10^5 + 10^{-7} = 10^{-9} + 10^{-7} \approx 10^{-7} \text{（mol/L）}$$

即：
$$pH = 7$$

答：pH = 4 的盐酸溶液稀释 10^2 倍 pH 为 6，稀释 10^5 倍 pH 接近 7。

对强酸与强酸、强碱与强碱混合后溶液 pH 的计算，关键是把各自溶液中的 H^+ 或 OH^- 的物质的量相加除以混合后总体积，可得混合溶液的 c_{H^+} 或 c_{OH^-}，即可求出 pH。

强酸与强酸混合液的 pH：

强酸 I：c_1（酸），V_1（酸）——→电离 $n_1 = c_1 \cdot V_1$，

强酸 II：c_2（酸），V_2（酸）——→电离 $n_2 = c_2 \cdot V_2$，

$$V_混 = V_1 + V_2$$
$$n_混 = c_1 \cdot V_1 + c_2 \cdot V_2$$
$$c_{混(H^+)} = n_混 / V_混$$

强碱与强碱混合液的 pH：

强碱 I：c_1（碱），V_1（碱）——→电离 $n_1 = c_1 \cdot V_1$，

强碱 II：c_2（碱），V_2（碱）——→电离 $n_2 = c_2 \cdot V_2$，

$$V_混 = V_1 + V_2 \quad n_混 = c_1 \cdot V_1 + c_2 \cdot V_2$$
$$c_{混(OH^-)} = n_混 / V_混$$
$$c_{混(H^+)} \cdot c_{混(OH^-)} = K_w^\theta$$

例题 4-13 将 pH = 11 的氢氧化钠溶液和 pH = 13 的 Ba(OH)$_2$ 溶液等体积相混合，求混合后溶液的 pH。

解：两种强碱溶液相混合，溶液显碱性，应先求出混合后溶液的 c_{OH^-} 浓度，再换算为混合原溶液的 c_{H^+}，求出 pH。

pH = 11 的 NaOH 溶液：

$$c_{H^+} = 1 \times 10^{-11} \text{mol/L}, \quad c_{OH^-} = 1 \times 10^{-3} \text{mol/L}$$

pH = 13 的 Ba(OH)$_2$ 溶液：

$$c_{H^+} = 1 \times 10^{-13} \text{mol/L}, \quad c_{OH^-} = 1 \times 10^{-1} \text{mol/L}$$

混合后溶液中 OH^- 的浓度：

$$c_{OH^-} = (10^{-3} + 10^{-1})/2 = 5.05 \times 10^{-2} \approx 5.00 \times 10^{-2} \text{（mol/L）}$$

混合后溶液中 H^+ 的浓度：

$$c_{H^+} = 2.00 \times 10^{-13} \text{ (mol/L)}$$

即：

$$pH = -\lg(2.00 \times 10^{-13}) = 12.7$$

或：

$$c_{H^+} = (10^{-11} + 10^{-13})/2 = 5.05 \times 10^{-12} \text{ (mol/L)}$$
$$pH \approx -\lg(5.00 \times 10^{-12}) = 12.7$$

答：混合后溶液的 pH 为 12.7。

对强酸和强碱混合后溶液 pH 的计算，要根据强酸和强碱反应后，求出混合后剩余的 c_{H^+} 或 c_{OH^-}，再换算出 pH。

例题 4-14 25℃时，pH=x 的盐酸 a L 与 pH=y 的氢氧化钠溶液 b L，恰好中和。$x \leq 6$，$y \geq 8$，试讨论：

(1) 若 $a:b=1:10$，则 $x+y=$？

(2) 若 $x+y=14$，则 $a:b=$？

解：当 H^+ 或 OH^- 恰好完全反应时，物质的量相等。

pH=x 的盐酸中 $c_{H^+}=10^{-x}$ mol/L，$n_{H^+}=10^{-x}$ mol/L·aL=$a \times 10^{-x}$ mol

pH=y 的 NaOH 溶液中 $c_{H^+}=10^{-y}$ mol/L，$c_{OH^-}=10^{y-14}$ mol/L

$$n_{OH^-}=10^{y-14} \text{mol/L} \cdot b\text{L}=b \times 10^{y-14} \text{mol}$$

盐酸 a L 与氢氧化钠 b L，恰好中和，则：$10^{-x} \cdot a = 10^{y-14} \cdot b$，

故 $a:b=10^{x+y-14}$。

(1) 若 $a:b=1:10$

则 $10^{x+y-14}=1:10$，$10^{x+y-14}=10^{-1}$，$x+y=13$。

(2) 若 $x+y=14$ 时，则 $a:b=10^{14-14}=10^0=1$

答：若 $a:b=1:10$，则 $x+y=13$，若 $x+y=14$，则 $a:b=1$。

任务二 | 酸碱电离平衡

弱电解质溶于水后，在水分子的作用下，弱电解质分子电离出离子，而离子又可以重新结合成分子。因此，弱电解质的电离过程是可逆的。这个可逆的电离过程也与可逆的化学反应一样，经过一段时间后相反的两种趋向最终也将达到平衡。在一定条件（如温度、浓度）下，当弱电解质分子电离成离子的速率和离子重新结合生成分子的速率相等时，电离过程就达到了平衡状态，这个平衡状态称为电离平衡。

电离平衡属于化学平衡中的一种。在日常生活、工农业生产和科学研究中，我们经常接触到有关电离平衡的知识。例如：水溶液中发生的许多离子反应，酸的强弱的判断，盐溶液的酸碱性，人体体液的 pH 与健康等，这些都与电离平衡的知识有密切关系。

一、水的电离平衡

水有微弱的导电能力，属于极弱的电解质。水的离解平衡：

$$H_2O + H_2O \rightleftharpoons H_3O^+ + OH^-$$

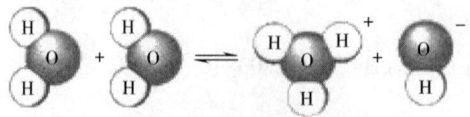

图4-3 水的电离平衡示意图

通常上式可简写：

$$H_2O \rightleftharpoons OH^- + H^+$$

与化学平衡一样，电离平衡也是动态平衡。平衡时，单位时间里分子电离的分子数和离子重新结合生成的分子数相等，也就是说，在溶液里离子的浓度和分子的浓度都保持不变。其电离平衡常数：

$$K_i^\theta = \frac{c_{H^+} c_{OH^-}}{c_{H_2O}} \quad (K_i^\theta \text{为水的电解平衡常数})$$

1L 纯水相当于 55.6mol 的水，因此 $c_{H^+} \cdot c_{OH^-} = K_i^\theta \cdot c_{H_2O}$，$K_i^\theta$ 和 c_{H_2O} 均为常数，合并常数项得：$c_{H^+} \cdot c_{OH^-} = K_w^\theta$（$K_w^\theta$ 称为水的离子积常数）。它表明在一定温度下，水中的 H^+ 离子和 OH^- 离子浓度之间的关系。在 25℃ 时，水中的 H^+ 浓度和 OH^- 浓度都是 1.00×10^{-7} mol/L 所以

$$\begin{aligned} K_w^\theta &= c_{H^+} \cdot c_{OH^-} \\ &= 1.00 \times 10^{-7} \times 1.00 \times 10^{-7} \\ &= 1.00 \times 10^{-14} \end{aligned}$$

因为水的电离过程是一个吸热过程，K_w^θ 值随温度的增加而显著加大。就水而言，溶液中 H^+ 或 OH^- 的浓度大小反映了溶液的酸碱性强弱。可用一个统一的标准来表明溶液的酸碱性。通常规定：$pH = -\lg c_{H^+}$ 与 pH 对应的还有 pOH：$pOH = -\lg c_{OH^-}$，由于常温下，在水溶液：

$$K_w^\theta = c_{H^+} \cdot c_{OH^-} = 1.00 \times 10^{-14}$$

将等式两边各项分别取负对数，得：

$$-\lg c_{H^+} - \lg c_{OH^-} = -\lg K_w^\theta$$

令 $pK_w^\theta = -\lg K_w^\theta$，$pK_w^\theta = 14.00$

$$pH + pOH = 14$$

pH 是用来表示水溶液酸碱性的一种标度。溶液的酸碱性与 pH 的关系如下：
酸性溶液 $c_{H^+} > c_{OH^-}$，pH<7<pOH
中性溶液 $c_{H^+} = c_{OH^-}$，pH=7=pOH
碱性溶液 $c_{H^+} < c_{OH^-}$，pH>7>pOH
pH 越小，溶液的酸性越强，碱性越弱；pH 越大，溶液的碱性越强，酸性越弱。

二、弱电解质溶液 pH 的计算

1. 一元弱酸、一元弱碱的电离平衡

乙酸是一种典型的一元弱酸，其水溶液中存在下列平衡：

$$HAc \rightleftharpoons H^+ + Ac^-$$

根据化学平衡原理，平衡时未电离的乙酸分子浓度和氢离子、乙酸根离子浓度间存在如下关系：

$$K_a^\theta = \frac{c_{H^+} \cdot c_{Ac^-}}{c_{HAc}}$$

K_a^θ 称为弱酸的标准电离平衡常数，简称为弱酸电离常数。

一元弱碱的电离也有类似的情况。如氨水中存在着下列平衡：

$$NH_3 \cdot H_2O \rightleftharpoons NH_4^+ + OH^-$$

其电离常数表达式：

$$K_b^\theta = \frac{c_{NH_4^+} \cdot c_{OH^-}}{c_{NH_3 \cdot H_2O}}$$

K_b^θ 称为弱碱的标准电离平衡常数，简称为弱碱电离常数。

电离常数用 K_i^θ 表示，它包括弱酸电离常数 K_a^θ、弱碱电离常数 K_b^θ 与一般的平衡常数一样，在一定温度下，对于给定的弱电解质稀溶液而言，它是一个常数。也就是说，K_a^θ、K_b^θ 与温度有关而与浓度无关。电离常数能表示弱酸、弱碱电离的趋势，其值越大表示电离的趋势越大。

2. 离解度和电离常数的关系

为了表示平衡时弱电解质的电离程度，人们引入了离解度的概念。离解度是指电离平衡时，已电离的弱电解质分子数和电离前弱电解质的分子总数之比。离解度通常用 α 表示。若以 c_0 表示弱酸或弱碱的原始浓度，c 表示已离解的弱酸或弱碱的浓度，则：

$$\alpha = \frac{c}{c_0} \times 100\%$$

不同的弱电解质在相同浓度时，它们的离解度不同。电解质越弱，离解度越小，所以离解度的大小也可反映弱电解质的相对强弱。离解度大小除与电解质本性有关外，还与溶液的浓度等因素有关。同一弱电解质溶液，浓度越小，电离度越大。弱电解质的电离度随溶液浓度的降低而增大。

α 和 K_i^θ 都能表示弱酸（或弱碱）离解能力的大小。K_i^θ 是平衡常数的一种形式，只与温度有关，不随浓度而变化；离解度是转化率的一种形式，其大小除与弱酸（或弱碱）的本性有关外，还与溶液的浓度、温度等因素有关。离解度和电离常数之间是相互联系的，下面以弱酸 HAc 的电离平衡为例进行说明：

设 HAc 浓度为 C，离解度为 α，则：

$$HAc \rightleftharpoons H^+ + Ac^-$$

初始浓度： c 0   0

平衡浓度： $c-c\alpha$ $c\alpha$ $c\alpha$

$$K_a^\theta = \frac{c\alpha \cdot c\alpha}{c - c\alpha} = \frac{(c\alpha)^2}{c(1-\alpha)}$$

当 $\frac{c}{K_a^\theta} \geqslant 500$ 时，$\alpha < 10^{-2}$，所以 $1-\alpha \approx 1$，$K_a^\theta \approx c\alpha^2$

故得离解度与弱酸电离常数关系式：

$$\alpha \approx \sqrt{\frac{K_a^\theta}{c}}$$

同理可得离解度与弱碱电离常数的关系式：

$$\alpha \approx \sqrt{\frac{K_b^\theta}{c}}$$

以上关系式表明：同一弱电解质的离解度近似地与其浓度平方根成反比，即溶液越稀，离解度越大；同一浓度的不同弱电解质的离解度与其离解常数的平方成正比。

3. 一元弱酸、一元弱碱溶液的 pH 计算

在弱酸溶液中，同时存在着弱酸和水的两种离解平衡。如在 HAc 水溶液中有下列两个电解平衡：

$$H_2O \rightleftharpoons OH^- + H^+$$

$$HAc \rightleftharpoons H^+ + Ac^-$$

二者之间相互联系，相互影响，它们都能电离生成 H^+。由于 HAc 酸性比 H_2O 强，在 HAc 浓度并不很稀时，（如 $c_{HAc} > 1.0 \times 10^{-5}$ mol/L），H^+ 主要是由 HAc 离解而产生的，水离解产生的 $c_{H^+} < 10^{-7}$ mol/L，HAc 离解产生的 $c_{H^+} >> 10^{-7}$ mol/L。计算 HAc 溶液中 c_{H^+} 时，可以不考虑水的电解平衡。

例题 4-15 计算 25℃时，0.10 mol/L HAc 溶液中的 HAc、H^+、Ac^- 的浓度及溶液 pH，并计算 HAc 的离解度 α（$K_a^\theta = 1.75 \times 10^{-5}$）。

设已离解的 HAc 浓度为 x mol/L，则：

	HAc	$\rightleftharpoons$	H^+	$+Ac^-$
初始浓度（mol/L）	0.10		0	0
平衡浓度（mol/L）	0.10−x		x	x

$$K_a^\theta = \frac{c_{H^+} \cdot c_{Ac^-}}{c_{HAc}} = \frac{x^2}{0.10 - x}$$

一般认为：当 $\frac{c}{K_a^\theta} \geq 500$ 时，$c \gg x$，$0.10 - x \approx 0.10$

$$x = \sqrt{0.10 K_a^\theta} = 1.3 \times 10^{-3} \text{ mol/L}$$

$$c_{H^+} = c_{Ac^-} = 1.3 \times 10^{-3} \text{ mol/L}$$

$$pH = -\lg c_{H^+} = -\lg(1.3 \times 10^{-3}) = 2.89$$

$$\alpha_{(HAc)} = \frac{1.3 \times 10^{-3}}{0.10} \times 100\% = 1.3\%$$

对于一元弱酸，其溶液中 H^+ 浓度近似计算公式：

$$c_{H^+} = \sqrt{c K_a^\theta}$$

对于一元弱碱，则：

$$c_{OH^-} = \sqrt{c K_b^\theta}$$

4. 多元弱酸、多元弱碱溶液的 pH 计算

多元酸在水中是分步电离的，前面讨论的一元弱酸的电离平衡原理，也适用于多元酸的电离平衡。现以二元弱酸 H_2S 电离为例来讨论多元弱酸的电离平衡。H_2S 的电离平衡是分两步进行的，并有各自相应的电离常数。

第一步电离：

$$H_2S \rightleftharpoons H^+ + HS^-$$

$$K_{a1} = \frac{c_{H^+} \cdot c_{HS^-}}{c_{H_2S}}$$

第二步电离：

$$HS^- \rightleftharpoons H^+ + S^{2-}$$

$$K_{a2} = \frac{c_{H^+} \cdot c_{S^{2-}}}{c_{HS^-}}$$

K_{a1}，K_{a2}分别为二元弱酸的一级和二级电离常数。25℃时，$K_{a1} = 1.1 \times 10^{-7}$。$K_{a2} = 1.3 \times 10^{-13}$。可以看出，$K_{a1} \gg K_{a2}$，第二步电离比第一步电离弱得多。一方面是因为带有两个电荷的S^{2-}对H^+的吸引比带一个电荷的HS^-对H^+的吸引要强得多；另一方面是因为第一步电离出的H^+对第二步电离产生抑制作用。因此，多元弱酸溶液中的H^+主要来源于第一步电离。当近似计算时，忽略第二步电离也不会引起太大误差。

例题 4-16 在25℃时，计算0.1mol/L H_2S溶液中的H^+、HS^-、S^{2-}离子浓度和溶液的pH（$K_{a1} = 1.1 \times 10^{-7}$；$K_{a2} = 1.3 \times 10^{-13}$）。

解：有关离解平衡和离解常数表达式如上所示。具体计算步骤：

① $c_{H^+} \approx c_{HS^-} \approx \sqrt{K_{a1} \cdot c_{酸}} = \sqrt{1.1 \times 10^{-7} \times 0.1} = 1.05 \times 10^{-4}$ mol/L

② $pH = -\lg c_{H^+} = -\lg (1.05 \times 10^{-4}) = 3.98$

③ 第二步电离：

$$HS^- \rightleftharpoons H^+ + S^{2-}$$

电离平衡常数表达式：

$$K_{a2} = \frac{c_{H^+} \cdot c_{S^{2-}}}{c_{HS^-}} = \frac{1.05 \times 10^{-4} \cdot c_{S^{2-}}}{1.05 \times 10^{-4}} = c_{S^{2-}}$$

故

$$c_{S^{2-}} = K_{a2} = 1.3 \times 10^{-13} \text{ mol/L}$$

三、同离子效应

乙酸溶液中存在下列电离平衡：

$$HAc \rightleftharpoons H^+ + Ac^-$$

若向乙酸溶液中加入少许固体乙酸钠（NaAc），由于Ac^-离子浓度的增大，平衡向生成HAc分子的一方移动，结果导致乙酸电离度降低。

又如氨水中存在下列电离平衡：

$$NH_3 \cdot H_2O \rightleftharpoons NH_4^+ + OH^-$$

若向氨水中加入少许固体NH_4Cl，由于NH_4^+离子浓度的增大平衡向生成$NH_3 \cdot H_2O$分子的方向移动，结果降低了氨的电离度。

由此可知：在弱电解质溶液中加入与弱电解质具有相同离子的强电解质时，将使弱电解质的离解度降低，这种现象称为同离子效应。

例题 4-17 在0.10mol/L的醋酸溶液中，加入固体醋酸钠（设溶液体积不变），使其浓度为0.20mol/L。求此溶液中c_{H^+}和醋酸的离解度α。

解：设HAc离解出的c_{H^+}为x mol/L

$$\begin{array}{ccccc} \text{NaAc} & \longrightarrow & \text{Na}^+ & + & \text{Ac}^- \\ 0.20 & & & & 0.20 \\ \text{HAc} & \rightleftharpoons & \text{H}^+ & + & \text{Ac}^- \\ 0.10-x & & x & & x \end{array} \quad \cdots\rightarrow 总的\;[\text{Ac}^-]=0.20+x$$

$$K_a^\theta = \frac{c_{H^+} \cdot c_{Ac^-}}{c_{HAc}} = \frac{x(0.20+x)}{(0.10-x)} = 1.76 \times 10^{-5}$$

∵ $c/K_a^\theta > 500$, $0.20+x \approx 0.20$, $0.10-x \approx 0.10$

则：
$$\frac{0.20x}{0.10} = 1.76 \times 10^{-5}$$

$$c_{H^+} = x = 0.88 \times 10^{-5} = 9.0 \times 10^{-6} \;(\text{mol/L})$$

$$\alpha = \frac{9.0 \times 10^{-6}}{0.10} \times 100\% = 0.009\%$$

答：此溶液中 c_{H^+} 为 9.0×10^{-6} mol/L，α 为 0.009%。

四、缓冲溶液

1. 缓冲溶液的概念及 pH 的计算

坐汽车，在汽车突然加速、减速时，会产生惯性，为防止惯性，要系安全带，安全带起的是缓冲作用。一般的水溶液会呈现不同的酸碱性，即酸性、碱性或两性，若在水溶液中加酸、碱或稀释会引起原有 pH 的改变。而有一种溶液能缓冲 pH 的改变，正如安全带能缓冲惯性，我们把这种能够抵抗外加少量酸、碱或适量稀释，本身的 pH 不发生明显改变的溶液叫缓冲溶液。缓冲溶液所具有的这种性质叫缓冲性，缓冲溶液保持 pH 不变的作用称为缓冲作用。缓冲溶液在生命活动中具有重要的意义，动植物的生长发育都需要保持一定的 pH。如：大多数植物在 pH>9 和 pH<3.5 的土壤中就不能生长，人类血液的 pH 必须在 7.35~7.45，稍有偏离就会生病甚至死亡。

纯水的 pH 为 7，只要在纯水中加入很少的酸或碱，pH 便会发生很大的变化，纯水没有抵抗 pH 变化的能力。如向 1L 纯水中加 1mL 1mol/L 的 HCl，此溶液的 pH 立即变为 3。向 1L 纯水中加入 40mg 的 NaOH，溶液的 pH 立即变为 11。如果以缓冲溶液替代纯水，则结果完全不同。缓冲溶液一般是由弱酸和弱酸盐或弱碱和弱碱盐以及多元酸的两种盐组成，如 HAc-NaAc、$NH_4Cl-NH_3 \cdot H_2O$、$Na_2HPO_4-NaH_2PO_4$ 等。

以 HAc-NaAc 缓冲对为例，缓冲溶液的 pH 计算公式推导：

$$\text{HAc} \rightleftharpoons \text{H}^+ + \text{Ac}^-$$
$$\text{NaAc} \longrightarrow \text{Na}^+ + \text{Ac}^-$$

$$K_a^\theta = \frac{c_{H^+} \cdot c_{Ac^-}}{c_{HAc}} \quad c_{H^+} = K_a^\theta \cdot \frac{c_{HAc}}{c_{Ac^-}}$$

根据近似处理 $c_{HAc} = c_{弱酸}$，得：

$$c_{H^+} = K_a^\theta \cdot \frac{c_{HAc}}{c_{Ac^-}}$$

等式左右取负对数（-lg），经整理：

$$\text{pH} = pK_a^\theta + \lg\frac{c_{弱酸盐}}{c_{弱酸}}$$

在配置缓冲溶液时，倘若 $c_{弱酸盐} = c_{弱酸}$，则 $c_{弱酸盐}$ 与 $c_{弱酸}$ 可用 $V_{盐}$ 与 $V_{酸}$ 代替，于是上面的公式可以变换：

$$pH = pK_a^\theta + \lg \frac{V_{盐}}{V_{酸}}$$

正因为盐与酸存在于同一缓冲溶液中，因此 $c_{盐}$ 和 $c_{酸}$ 的比值也就是它们的摩尔比值。

同理：以 NH_3-NH_4Cl 缓冲对，其：

$$pOH = pK_b^\theta + \lg \frac{c_{弱碱盐}}{c_{弱碱}}$$

例题 4-18 血浆中测得 $c_{HCO_3^-} = 2.5 \times 10^{-2}$ mol/L，$c_{H_2CO_3} = 2.5 \times 10^{-3}$ mol/L，求血浆的 pH （已知 H_2CO_3 的 $K_{a_1} = 4.3 \times 10^{-7}$）。

解：

$$pH = pK_{a_1} + \lg \frac{c_{HCO_3^-}}{c_{H_2CO_3}}$$

$$= 6.37 + \lg 11.11$$

$$= 6.37 + 1.05 = 7.42$$

答：血浆的 pH 为 7.42。

例题 4-19 普通细胞中 $c_{HPO_4^{2-}} = 2.4 \times 10^{-3}$ mol/L，$c_{H_2PO_4^-} = 1.5 \times 10^{-3}$ mol/L，求细胞液的 pH。

解：

$$H_2PO_4^- 的 K_{a_1} = 6.23 \times 10^{-8}$$

$$pK_{a_1} = 7.21$$

$$pH = pK_{a_1} + \lg \frac{c_{HPO_4^{2-}}}{c_{H_2PO_4^-}}$$

$$= 7.21 + \lg \frac{2.4 \times 10^{-3}}{1.5 \times 10^{-3}}$$

$$= 7.21 + 0.204 = 7.41$$

答：细胞液的 pH 为 7.41。

2. 缓冲溶液的缓冲原理

缓冲溶液之所以具有缓冲性，是因为这种溶液中含有足够量的能够对抗外加酸的成分即抗酸成分，又含有足够量的能够对抗外加碱的成分即抗碱成分。通常把抗酸成分和抗碱成分称为缓冲对。根据缓冲组分的不同，缓冲溶液主要有以下三种类型。

①弱酸及其弱酸盐（如 HAc-NaAc）。

②弱碱及其弱碱盐（如 $NH_3 \cdot H_2O$-NH_4Cl）。

③多元酸的酸式盐及其次级盐（如 Na_2CO_3-$NaHCO_3$，NaH_2PO_4-$NaHPO_4$）。

现以相同浓度的 HAc-$NaAc$ 缓冲溶液为例来说明缓冲溶液的缓冲原理。

$$HAc \rightleftharpoons H^+ + Ac^-$$

$$NaAc \longrightarrow Na^+ + Ac^-$$

NaAc 是强电解质，在溶液中完全电离，溶液中存在大量的 Ac^-，由于同离子效应，降低了 HAc 的电离度，溶液中还存在大量的 HAc 分子。

当向该溶液中加入少量强酸时，H^+ 和溶液中大量 Ac^- 结合成 HAc，使平衡向左移动，溶液中 H^+ 浓度几乎没有升高，pH 基本保持不变。Ac^- 是该缓冲溶液的抗酸成分。

当向该溶液中加入少量强碱时，OH^- 和溶液中的 H^+ 结合成 H_2O，使平衡向右移动，HAc 进一步电离，H^+ 浓度几乎没有降低，pH 基本保持不变。HAc 是该缓冲溶液的抗碱成分。

当加水稍加稀释时，由于共轭酸碱的浓度之比没有变化，缓冲溶液的 pH 基本保持不变。

应当指出，缓冲溶液的缓冲能力是有一定限度的。如果向其中加入大量强酸或强碱，当溶液中的抗酸成分或抗碱成分消耗将尽时，它就没有缓冲能力了。

3. 缓冲溶液的选择和配制

在实际工作中，经常会用到一定 pH 的缓冲溶液，所以掌握缓冲溶液的配制方法是必须的。缓冲溶液的选择和配制可按下列步骤进行：

（1）选择合适的缓冲对 即所选缓冲对中弱酸的 pK_a（或弱碱的 pK_b）与所要配制的缓冲溶液的 pH（或 pOH）尽量接近。如配制 pH=5 的缓冲溶液，可选择 HAc-NaAc 缓冲对，因为 $pK_{HAc}=4.75$，接近所配缓冲溶液的 pH；欲配制 pH=9 的缓冲溶液，可选择 $NH_3 \cdot H_2O-NH_4Cl$ 缓冲对，因为 $pK_{NH_3 \cdot H_2O}=4.75$，pH=14-4.75=9.25，接近所配缓冲溶液的 pH。

（2）根据 $pH=pK_a+\lg c_{盐}/c_{酸}$（或者 $pOH=pK_b+\lg c_{盐}/c_{酸}$）计算出所需酸（或碱）和盐的浓度比值，以配得所需的缓冲溶液。

例题 4-20 如何配制 1000mL pH=5.00 的缓冲溶液？

解：缓冲溶液的 pH=5.00，而 HAc 的 $pK_{HAc}=4.75$，彼此接近，所以可选择 HAc-NaAc 缓冲对。为计算的方便，取原始浓度相同的 HAc 和 NaAc。

若使用缓冲对的原始浓度相同，则缓冲对的浓度比等于体积比，

根据公式

$$pH=pK_a+\lg c_{盐}/c_{酸}$$
$$5.00=4.75+\lg V_{NaAc}/V_{HAc}$$
$$\lg V_{NaAc}/V_{HAc}=0.25$$
$$V_{NaAc}/V_{HAc}=1.8$$

设用 HAc V mL，则：

$$1000-V=1.8V$$

所以 $V=360$mL 即 $V_{HAc}=360$mL，则 $V_{NaAc}=1000-360=640$mL。

答：用物质的量浓度相同的 640mL NaAc 溶液和 360mL HAc 溶液混合均匀即可配成 1000mL pH=5.00 的缓冲溶液。

例题 4-21 如何配制 1000mL pH=9.00 的缓冲溶液？

解：缓冲溶液的 pH=9.00，而 $NH_3 \cdot H_2O$ 的 $pK_b=4.75$，$pH=14-pK_b=14-4.75=9.25$ 彼此接近，所以可选择 $NH_3 \cdot H_2O-NH_4Cl$ 缓冲对。为计算的方便，取原始浓度相同的 $NH_3 \cdot H_2O$ 和 NH_4Cl。

若使用缓冲对的原始浓度相同，则缓冲对的浓度比等于体积比：

根据公式：

$$pOH=pK_b+\lg c_{盐}/c_{酸}$$
$$pOH=14-pH=14-9=5$$
$$5=4.75+\lg V_{盐}/V_{酸}$$
$$\lg V_{NH_4Cl}/V_{NH_3 \cdot H_2O}=0.25$$
$$V_{NH_4Cl}/V_{NH_3 \cdot H_2O}=1.8$$

设用 $NH_3 \cdot H_2O$ VmL，则：

$$1000-V=1.8V$$

所以 $V=360\text{mL}$，即 $V_{NH_3 \cdot H_2O}=360\text{mL}$，则 $V_{NH_4Cl}=1000-360=640\text{mL}$。

答：用物质的量浓度相同的 640mL NH_4Cl 溶液和 360mL $NH_3 \cdot H_2O$ 溶液混合均匀即可配成 1000mL pH=9.00 的缓冲溶液。

以上是理论计算值，实际所配的缓冲溶液的 pH 还需要用 pH 计来测定。

例题 4-22 用 0.025mol/L 的 H_3PO_4 和 0.10mol/L 的 NaOH，配制 pH7.40 的缓冲溶液 100mL，求所需 H_3PO_4 和 NaOH 的体积比。

解：缓冲系为 NaH_2PO_4-Na_2HPO_4。设需 H_3PO_4 体积 V_1 mL，NaOH 体积 V_2 mL。

$n(H_3PO_4)=0.025\text{mol/L} \times V_1 \text{mL}=0.025V_1 \text{mmol}$

$n(NaOH)=0.10\text{mol/L} \times V_2 \text{mL}=0.10V_2 \text{mmol}$

$$H_3PO_4+NaOH \rightleftharpoons NaH_2PO_4+H_2O$$

反应前：　　　　　$0.025V_1$ mmol　　　　　　　　　　$0.10V_2$ mmol

反应后：　　　　$(0.10V_2-0.025V_1)$ mmol　　　　　$0.025V_1$ mmol

$$NaH_2PO_4+NaOH \rightleftharpoons Na_2HPO_4+H_2O$$

起始：　　　　　　$0.025V_1$ mmol　　　　　　　　$(0.10V_2-0.025V_1)$ mmol

平衡时：　　　$[0.025V_1-(0.10V_2-0.025V_1)]$ mmol　$(0.10V_2-0.025V_1)$ mmol

　　　　　　$=(0.050V_1-0.10V_2)$ mmol

$$\text{pH}=pK_a+\lg\frac{n(Na_2HPO_4)}{n(NaH_2PO_4)}=7.21+\lg\frac{(0.10V_2-0.025V_1)\text{mmol}}{(0.050V_1-0.10V_2)\text{mmol}}=7.40$$

$$\frac{V_1}{V_2}=2.5$$

答：用 0.025mol/L 的 H_3PO_4 和 0.10mol/L 的 NaOH，配制 pH7.40 的缓冲溶液 100mL，所需 H_3PO_4 和 NaOH 的体积比为 2.5。

4. 缓冲液在生物科学中的作用

缓冲溶液在工业、农业、生物学、医学、化学等方面都有很重要的用途。生物体是以水为基础的系统，细胞和各种生物组织都必须具有保持一定 pH 的能力，其重要原因之一是各种酶都要在一定 pH 条件下才具有催化生化反应的活性。酶是蛋白质大分子，其中常含有可给出质子的酸性基团和可给出质子的碱性基团，例如，在细胞质和细胞液中，含有磷酸缓冲对，控制其 pH 保持在 6.8 左右，尿液也主要因磷酸缓冲对的作用而保持在 6.3 左右，血浆的酸度主要由碳酸缓冲对控制，该缓冲对能中和代谢过程中产生的酸或碱，维持血浆的 pH 在 7.4 左右，pH 升高或降低较大时都会引起"碱中毒"或"酸中毒"症。当 pH 改变达到 0.4 时，将会有生命危险。

适合于部分作物生长的土壤，其 pH 在 5~8 的范围内，正是由于土壤中存在的多种弱酸以及相应的盐如 H_2CO_3-NaH_2CO_3、NaH_2PO_4-$NaHPO_4$、腐植酸-腐植酸盐等缓冲体系，维持了土壤的酸碱性变化不大，从而保证了植物的正常生长。

五、盐类的水解

盐是酸碱中和反应的产物，我们知道酸的水溶液显酸性，碱的水溶液显碱性，而盐的水溶液酸碱性又如何呢？不同类型的盐其水溶液会呈现出不同的酸碱性，有的显酸性，有的显碱性，有的显中性，其原因是盐溶于水后电离出来的阴离子或阳离子与水电离出的 H^+ 或 OH^- 作用生成了弱酸或弱碱，使水的电离平衡发生移动，导致溶液中 H^+ 或 OH^- 浓度不相等，从而呈现出不同的酸碱性。我们把溶液中盐的离子跟水所电离出来的 H^+ 或 OH^- 生成弱电解质的过程叫做盐类的水解。

1. 盐类水解的类型

（1）强碱弱酸盐的水解　以 NaAc 水解为例：NaAc 和 H_2O 发生如下电离。

$$NaAc = Na^+ + Ac^-$$
$$+$$
$$H_2O \rightleftharpoons OH^- + H^+$$
$$\Updownarrow$$
$$HAc$$

$c_{OH^-} > c_{H^+}$ 溶液显碱性

总反应：

$$NaAc + H_2O \rightleftharpoons HAc + NaOH$$

NaAc 水解的实质：

$$Ac^- + H_2O \rightleftharpoons HAc + OH^-$$

结论：强碱弱酸盐水解显碱性。

盐类水解到一定时间后，也会达到一个平衡状态，即水解平衡状态。水解的程度可以用水解平衡常数 K_h 来表示：

$$K_h = \frac{c_{HAc} \cdot c_{OH^-}}{c_{Ac^-}}$$

$$K_h = \frac{K_w}{K_a}$$

$$c_{OH^-} = \sqrt{K_h \cdot c} = \sqrt{\frac{K_w \cdot c}{K_a}}$$

由以上公式可以看出，形成盐的酸越弱，K_a 越小，K_h 越大，碱性越强；盐的浓度越大，其溶液的碱性越强。所以，水解平衡常数可以衡量盐的水解程度的大小。

盐类的水解程度，除了可用 K_h 表示外，还可以用水解度（h）来表示：

$$h = \frac{\text{已水解的盐的浓度}}{\text{盐的原始浓度}} \times 100\%$$

（2）强酸弱碱盐的水解　以 NH_4Cl 水解为例：NH_4Cl 和 H_2O 发生下列电离。

$$NH_4Cl \rightleftharpoons NH_4^+ + Cl^-$$
$$+$$
$$H_2O \rightleftharpoons OH^- + H^+$$
$$\Updownarrow$$
$$NH_3 \cdot H_2O$$

$c_{H^+} > c_{OH^-}$ 溶液显酸性

总反应：

$$NH_4Cl + H_2O \rightleftharpoons NH_3 \cdot H_2O + HCl$$

NH_4Cl 水解的实质：

$$NH_4^+ + H_2O \rightleftharpoons NH_3 \cdot H_2O + H^+$$

结论：强酸弱碱盐水解显酸性。

与弱酸强碱盐水解情况类似，可得：

$$c_{H^+} = \sqrt{K_h \cdot c} = \sqrt{\frac{K_w \cdot c}{K_b}}$$

上式表明，形成盐的碱越弱，K_b 越小，K_h 越大，酸性越强，盐的浓度越大，其溶液的酸性越强。

（3）弱酸弱碱盐的水解　以 NH_4Ac 水解为例：NH_4Ac 和 H_2O 发生下列电离。

$$NH_4Ac \rightleftharpoons Ac^- + NH_4^+$$
$$+ \quad +$$
$$H_2O \rightleftharpoons H^+ + OH^-$$
$$\Updownarrow \quad \Updownarrow$$
$$HAc \quad NH_3 \cdot H_2O$$

总反应：

$$NH_4Ac + H_2O \rightleftharpoons NH_3 \cdot H_2O + HAc$$

NH_4Ac 水解的实质：

$$NH_4^+ + Ac^- + H_2O \rightleftharpoons NH_3 \cdot H_2O + HAc$$

溶液的酸碱性取决于水解生成的两种弱电解质的相对强弱，也就是取决于生成的弱酸和弱碱电离常数的大小。由于 $K_{HAc} \approx K_{NH_3 \cdot H_2O}$，所以 NH_4Ac 溶液水解呈中性。

如：NH_4F 溶液水解，对应的弱酸是 HF、弱碱是 $NH_3 \cdot H_2O$，$K_{HF} > K_{NH_3 \cdot H_2O}$，所以 NH_4F 溶液水解呈酸性。

（4）多元弱酸盐的水解　多元弱酸盐的水解与多元弱酸的电离过程相似，也是分步进行的。

以二元弱酸盐 Na_2CO_3 水解为例。

第一步水解　　　　　　　　$CO_3^{2-} + H_2O \rightleftharpoons HCO_3^- + OH^-$
$$K_{h1} = K_w / K_{a2}$$

第二步水解　　　　　　　　$HCO_3^- + H_2O \rightleftharpoons H_2CO_3 + OH^-$
$$K_{h2} = K_w / K_{a1}$$

其中 K_{a1}、K_{a2} 分别为二元弱酸 H_2CO_3 的分步电离常数。由于 $K_{a2} << K_{a1}$，所以 $K_{h1} >> K_{h2}$。所以多元弱酸盐的水解也是以第一步水解为主。

表4-7　　　　　　　　　　　　盐类的水解的类型

盐类	实例	能否水解	引起水解的离子	对水的电离平衡的影响	促进与否	溶液的酸碱性
强碱弱酸盐	NaAc	能水解	弱酸阴离子引起水解	对水的电离平衡有影响	促进水的电离	溶液呈碱性
强酸弱碱盐	NH_4Cl	能水解	弱碱阳离子引起水解	对水的电离平衡有影响	促进水的电离	溶液呈酸性
强酸强碱盐	NaCl	不能水解	无引起水解的离子	对水的电离平衡无影响	—	溶液呈中性
弱酸弱碱盐	NH_4Ac	能水解	全部	全部	全部	水解后溶液的酸碱性由对应的弱酸弱碱的相对强弱决定

2. 盐类水解的特点

（1）一般来说盐类水解的程度不大，是中和反应的逆反应，由于中和反应趋于完全，其盐类的水解反应是微弱的，所以表示盐类水解的离子方程式不用"$=\!=$"，而是用"$\rightleftharpoons$"。盐类的水解程度一般都很小，通常不会生成沉淀和气体，因此盐类水解的离子方程式中一般不标"↓"或"↑"的气标，也不把生成物（如 $NH_3 \cdot H_2O$、H_2CO_3 等）写成其分解产物的形式。

（2）多元弱酸的酸根离子水解是分步进行的，且以第一步水解为主，例如 Na_2CO_3 的水解：第一步：$CO_3^{2-} + H_2O \rightleftharpoons HCO_3^- + OH^-$，第二步：$HCO_3^- + H_2O \rightleftharpoons H_2CO_3 + OH^-$。多元弱碱的阳离子水解复杂，可看做一步水解，例如 Fe^{3+} 的水解：$Fe^{3+} + 3H_2O \rightleftharpoons Fe(OH)_3 + 3H^+$。

（3）多元弱酸的酸式酸根离子既有水解倾向又有电离倾向，以水解为主的，溶液显碱性；以电离为主的溶液显酸性。例如：HCO_3^-、HPO_4^{2-} 在溶液中以水解为主，其溶液显碱性；HSO_3^-、$H_2PO_4^-$ 在溶液中以电离为主，其溶液显酸性。

能发生双水解的离子组，一般来说水解都比较彻底，不形成水解平衡，生成物也能出现的沉淀、气体。在书写水解反应方程式时要标明物质状态，即标上"↓"、"↑"符号，反应方程式用"$=\!=$"连接，如 $NaHCO_3$ 溶液与 $Al_2(SO_4)_3$ 溶液混合：$Al^{3+} + 3HCO_3^- =\!= Al(OH)_3\downarrow + 3CO_2\uparrow$，此类似的还有 Al^{3+} 与 CO_3^{2-}、HCO_3^-、S^{2-}、HS^-、SiO_3^{2-}、AlO_2^-；Fe^{3+} 与 CO_3^{2-}、HCO_3^-、SiO_3^{2-}、AlO_2^-；NH_4^+ 与 SiO_3^{2-}、AlO_2^- 等。

3. 影响盐类水解的因素

影响盐类水解的主要因素应该是盐本身的性质，这是内因。碱越弱，对应阳离子水解程度越大，溶液酸性越强，对应弱碱阳离子浓度越小。酸越弱，酸根阴离子水解程度越大，溶液碱性越强，对应酸根离子浓度越小。即越弱越水解。

其次影响盐类水解的因素还有温度、浓度、酸碱度，这是外因。

（1）温度　盐的水解反应是吸热反应，升高温度水解程度增大。

（2）浓度　盐的浓度越小，一般水解程度越大。加水稀释盐的溶液，可以促进水解。

（3）溶液的酸、碱性　盐类水解后，溶液会呈不同的酸、碱性，因此控制溶液的酸、碱性，可以促进或抑制盐的水解，故在盐溶液中加入酸或碱都能影响盐的水解。

4. 盐类水解的应用

（1）分析盐溶液的酸碱性，并比较酸碱性的强弱。如：相同浓度的 Na_2CO_3、$NaHCO_3$ 溶液均显碱性，且碱性 $Na_2CO_3 > NaHCO_3$。

（2）配制能水解的盐溶液时要注意防止水解。如：配制 $FeCl_3$ 溶液时，要向该溶液中加入适量的盐酸防止水解。

（3）判断溶液中的离子能否大量共存。如：能发生双水解的离子不能大量共存。

（4）解释与水解有关的现象。

（5）将活泼的金属放在强酸弱碱盐的溶液里，会有气体产生。如：将镁条放入 NH_4Cl 溶液中会有 H_2 放出，因为 NH_4Cl 要水解产生 H^+，活泼的金属镁置换 H^+ 产生 H_2。

（6）热的纯碱溶液有较好的去污能力。因为升高温度促进盐类的水解，使纯碱溶液的碱性增强，故热纯碱溶液去油污的效果更好。

（7）明矾有净水作用。因为明矾溶于水能水解生成胶状的氢氧化铝，氢氧化铝能吸附水里悬浮的杂质形成沉淀使水澄清。

（8）泡沫灭火器的原理。泡沫灭火器就是利用强酸弱碱盐与强碱弱酸盐的相互作用，因为饱和的硫酸铝溶液与饱和的碳酸氢钠溶液混合后的离子方程式为：$Al^{3+}+3HCO_3^-$ = $Al(OH)_3\downarrow+3CO_2\uparrow$，有白色沉淀和大量的气泡产生，由于 CO_2 的存在故可起到灭火作用。

（9）铵态氮肥使用时不宜与草木灰混合使用。因为草木灰中主要含有 K_2CO_3，其水解显碱性，与铵盐中的 NH_4^+ 反应。

任务三 | 酸碱滴定法

酸碱滴定法是以酸碱中和反应为基础的滴定分析法，一般酸碱以及能与酸碱直接或间接发生反应的物质，都可以利用酸碱滴定法进行测定。在农林牧业分析中，常用酸碱滴定法测定土壤、肥料、果品饲料等样品的酸碱度、氮磷的含量，农药中的游离酸等，是一种常用的滴定分析法。

在酸碱滴定中，最重要的是要估计被测物质能否被准确滴定，滴定过程中溶液的 pH 变化情况如何，怎样选择合适的指示剂来确定滴定终点。下面就酸碱指示剂的性能，滴定曲线和指示剂的选择等做介绍。

一、酸碱指示剂

借助于颜色的改变来指示溶液 pH 的物质叫做酸碱指示剂。由于酸碱反应一般无外观变化，通常需加入指示剂来判断测定的终点，又由于反应完全时溶液不一定都显中性。因此要正确选择指示剂，就必须了解酸碱滴定中所用指示剂的性能，以及在滴定过程中溶液 pH 的变化。

1. 酸碱指示剂的变色原理

酸碱指示剂多是有机弱酸或有机弱碱，它们的分子和电离后产生的离子具有不同的颜色，现以弱酸型指示剂（常用 HIn 表示）为例，说明其变色原理。在溶液中有如下电离平衡：

$$HIn \longrightarrow H^+ + In^-$$
$$\text{酸式色} \qquad \text{碱式色}$$

指示剂离解后的酸式色和碱式色是两种结构和颜色不同的成分。二者的比例变化受 $[H^+]$ 变化的影响，当溶液中 $[H^+]$ 增加时，电离平衡向左移动而呈现酸式色，当 $[H^+]$ 降低时，平衡向右移动而呈现碱式色。可见溶液中 $[H^+]$ 的改变会使指示剂颜色发生变化。

例如：酚酞是有机弱酸，在水溶液中发生如下离解：

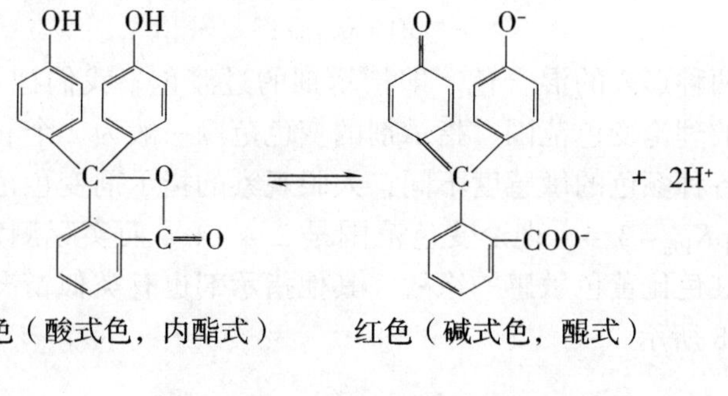

无色（酸式色，内酯式）　　红色（碱式色，醌式）

酚酞在酸性溶液中呈无色,在碱性溶液中平衡向右移动,溶液由无色变为红色。反之,平衡向左移动,溶液由红色变为无色。

2. 酸碱指示剂的变色范围

现以弱酸型指示剂为例,说明指示剂变色与溶液 pH 变化的关系。设 HIn 为弱酸型指示剂,HIn 在溶液中的离解平衡如下:

$$HIn \longrightarrow H^+ + In^-$$

指示剂的离解平衡常数:

$$K_{HIn} = \frac{c_{H^+} \cdot c_{In^-}}{c_{HIn}} \quad 或 \quad \frac{K_{HIn}}{c_{H^+}} = \frac{c_{In^-}}{c_{HIn}}$$

则:

$$c_{H^+} = K_{HIn} \cdot c_{HIn}/c_{In^-}$$
$$pH = pK_{HIn} - \lg c_{HIn}/c_{In^-}$$

c_{In^-} 和 c_{HIn} 分别为指示剂碱式色结构和酸式结构的浓度。在一定条件下 K_{HIn} 为常数,而指示剂的颜色取决于 $\frac{c_{In^-}}{c_{HIn}}$,该比例的大小只与 c_{H^+} 浓度有关。所以溶液颜色的变化仅由 c_{H^+} 决定。即在不同 pH 的介质中,指示剂呈现不同的颜色。

当 $\frac{c_{In^-}}{c_{HIn}} = 1$ 时,即两种结构形式浓度相等,这时溶液呈现指示剂酸式色和碱式的混合色。$pH = pK_{HIn}$,此时的 pH 称为指示剂的理论变色点。当 pH 发生变化时,就会引起某一种结构浓度超过另一种结构的浓度,从而发生颜色的变化。但并非该比值的微小变化就能使人观察到溶液颜色的变化,因为人眼辨别颜色的能力是有一定限度的。实验证明只有当一种颜色的浓度是另一种的十倍时,才能看出浓度大的存在形式的颜色,而看不出浓度小的存在形式的颜色。那么我们以酸式色和碱式色浓度相差十倍为基准,可导出指示剂的颜色变化与溶液 pH 的关系如下:

$$\frac{K_{HIn}}{c_{H^+}} = \frac{c_{In^-}}{c_{HIn}} \leq \frac{1}{10}$$
$$c_{H^+} \geq 10 K_{HIn} \quad pH \leq pK_{HIn} - 1$$

人眼只能看到酸式色:

$$\frac{K_{HIn}}{c_{H^+}} = \frac{c_{In^-}}{c_{HIn}} \geq 10$$
$$c_{H^+} \leq K_{HIn}/10 \quad pH \geq pK_{HIn} + 1$$

人眼只能看到碱式色:

$$\frac{1}{10} \geq \frac{K_{HIn}}{c_{H^+}} = \frac{c_{In^-}}{c_{HIn}} \geq 10$$
$$pH = pK_{HIn} \pm 1$$

此时看到的是两种形式的混合色。即指示剂的过渡色。我们把 $pH = pK_{HIn} \pm 1$ 的 pH 变化范围称为指示剂的理论变色范围。指示剂的变色范围一般为 2 个 pH 单位。

实际上人眼对各种颜色的敏感度不同,人眼观察的指示剂变色范围与理论变色范围有区别。如甲基橙的 $pK_{HIn} = 3.4$,理论变色范围是 2.4~4.4 而实际测定到的却是 3.1~4.4,这就是因为人眼对红色比黄色敏感的缘故,其他指示剂也有类似情况。常用酸碱指示剂及其变色范围如表 4-8 所示。

表 4-8　　常用酸碱指示剂及其变色范围

指示剂	变色范围 pH	颜色 酸色	颜色 碱色	pK	浓度	用量（滴/10mL）
百里酚蓝	1.2~2.8	红	黄	1.65	0.1%的20%酒精溶液	1~2
甲基橙	3.1~4.4	红	黄	3.4	0.1%或0.5%水溶液	1
溴酚蓝	3.0~4.6	黄	紫	4.1	0.1%的20%酒精溶液或其钠盐水溶液	1
甲基红	4.4~6.2	红	黄	5.0	0.1%的60%酒精溶液或其钠盐水溶液	1
溴百里酚蓝	6.2~7.6	黄	蓝	7.3	0.1%的20%酒精溶液或其钠盐水溶液	1
中性红	6.8~8.0	红	黄橙	7.4	0.1%的60%酒精溶液	1
酚酞	8.0~10.0	无	红	9.1	1%的90%酒精溶液	1~3
百里酚酞	9.4~10.6	无	蓝	10.0	0.1%的90%酒精溶液	1~2

如表 4-8 所示，由于各种指示剂的电离平衡常数不同，各种指示剂的变色范围也不相同。由于表中所例变色范围是由目视判断得到的实验值。而每个人的眼睛对颜色的敏感度不同，所以不同资料报道的变色范围也略有差异。

3. 混合指示剂

在酸碱滴定中，有时需要将滴定终点限制在很窄的 pH 范围内，这时可采用混合指示剂。混合指示剂是利用颜色之间的互补作用，而在终点时使颜色变化更为敏锐。

混合指示剂有两种配方：

（1）由两种或两种以上的指示剂混合而成。

（2）由某种指示剂和一种惰性染料组成。

混合指示剂具有变色敏锐，变色范围窄和终点易于观察等特点，广泛 pH 试纸就是用混合指示剂制成的。配制混合指示剂必须严格控制各组分的比例。常见混合指示剂如表 4-9 所示。

表 4-9　　常用酸碱混合指示剂

指示剂组成	变色点（pH）	酸色	碱色	备注
一份 0.1%甲基黄酒精溶液 一份 0.1%亚甲基蓝酒精溶液	3.25	蓝紫	绿	pH3.4 绿 pH3.2 蓝紫
一份 0.1%甲基橙水溶液 一份 0.25%青色蓝二磺酸钠水溶液	4.1	紫	黄绿	
三份 0.2%甲基红酒精溶液 二份 0.2%亚甲基蓝酒精溶液	5.4	红紫	绿	pH5.2 紫 pH5.6 绿
一份 0.1%中性红酒精溶液 一份 0.1%亚甲基蓝酒精溶液	7.0	蓝紫	绿	
一份百里酚蓝 50%的酒精溶液 三份 0.1%酚酞 50%酒精溶液	9.0	黄	紫	黄→绿→紫

二、酸碱滴定曲线及指示剂的选择

酸碱滴定的终点是借助指示剂的变色来判断的，而指示剂的变色与溶液的pH有关。为了在某滴定过程中选择合适的指示剂，就必须知道在这一滴定过程中溶液pH的变化情况，特别是在化学计量点附近加入一滴酸或碱所引起的pH变化。

由于酸碱的强弱不同，中和生成的盐可能有不同程度的水解。因此在滴定过程中溶液的pH变化情况不同，化学计量点时pH也不同。若用标准溶液的加入量为横坐标，以对应的pH为纵坐标，绘制关系曲线，这种曲线称为酸碱滴定曲线。下面分别讨论几种类型的酸碱滴定曲线和选择指示剂的原则。

1. 强碱强酸之间的相互滴定

现以0.1000mol/L NaOH溶液滴定20.00mL，0.1mol/L HCl溶液为例，说明在滴定过程中，溶液pH的变化情况，其反应如下：

$$NaOH + HCl = NaCl + H_2O$$
$$OH^- + H^+ = H_2O$$

为了便于说明，我们通常把滴定过程中溶液的pH变化划分为四个阶段来计算，即滴定前、化学计量之前、化学计量点时和化学计量点后。

（1）滴定前　滴定前溶液的pH应由HCl溶液的初始浓度决定。由于HCl是强酸，在水溶液中全部离解。$c_{H^+}=0.1000$mol/L，故pH=1.00。

（2）化学计量点前　溶液的组成为HCl、NaCl，H_2O，由剩余HCl溶液的浓度决定溶液的pH。

设当加入18.00mL NaOH溶液时，溶液中还剩余2.00mL HCl未被中和：

$$c_{H^+} = \frac{(20.00-18.00)\times 0.1000}{(20.00+18.00)} = 5.26\times 10^{-3} \text{ (mol/L)}$$
$$pH = 2.28$$

当加入19.98mL NaOH溶液时（化学计量点前-0.1%），溶液中只剩下0.02mL HCl（约半滴）未被中和：

$$c_{H^+} = \frac{(20.00-19.98)\times 0.1000}{(20.00+19.98)} = 5.00\times 10^{-5} \text{ (mol/L)}$$
$$pH = 4.30$$

（3）化学计量点时　当加入20.00mL NaOH时，溶液中的HCl被全部中和，溶液的组成是NaCl和H_2O，溶液中的H^+浓度完全取决于H_2O的离解，即：

$$c_{H^+} = c_{OH^-} = 10^{-7} \text{mol/L}$$
$$pH = 7.00$$

（4）化学计量点后溶液的pH　溶液的组成为NaOH、NaCl和H_2O，pH由过量NaOH的量决定。当加入20.02mL NaOH时（化学计量点后+0.1%），这时溶液中过量NaOH 0.02mL。则：

$$c_{OH^-} = \frac{0.02\times 0.100}{(20.00+20.02)} = 5\times 10^{-5} \text{ (mol/L)}$$
$$pOH = 4.30$$
$$pH = 9.70$$

根据上述方法计算可以得到不同滴定点的pH，将结果列于表4-10中。然后以NaOH

溶液的加入量为横坐标，以其对应的 pH 为纵坐标，绘制滴定曲线如图 4-10 所示。

表 4-10　　　　　　0.1000mol/L NaOH 滴定 0.1000HCl 的 pH 的变化

加入 NaOH 量/mL	HCl 被滴定百分数/%	c_{H^+}/(mol/L)	pH	备注
0.00	0.00	$1.00×10^{-1}$	1.00	
18.00	90.00	$5.26×10^{-3}$	2.28	
19.80	99.00	$5.02×10^{-4}$	3.30	
19.98	99.90	$5.00×10^{-5}$	4.30	相对误差为−0.1%
20.00	100.00	$1.00×10^{-7}$	7.00	理论终点
20.02	100.10	$2.00×10^{-10}$	9.70	相对误差为+0.1%
22.00	110.0	$2.10×10^{-12}$	11.68	
40.00	200.0	$3.00×10^{-13}$	12.52	

如表 4-10 和图 4-4 所示，在滴定开始时，溶液中存在着较多的 HCl，pH 升高十分缓慢。随着滴定的不断进行，溶液中的 HCl 含量不断减少，pH 的升高逐渐增快，尤其是滴定接近化学计量点时，溶液中 HCl 的量已极小，pH 很快升高。从滴定开始到加入 19.80mL NaOH 溶液时，溶液的 pH 只改变了 2.3 个单位，而当加入 19.98mL NaOH（约 0.18mL），pH 就改变了 1 个单位，变化速度加快了。此时再加入 1 滴（约 0.04mL）NaOH，即 NaOH 溶液过量 0.02mL，pH 产生很大变化，由 4.30 到 9.70，增大 5.4 个 pH 单位，溶液由酸性变为碱性。如再加入 NaOH 溶液，所引起的 pH 变化越来越小，曲线趋于平坦。

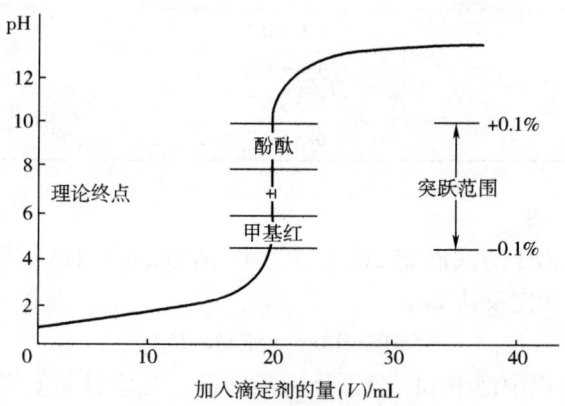

图 4-4　0.1mol/L 的强酸强碱滴定曲线

由此可见，在化学计量点前后，从剩余 0.02mL HCl 到过量 0.02mL NaOH，即滴定由 NaOH 不足 0.1% 到过量 0.1%，溶液的 pH 从 4.30 增加到 9.70，实现了由量变到质变的过程。这种在化学计量点附近由 1 滴标准溶液所引起溶液 pH 的急剧变化，称为滴定突跃。将化学计量点前后±0.1%误差范围内产生的 pH 变化数值，称为滴定突跃范围。

滴定分析中，指示剂的选择很重要。滴定突跃范围就是选择指示剂的依据。选择指示剂的原则：凡指示剂的变色范围全部或部分落在滴定突跃范围之内，都可以作为这一滴定的指示剂。在上例中甲基红（pH=4.4~6.6）, 酚酞（pH=8.0~10.0）都是适用的指示剂。用甲基橙（pH=3.1~4.4）也可以，但误差稍大。

由滴定突跃的计算可以看出,滴定突跃范围的大小,还与酸碱溶液的浓度有关,标准溶液的浓度增加,可增大突跃的 pH(图 4-5)。如表 4-11 所示,浓度降低 10 倍,突跃范围相应减少 2 个 pH 单位。溶液的浓度越大,突跃范围越大,可供选择的指示剂越多,但试剂的耗用量也增大。溶液的浓度减小,突跃范围变小。供选用的指示剂减少,若酸碱溶液的浓度太小,则突跃范围不明显,就无法用指示剂确定终点。因此,常用标准溶液的浓度一般控制在 0.01~0.1mol/L。

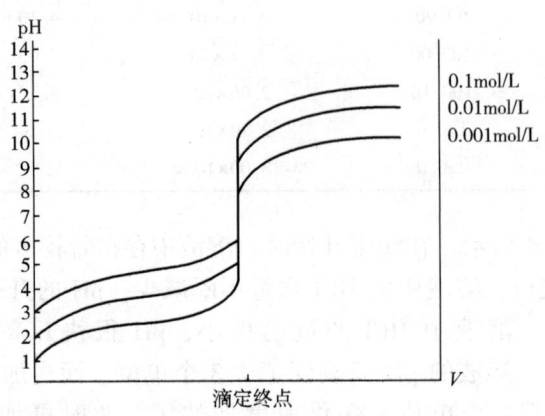

图 4-5 滴定突跃随溶液浓度的变化

表 4-11　　　　　　　　　不同浓度 NaOH 滴定相应浓度 HCl 时突跃范围

NaOH 和 HCl 的浓度/(mol/L)	突跃范围 pH	突跃范围的大小
1.0	3.3~10.7	7.4 个 pH 单位
0.1	4.3~9.7	5.4 个 pH 单位
0.01	5.3~8.7	3.4 个 pH 单位
0.001	6.3~7.7	1.4 个 pH 单位

2. 强碱滴定一元弱酸

以 0.1000mol/L NaOH 溶液滴定 20.00mL,0.1000mol/L HAc 溶液为例,说明滴定过程中溶液 pH 的变化。滴定反应如下:

$$NaOH + HAc \Longrightarrow NaAc + H_2O$$

同样地,把滴定过程中溶液 pH 变化分为滴定前、化学计量点前、化学计量点时、化学计时点后四个阶段进行计算。

(1) 滴定前　未加 NaOH 溶液,溶液中 c_{H^+} 全部由 HAc 的离解决定。

$$c_{H^+} = \sqrt{K_a \cdot c} = \sqrt{1.8 \times 10^{-5} \times 0.1000} = 1.34 \times 10^{-3} \text{(mol/L)}$$
$$pH = 2.87$$

(2) 化学计量点前　滴定生成的 NaAc 和剩下的 HAC 构成缓冲溶液,按 $c_{H^+} = K_a \cdot \dfrac{c_{HAc}}{c_{Ac^-}}$ 计算 pH。

当滴加 18.00mL NaOH 溶液时:

$$c_{HAc} = \frac{(20.00-18.00) \times 0.100}{(20.00+18.00)} = 5 \times 10^{-3} \text{(mol/L)}$$

$$c_{Ac^-} = \frac{18.00 \times 0.100}{(20.00+18.00)} = 5 \times 10^{-2} \ (mol/L)$$

$$c_{H^+} = 1.85 \times 10^{-5} \times \frac{5 \times 10^{-3}}{5 \times 10^{-2}} = 1.8 \times 10^{-6} \ (mol/L)$$

$$pH = 5.7$$

（3）化学计量点时　溶液全部生成 NaAc，体积增大一倍。

所以：
$$c_{Ac^-} = 0.1000 \times \frac{1}{2} = 0.05000 \ (mol/L)$$

$$c_{OH^-} = \sqrt{k_b \cdot c} = \sqrt{\frac{K_w}{K_a} \cdot c} = \sqrt{\frac{1.0 \times 10^{-14}}{1.8 \times 10^{-5}} \times 0.05000} = 5.27 \times 10^{-6} \ (mol/L)$$

$$pOH = 5.27 \quad pH = 14-5.27 = 8.73$$

（4）化学计量点后　滴加过量 NaOH 溶液，溶液 pH 由过量 NaOH 来计算。

当加入 20.02mL NaOH 溶液时：

$$c_{OH^-} = \frac{(20.02-20.00) \times 0.1000}{20.02+20.00} = 5 \times 10^{-5} \ (mol/L)$$

$$pOH = 4.30 \quad pH = 14-4.30 = 9.70$$

将计算结果列于表 4-12 中。然后以 NaOH 的加入量为横坐标，以其对应的 pH 为纵坐标，绘制滴定曲线，如图 4-5 所示。

表 4-12　　　　　0.1mol/L NaOH 滴定 0.1000mol/L HAc 溶液 pH 的变化

NaOH 加入量/mL	HAc 被滴定程度/%	pH	备注
0.00	0.00	2.87	
18.00	90.00	5.71	
19.98	99.90	7.74	相对误差 -0.1%
20.00	100.00	8.73	理论终点
20.02	100.10	9.70	相对误差 +0.1%
20.20	101.0	10.70	
22.00	110.0	11.68	
40.00	200.0	12.52	

根据滴定曲线如图 4-6 所示可以看出，和强碱滴定强酸相比，它有以下几个特点：

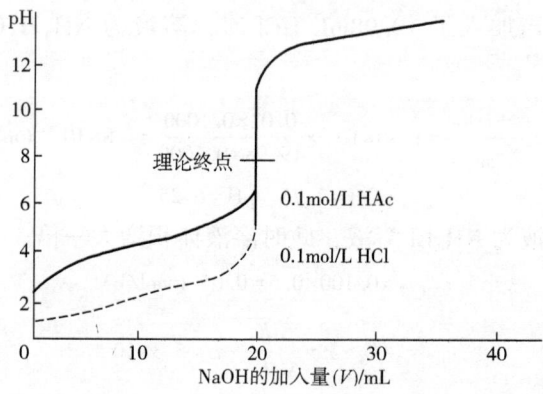

图 4-6　0.1000mol/L NaOH 滴定 20.00mL 0.1000mol/L HAc 的滴定曲线

①滴定前，pH 比强碱滴定强酸高近 2 个单位，这是由于 HAc 的强度比同浓度的 HCl 弱的缘故。②由于产物为 NaAc 溶液，使理论终点的 pH 不为 7.00，而是 8.73，使滴定曲线的下半部分同强碱滴定强酸相比有一个明显的上移。③由于突跃范围在 7.74～9.70，在**碱性区域**中，所以只能选用酚酞、百里酚酞等在弱碱性溶液中变色的指示剂。④理论终点之后，溶液 pH 的变化规律与强碱滴定强酸的情况相同，所以这时它们的滴定曲线基本重合。

滴定突跃范围的大小不但与酸碱浓度有关，也与它们的强度有关。酸越强即 K_a 越大，滴定的突跃范围就越大；反之，酸越弱，突跃范围越小，直至不能用合适的指示剂确定终点。一般认为，在 0.1mol/L 左右的浓度下，被滴定的弱酸的 K_a 应大于或等于 10^{-7}，也就是说一元弱酸的 $c \cdot K_a \geq 10^{-8}$ 才能直接被准确滴定，这就是一元弱酸能否被强碱直接准确滴定的依据。

3. 强酸滴定一元弱碱

以 0.1000mol/L HCl 溶液滴定 20.00mL 0.1000mol/L 氨水为例。滴定过程中溶液的 pH 变化如图 4-7 所示。这类滴定曲线与强碱滴定弱酸相似，但 pH 变化情况相反。

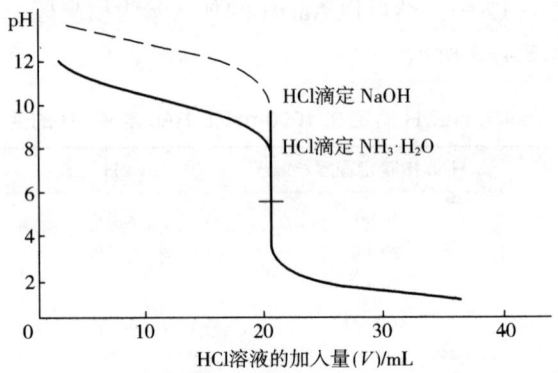

图 4-7 强酸滴定强碱、弱碱滴定曲线比较图

①滴定前：

$$c_{OH^-} = \sqrt{K_b \cdot c} = 1.35 \times 10^{-3} \text{mol/L}$$
$$pOH = 2.87 \quad pH = 11.13$$

②化学计量点前：当加入了 19.98mL HCl 时，溶液为 $NH_3 \cdot H_2O$—NH_4Cl 组成的缓冲溶液：

$$c_{OH^-} = k_b \frac{c_{NH_3 \cdot H_2O}}{c_{NH_4^+}} = 1.80 \times 10^{-5} \times \frac{0.02 \times 0.1000}{19.98 \times 0.1000} = 1.8 \times 10^{-8} \text{ (mol/L)}$$
$$pOH = 7.75 \quad pH = 6.25$$

③化学计量点：溶液为 NH_4Cl 溶液，此时溶液体积增大一倍。
则：
$$c_{NH_4Cl} = 0.100 \times 0.5 = 0.05 \text{ (mol/L)}$$
$$c_{H^+} = \sqrt{K_a \cdot c} = \sqrt{\frac{K_b}{K_c} \cdot c} = 5.3 \times 10^{-6}$$
$$pH = 5.28$$

④化学计量点后：与强酸强碱滴定相同，pH = 4.30。

由于滴定突跃范围的 pH 为 6.25~4.30，在酸性范围内。显然，甲基红（pH=4.4~6.2）是合适的指示剂。如果用酚酞，则会造成很大的误差。所以用标准溶液滴定弱酸时，宜用酚酞作指示剂；用标准溶液滴定弱碱时，宜用甲基红或甲基橙作指示剂。与强碱滴定弱酸相似，被滴定的碱越弱，则突跃范围越小。只有当 $c \cdot K_b \geq 10^{-8}$ 时，才能用标准溶液直接进行滴定。

多元弱酸弱碱在水中分步电离，除了需要讨论其滴定突跃外，还需要讨论各步电离能否被分别滴定，能否全步滴定而相互不干扰以及能有几个突跃和如何选择指示剂等问题。本书对多元弱酸碱的滴定不做讨论。

三、 酸碱滴定法的应用

1. 酸碱标准溶液的配制和标定

在酸碱滴定中，一般用强酸强碱配制标准溶液。最常用的标准溶液是 HCl 溶液和 NaOH 溶液，但它们都不是基准物质，所以只能用间接法配制，即先配制成近似所需浓度的溶液，然后再用基物质进行标定。

例题 4-23　0.1mol/L HCl 标准溶液的配制与标定。

配制方法：用吸量管吸取浓 HCl（密度为 1.19g/cm³）9mL，倾入清洁的容量瓶中，用蒸馏水稀释至 1000mL，塞紧瓶盖充分摇匀。

标定 HCl 的常用基准物质：无水碳酸钠和硼砂（$Na_2B_4O_7 \cdot 10H_2O$）。硼砂较易得纯品，不易吸水，比较稳定，摩尔质量较大（381.37g/mol），故由称量造成的相对误差较小。

硼砂与 HCl 反应：

$$2HCl+Na_2B_4O_7 \cdot H_2O = 2NaCl+4H_3BO_3+5H_2O$$

HCl 与硼砂反应的物质的量比是 2∶1，反应产物 H_3BO_3 是弱酸，化学计量点显酸性，可选用甲基红或甲基橙作指示剂。

硼砂标定 HCl 的计算公式：

$$c_{HCl}=\frac{2 \times M \times 1000}{M_{Na_2N_4O_7 \cdot 10H_2O} \cdot V_{HCl}}$$

式中　m——硼砂称量的质量，g；

M——硼砂的摩尔质量，g/mol；

V——终点时消耗的 HCl 的体积，mL。

例如 0.1mol/L NaOH 标准溶液的配制与标定方法如下：

配制方法：在天平上称取分析纯固体 NaOH 约 4g 于小烧杯中，加少量 H_2O 溶解，移入洁净的容量瓶中，用蒸馏水稀释至 1000mL，用橡皮塞塞住瓶口，充分摇匀。

标定 NaOH 的物质：草酸和邻苯二甲酸氢钾（$KHC_8H_4O_4$），常用的是邻苯二甲酸氢钾，这种基准物质可用重结晶法制得纯品，不含结晶水，不吸潮，容易保存。由于摩尔质量较大，标定时由于称量而造成的相对误差也较小，因而是一种良好的基准物质。

NaOH 与邻苯二甲酸氢钾的反应：

$$NaOH+KHC_8H_4O_4 = KNaC_8H_4O_4+H_2O$$

反应按 1∶1 定量进行，产物 $KNaC_8H_4O_4$ 是一个弱碱，化学计量点时溶液呈弱碱性，可用酚酞作指示剂指示滴定终点。

NaOH 浓度的计算公式：

$$c_{NaOH}=\frac{m\times 1000}{M_{KHC_8H_4O_4}\cdot V_{NaOH}}$$

式中　M——邻苯二甲酸氢钾的摩尔质量，g/mol；

　　　m——邻苯二甲酸氢钾的称量质量，g；

　　　V——终点时消耗的 NaOH 的体积，mL。

标定时，一般应平行测定 3 份，其滴定结果的相对误差不得大于 0.2%，标定好的标准溶液应密闭，妥善保存。标定时的实验条件应与此标准溶液测定某组分时的条件尽量一致，以抵销因条件影响所造成的误差。

还应该注意的是，间接配制和直接配制时所使用的仪器有区别。例如：间接配制时可使用量筒、量杯、托盘天平等仪器，而直接配制时必须使用容量瓶、移液管、分析天平等精密仪器。

2. 酸碱滴定法的应用

(1) 土壤、肥料中氮含量测定　酸碱滴定法中经常要进行铵态氮的分析测定工作，分析时先通过不同方法将其他形态的氮转化为铵态氮。由于铵态氮的主要成分是 NH_4^+，而 NH_4^+ 酸性太弱，不能直接用 NaOH 标准溶液滴定。但 NH_4^+ 能与甲醛（HCHO）作用定量地转移出 H^+：

$$4NH_4^+ + 6HCHO =\!=\!= (CH_2)_6N_4 + 4H^+ + 6H_2O$$

然后用 NaOH 标准溶液滴定转移出的 H^+。由于一个 NH_4^+ 转换出一个 H^+，而一个 NH_4^+ 中含一个 N 原子。因此滴定时消耗标准溶液 NaOH 的物质的量，等于 H^+ 的物质的量，也间接的等于 N 的物质的量，所以样品中的 N 的含量按下式计算：

$$N\,含量=\frac{c_{NaOH}\times V_{NaOH}\times\frac{14.01}{1000}}{m}\times 100\%$$

式中　c_{NaOH}、V_{NaOH}——耗用 NaOH 标准溶液的物质的量，mol；

　　　W——试样的质量，g；

　　　14.01——N 的摩尔质量，g/mol。

滴定终点时溶液为 $(CH_2)_6N_4$ 水溶液，呈弱碱性，应选用酚酞指做示剂。滴定时，甲醛必须是中性的，铵盐中不应含有游离酸。否则，必须进行预处理，不然会给测定结果带来较大的误差。

(2) 农产品中总酸度的测定　农产品的果蔬中所含酸的种类和含量皆随其种类、品种和成熟度变化很大。一定酸度的含量可以增加其风味，但过量时又显示出不良品质。总酸度是指食品中所有酸性物质的总量，包括已离解的酸的浓度和未离解的酸的浓度。

农产品中的有机酸用标准碱液滴定时，被中和成盐类。

$$RCOOH + NaOH =\!=\!= RCOONa + H_2O$$

以酚酞为指示剂，滴定至溶液呈淡红色 0.5min 不褪为终点。根据所耗标准碱液的浓度和体积，可计算样品中酸的含量。

实习实训3

溶液的配制与稀释

【实训目的】

1. 学会取用固体试剂及倾倒液体试剂的方法。
2. 初步学会吸量管、移液管和容量瓶的使用方法。
3. 熟悉溶液浓度的计算,掌握一定浓度溶液的配制方法和基本操作。

【实训原理】

在化学实训中,常常需要配制各种溶液来满足不同实训的要求。如果实训对溶液浓度的准确性要求不高,一般利用台秤、量筒、带刻度烧杯等低准确度的仪器配制就能满足需要。如果实训对溶液浓度的准确性要求较高,如定量分析实训,这就须使用分析天平、移液管、容量瓶等高准确度的仪器配制溶液。无论是粗配还是准确配制一定体积、一定浓度的溶液,首先要计算所需试剂的用量,包括固体试剂的质量和液体试剂的体积,然后再进行配制。

1. 由固体试剂配制溶液

(1) 质量分数 计算出配制一定质量分数的溶液所需固体试剂的质量和蒸馏水的质量,将蒸馏水质量换算成体积。用台秤称取所需固体试剂,倒入烧杯中,用量筒量取所需蒸馏水也倒入烧杯中,搅动,使固体完全溶解即得所需溶液。将溶液倒入试剂瓶中,贴上标签备用。

$$x = \frac{\text{固体溶质的质量 (g)}}{\text{溶液的质量 (g)}}$$

(2) 物质的量浓度

①粗略配制:计算出配制一定体积溶液所需固体试剂的质量,用台秤称取所需固体试剂,倒入带刻度的烧杯中,加入少量蒸馏水搅动使固体完全溶解后(如果溶解过程放热,需冷却),用蒸馏水稀释至刻度,即得所需的溶液。然后将溶液移入试剂瓶中,贴上标签,备用。

②准确配制:计算出配制给定体积准确浓度溶液所需固体试剂的质量,用分析天平准确称取所需固体试剂质量,倒入干净烧杯中,加入少量蒸馏水搅动使固体完全溶解后(如果溶解过程放热,需冷却),将溶液转移至容量瓶(与所配溶液体积相对应)中,用少量蒸馏水洗涤烧杯2~3次,冲洗液也移入容量瓶中,再加蒸馏水至标线处,盖上塞子,将溶液摇匀即得所需的溶液。然后将溶液移入试剂瓶中,贴上标签,备用。

$$c = \frac{\text{溶质的物质的量 (mol)}}{\text{溶液的体积 (L)}}$$

2. 由液体(或浓溶液)试剂配制溶液

(1) 质量分数 计算出配制一定质量分数的溶液所需液体试剂的体积和蒸馏水的体积,用量筒量取所需蒸馏水倒入烧杯中,再用量筒量取所需液体试剂倒入烧杯中,搅动均匀即得所需溶液。将溶液倒入试剂瓶中,贴上标签备用。

$$c_{原} = \frac{\rho x}{M} \times 1000$$

$$V_{原} = \frac{c_{新} V_{新}}{c_{原}}$$

式中　ρ——液体试剂或浓溶液的密度；

　　　x——溶质的质量分数；

　　　M——溶质的摩尔质量。

（2）物质的量浓度

①粗略配制：根据液体（或浓溶液）试剂的相对密度，从有关表中查出其相应的质量分数，算出配制一定物质的量浓度的溶液所需液体（或浓溶液）用量，用量筒量取所需的液体（或浓溶液），倒入装有少量水的有刻度烧杯中混合，如果溶液放热（浓硫酸，冷却），需冷却至室温后，再用水稀释至刻度。搅动使其均匀，然后移入试剂瓶中，贴上标签，备用。

②准确配制：当用较浓的准确浓度的溶液配制较稀准确浓度的溶液时，先计算，然后用处理好的移液管吸取所需溶液注入给定体积的洁净的容量瓶中，再加蒸馏水至标线处，摇匀后，倒入试剂瓶，贴上标签，备用。

计算出配制给定体积准确浓度溶液所需固体试剂的质量，用分析天平准确称取所需固体试剂质量，倒入干净烧杯中，加入少量蒸馏水搅动使固体完全溶解后（如果溶解过程放热，需冷却），将溶液转移至容量瓶（与所配溶液体积相对应）中，用少量蒸馏水洗涤烧杯 2~3 次，冲洗液也移入容量瓶中，再加蒸馏水至标线处，盖上塞子，将溶液摇匀即得所需的溶液。然后将溶液移入试剂瓶中，贴上标签，备用。公式如下：

$$V_{原} c_{原} = V_{新} c_{新}$$

【仪器及试剂】

1. 仪器用具

台秤、电子天平、烧杯、量筒、容量瓶、吸量管、洗耳球、称量瓶、试剂瓶、胶头滴管、玻璃棒等。

2. 试剂

固体药品：NaOH（分析纯）、$CuSO_4$。

液体药品：HCl（浓）。

【过程设计】

1. 粗略配制 50mL 0.2mol/L 的 $CuSO_4$ 溶液

算出配制此溶液所需的固体硫酸铜的质量，用台式天平迅速称出所需硫酸铜，倒入干燥小烧杯（100mL），用量筒将所需蒸馏水的大部分加到烧杯中，搅拌溶解，冷至室温，用量筒量取剩余部分蒸馏水倒入烧杯即可。

2. 准确配制一定浓度溶液

（1）准确配制 0.1mol/L NaOH 溶液 100mL　用分析天平准确称取一定量 NaOH（分析纯）试样于 100mL 烧杯中，用适量蒸馏水溶解后，将 NaOH 溶液定量转入 100mL 容量瓶中，振荡，最后用滴管慢慢滴加蒸馏水至标线，摇匀，然后倒入试剂瓶中，贴好标签，备用。

（2）准确配制 0.1mol/L HCl 溶液 100mL　计算配制 0.1mol/L HCl 溶液所需浓 HCl 溶

液体积，用吸量管吸取浓 HCl 溶液转入到 100mL 容量瓶中，用蒸馏水稀释至刻度标线处，摇匀后，倒入试剂瓶，贴上标签，备用。

【数据记录与结果处理】

表 4-13　　　　　　　　　　实训数据记录表

溶液	用量	浓度
CuSO₄（粗配）	CuSO₄ 固体用量_____g 需水_____mL	0.2mol/L
NaOH（准确）	NaOH 固体计算用量_____g NaOH 固体实际质量_____g	_____mol/L（实际浓度）
HCl（准确）	需浓 HCl _____mL	_____mol/L（实际浓度）

【注意事项】

（1）氢氧化钠为碱性化学物质，浓盐酸为酸性化学物质，注意不要溅到手上、身上，以免腐蚀。一旦不慎将氢氧化钠溅到手上和身上，要用较多的水冲洗，再涂上硼酸溶液。称量时，使用烧杯放置。

（2）注意移液管的使用。

（3）配好的溶液要及时装入试剂瓶中，盖好瓶塞并贴上标签，放到相应的试剂柜中。

【实训思考】

1. 用容量瓶配制溶液时，要不要先将洗净的容量瓶干燥？要不要用被稀释液润洗？为什么？

2. 某同学在配制硫酸铜溶液时，用分析天平称取了硫酸铜晶体的质量，用量筒量取蒸馏水来配制溶液，此操作是否准确，为什么？

酸度计的使用及溶液 pH 的测定

【实训目的】

1. 学会酸度计的使用方法。

2. 能正确测定溶液 pH。

【实训原理】

酸度计是利用 pH 复合电极对被测溶液中氢离子浓度产生不同的直流电位通过前置放大器输入到 A/D 转换器，以达到 pH 测量的目的，最后由数字显示 pH。

【仪器及试剂】

1. 仪器用具

pHS-3C 酸度计、温度计、小烧杯等。

2. 试剂

标准缓冲溶液、池塘水、0.001mol/L HCl 溶液、0.0001mol/L NaOH 溶液等。

【过程设计】

1. 仪器结构

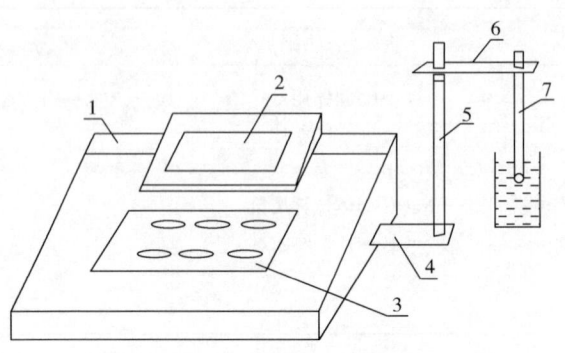

图 4-8　仪器外型结构

1—机箱　2—显示屏　3—键盘　4—电极梗座
5—电极梗　6—电极夹　7—电极

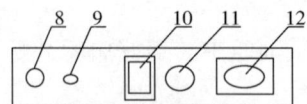

图 4-9　仪器后面板

8—测量电极插座　9—温度电极插座　10—电源开关
11—保险丝座　12—电源插座

2. pHS-3C 酸度计的使用

（1）将多功能架插入电极架插座中，并拧好。

（2）将 pH 复合电极安装在电极架上。

（3）用蒸馏水清洗电极。

（4）连接电源线，并打开仪器开关，仪器显示"pHS-3C"字样；接下来会显示上次标定后的斜率以及 EO 值；然后进入测量状态，显示当前的电位值或者 pH（其中显示屏上方为电位值或者 pH，下方为设定的温度值）。

（5）在测量状态下，按"mV/pH"键可以切换显示电位以及 pH。

（6）设置温度按："温度△"或"温度▽"键调节显示值，使温度显示被测溶液的温度，按"确认"键，即完成当前温度的设置，按"mV/pH"键放弃设置，返回测量状态。

（7）标定仪器使使用前需要标定，分为一点标定和二点标定。标定步骤如下：

①清洗电极，将电极插入标准缓冲溶液 1 中（pH=6.86）；

②用温度计测出被测溶液的温度，按"温度"，使温度显示被测溶液的温度；

③待读数稳定后按"定位"键，仪器显示"Std YES"字样，按"确认"键进入标定状态，仪器自动识别并显示当前温度下的标准 pH；

④按"确认"键完成一点标定（斜率为100.00%）（即两次"确认"）；
⑤如果需要二点标定，则继续下面操作；
⑥再次清洗电极，将电极插入标准缓冲溶液2中；
⑦用温度计测出被测溶液的温度，按"温度"键，使温度显示为被测溶液的温度；
⑧待读数稳定后按"斜率"键，仪器提示"StdYES"字样，按"确认"键进入标定状态，仪器自动识别并显示当前温度下的标准pH；
⑨按"确认"键完成二点标定。

（8）测量pH或电极电位

（9）清洗电极，擦干后戴上电极保护套，拆卸电极支架，将酸度计装入盒子以备下次使用。

3. 实训测试项目

（1）测定池塘水在20℃、30℃、40℃下的pH。

（2）测定0.001mol/L HCl溶液pH。

（3）测定0.0001mol/L NaOH溶液pH。

【数据记录与结果处理】

表 4-14　　　　　　　　　　　溶液pH测定数据记录表

记录项目	温度/℃	pH
池塘水	20	
	30	
	40	
0.001mol/L HCl	室温	
0.0001mol/L NaOH	室温	

【注意事项】

（1）电极在测量前必须用已知pH的标准缓冲溶液进行定位校准，其值愈接近被测值愈好。

（2）取下电极套后，应避免电极的敏感玻璃泡与硬物接触，因为任何破损或擦毛都使电极失效。

（3）测量后，及时将电极保护套套上，电极套内应放少量内参比补充液以保持电极球泡的湿润。切忌浸泡在蒸馏水中。

（4）复合电极的内参比补充液为3mol/L氯化钾溶液，补充液可以从电极上端小孔加入。复合电极不使用时，拉上橡皮套，防止补充液干涸。

【参考学时】

2学时。

【实训思考】

1. 为什么测量溶液pH时，应尽量选用pH与它相近的标准缓冲溶液来校正pH计？

2. 用酸度计测定溶液的pH应该如何正确操作？

盐酸标准溶液的配制与标定

【实训目的】

1. 学会标准溶液的配制方法，掌握盐酸标准溶液标定过程及原理。
2. 学会酸式滴定管的基本操作，掌握滴定过程及指示剂选择原则和变色原理。
3. 进一步熟悉分析天平、容量瓶、移液管、量筒等的操作。

【实训原理】

滴定分析法中，标准溶液的配制有两种方法。由于盐酸不符合基准物质的条件，只能用间接法配制，再用基准物质来标定其浓度。标定盐酸常用的基准物质有无水碳酸钠 Na_2CO_3 和硼砂 $Na_2B_4O_7 \cdot 10H_2O$。采用硼砂较易提纯，不易吸湿，性质比较稳定，而且摩尔质量很大，可以减少称量误差。硼砂与盐酸的反应：

$$Na_2B_4O_7 \cdot 10H_2O + 2HCl = 4H_3BO_3 + NaCl + 5H_2O$$

在化学计量点时，由于生成的硼酸是弱酸，溶液的 pH 约为 5，可用甲基红作指示剂。

本实训采用称取硼砂后直接用盐酸的方法进行操作，根据所称硼砂的质量和滴定所用盐酸溶液的体积，可以求出盐酸溶液的准确浓度。

【仪器及试剂】

1. 仪器用具

吸量管（10mL）、烧杯、试剂瓶、酸式滴定管（50mL）、容量瓶（250mL）、移液管（20mL）、锥形瓶（250mL）等。

2. 试剂

0.1mol/L HCl 溶液、硼砂（分析纯）、甲基红指示剂（0.1%乙醇溶液）等。

【过程设计】

1. 配制 0.1mol/L 盐酸 250mL

用吸量管吸取计算所需体积的浓盐酸，注入事先盛有少量蒸馏水的烧杯中，稀释后转入 250mL 容量瓶中定容。将所配溶液转入洁净的试剂瓶中，用玻璃瓶塞塞住瓶口，摇匀，贴好标签，待标定。

2. 盐酸的标定

从称量瓶中用差减法准确称取纯净硼砂三份，每份质量约 0.3~0.4g（称至小数点后四位），置于锥形瓶中，加 20mL 蒸馏水使之溶解（可稍加热以加快溶解，但溶解后需冷却至室温），加入甲基红指示剂 2 滴，用待定的盐酸溶液滴定，至溶液颜色由黄色转变为橙色，30s 不褪色，即为滴定终点。记录所消耗盐酸的体积，平行滴定 3 次。同时做空白试验。

3. 根据试验结果计算 HCl 溶液浓度。

$$c_{HCl} = \frac{m \times 2000}{(V_1 - V_2) \times 381.37}$$

式中 m——硼砂的质量，g；

V_1——盐酸标准滴定溶液用量，mL；

V_2——空白试验中盐酸标准滴定溶液用量，mL。

【数据记录与结果处理】

表 4-15　　　　　　　　　盐酸标准溶液标定数据记录表

项目＼次数	1	2	3
硼砂称重初读数/g			
硼砂称重终读数/g			
硼砂质量/g			
消耗 HCl 终读数/mL			
消耗 HCl 初读数/mL			
消耗 HCl 体积/mL			
c_{HCl}/(mol/L)			
平均 c_{HCl}/(mol/L)			
相对平均偏差			

注：要求相对平均偏差≤0.2%。

【注意事项】

（1）称量硼砂时，必须采用减量法称量。

（2）接近终点时，滴定速度应减慢。

【参考学时】

2 学时。

【实训思考】

1. 为什么不能用直接法配制盐酸标准溶液？

2. 实训中所用锥形瓶是否需要烘干？加入蒸馏水的量是否需要准确？

实习实训6

氢氧化钠标准溶液的配制与标定

【实训目的】

1. 学会标准溶液的配制方法，掌握氢氧化钠标准溶液标定过程及原理。

2. 学会碱式滴定管的基本操作，掌握滴定过程及指示剂选择原则和变色原理。

3. 进一步熟悉分析天平、容量瓶、移液管、量筒等的操作。

【实训原理】

大多数物质的标准溶液不宜用直接法配制，可选用标定法。即先配成近似所需浓度的溶液，再用基准物质或已知准确浓度的标准溶液标定其准确浓度。NaOH 标准溶液在酸碱滴定中最常用，但 NaOH 固体易吸收空气中的 CO_2 和水蒸气，故只能选用标定法来配制。其浓度一般在 0.01~1mol/L 之间，通常配制 0.1mol/L 的溶液。

常用标定碱标准溶液的基准物质有邻苯二甲酸氢钾、草酸等。本实训选用邻苯二甲酸氢钾作基准物质，其反应：

邻苯二甲酸氢钾(COOH/COOK) + NaOH ⟶ 邻苯二甲酸钾钠(COONa/COOK) + H_2O

化学计量点时，计量点时由于弱酸盐的水解，溶液呈弱碱性（pH=9.20），可选用酚酞作指示剂。

【仪器及试剂】

1. 仪器用具

天平、烧杯、试剂瓶、碱式滴定管（50mL）、容量瓶（250mL）、移液管（25mL）、锥形瓶（250mL）等。

2. 试剂

NaOH（A.R.）、酚酞指示剂（0.2%乙醇溶液）、甲基橙指示剂（0.2%水溶液）、邻苯二甲酸氢钾（A.R.）等。

【过程设计】

1. 0.1mol/L NaOH 溶液的配制

用天平迅速称取 4g NaOH 固体于 100mL 小烧杯中，加约 30mL 去离子水（煮沸以除去其中的 CO_2）溶解，然后转移至试剂瓶中，用去离子水稀释至 1000mL，摇匀后，用橡皮塞塞紧。贴好标签，备用。

2. 氢氧化钠溶液的标定

用差减法准确称取 0.4~0.6g 已烘干的邻苯二甲酸氢钾三份，分别放入三个已编号的 250mL 锥形瓶中，加 20~30mL 水溶解（若不溶可稍加热，冷却后），加入 1~2 滴酚酞指示剂，用 0.1mol/L NaOH 溶液滴定至呈微红色，30s 不褪色，即为终点。记录所消耗氢氧化钠的体积，平行滴定 3 次。

3. 根据试验结果计算 NaOH 溶液浓度。

$$c_{NaOH} = \frac{m}{(V_1 - V_2) \times 0.2042}$$

式中　m——邻苯二甲酸氢钾的质量，g；

　　　V_1——氢氧化钠标准滴定溶液用量，mL；

　　　V_2——空白试验中氢氧化钠标准滴定溶液用量，mL；

　0.2042——与 1mmol 氢氧化钠标准滴定溶液相当的基准邻苯二甲酸氢钾的质量，g。

【数据记录与结果处理】

表 4-16　　　　　　　　氢氧化钠标准溶液标定数据记录表

项目＼次数	1	2	3
邻苯二甲酸氢钾称重初读数/g			
邻苯二甲酸氢钾称重终读数/g			
邻苯二甲酸氢钾质量/g			

续表

项目 \ 次数	1	2	3
消耗 NaOH 终读数/mL			
消耗 NaOH 初读数/mL			
消耗 NaOH 体积/mL			
c_{NaOH}/(mol/L)			
平均 c_{NaOH}/(mol/L)			
相对平均偏差			

注：要求相对平均偏差≤0.2%。

【注意事项】
（1）称量邻苯二甲酸氢钾时，必须采用减量法称量。
（2）整个过程滴定速度不能太慢。

【参考学时】
2学时。

【实训思考】
1. 与其他基准物质比较，邻苯二甲酸氢钾有什么优点？
2. 称取 NaOH 及邻苯二甲酸氢钾各用什么天平？为什么？
3. 标定 NaOH 溶液，邻苯二甲酸氢钾的质量是怎样计算得来的？

实习实训7

食醋总酸量的测定

【实训目的】
1. 学会酸度计的使用方法，能正确测定 pH。
2. 了解强碱滴定弱酸的反应原理及指示剂的选择。
3. 学会食醋中总酸度的测定方法。

【实训原理】
食醋中的主要成分是醋酸，此外还含有少量的其他弱酸如乳酸等，醋酸为有机弱酸（K_a = 1.8×10^{-5}），用 NaOH 标准溶液滴定，在化学计量点时溶液呈弱碱性，滴定突跃在碱性范围内，化学计量点时 pH 约为 8.7 选用酚酞作指示剂，可测出酸的总量。结果按醋酸计算。
反应式：
$$CH_3COOH + NaOH \longrightarrow CH_3COONa + H_2O$$

【仪器及试剂】
1. 仪器用具
50mL 碱式滴定管、25mL 移液管、250mL 容量瓶、250mL 锥形瓶等。

2. 试剂

0.1mol/L 氢氧化钠标准溶液、白醋（市售）、酚酞指示剂（0.2%乙醇溶液）等。

【过程设计】

（1）准确移取食用白醋 25.00mL 置于 250mL 容量瓶中，用蒸馏水稀释至刻度摇匀。用 25mL 移液管分别取 3 份上述溶液置于 250mL 锥形瓶中，加入 2～3 滴酚酞指示剂，用 NaOH 标准溶液滴定至呈微红色并保持 30s 不褪色，即为终点。计算每 100mL 食用白醋中含醋酸的质量。

（2）根据试验结果计算食醋总酸度。

$$c_{HAc} = \frac{c_{NaOH} V_{NaOH}}{V_{HAc}}$$

式中　c_{NaOH}——氢氧化钠标准溶液的浓度，mol/L；

　　　V_{NaOH}——消耗氢氧化钠标准溶液体积，mL；

　　　V_{HAc}——白醋体积，mL。

【数据记录与结果处理】

表 4-17　　　　　　　　　食用白醋含量的测定数据记录表

项目 \ 次数	1	2	3
V_{HAc}/mL		50.00	
c_{NaOH}/(mol/L)			
$V_{NaOH 始}$/mL			
$V_{NaOH 终}$/mL			
V_{NaOH}/mL			
c_{HAc}/(mol/L)			
c_{HAc}/(mol/L)			
相对平均偏差			

【注意事项】

（1）食醋必须稀释，不能直接滴定。

（2）稀释后，如果食醋呈浅黄色且浑浊时，终点颜色略暗。

【参考学时】

2 学时。

【实训思考】

1. 测定食用白醋含量时，为什么选用酚酞为指示剂？能否选用甲基橙或甲基红？
2. 强碱滴定弱酸与强碱滴定强酸相比，滴定过程中 pH 变化有哪些不同点？
3. 测定醋酸含量时，所用的蒸馏水不能有二氧化碳，为什么？

铵盐含氮量测定（甲醛法）

【实训目的】
1. 了解氮含量的测定原理，掌握间接滴定的原理。
2. 掌握铵盐含量的计算。
3. 进一步掌握天平、移液管的使用。

【实训原理】
常用的含氮化肥有 NH_4Cl、$(NH_4)_2SO_4$、NH_4NO_3、NH_4HCO_3 和尿素等，其中 NH_4Cl、$(NH_4)_2SO_4$ 和 NH_4NO_3 是强酸弱碱盐。由于 NH_4^+ 的酸性太弱（$K_a=5.6\times10^{-10}$），因此不能直接用 NaOH 标准溶液滴定，但用甲醛法可以间接测定其含量。尿素通过处理也可以用甲醛法测定其含氮量。甲醛与 NH_4^+ 作用，生成质子化的六次甲基四胺（$K_a=7.1\times10^{-6}$）和 H^+，其反应如下：

$$4NH_4^+ + 6HCHO = (CH_2)_6N_4H^+ + 3H^+ + 6H_2O$$

所生成的 H^+ 和 $(CH_2)_6N_4H^+$，以酚酞为指示剂，可用 NaOH 标准溶液滴定，其反应如下：

$$(CH_2)_6N_4H^+ + 3H^+ + 4OH^- = (CH_2)_6N_4 + 4H_2O$$

【仪器及试剂】
1. 仪器用具

分析天平、20mL 移液管、量筒、锥形瓶、碱式滴定管等。

2. 试剂

固体 NH_4NO_3、0.1mol/L 氢氧化钠标准溶液、酚酞指示剂（0.2%乙醇溶液）、甲醛等。

【过程设计】
（1）取原装甲醛（40%）的上层清液于烧杯中，用水稀释一倍，加入 1~2 滴 0.2%酚酞指示剂，用 0.1mol/L NaOH 溶液中和至甲醛溶液呈淡红色。

（2）准确称取硝酸铵样品 2.0~3.0g（若是硫酸铵，称样量应先估算），放入 100mL 烧杯中，加 30mL 水溶解。将溶液定量转移至 250mL 容量瓶中，用水稀释至刻度，摇匀。

（3）用移液管吸取上述试液 25.00mL 至锥形瓶中，加 1~2 滴甲基红指示剂，溶液呈红色，用 0.1mol/L NaOH 溶液中和至红色转为金黄色，此时消耗的氢氧化钠体积不计录，然后加 5mL 中性甲醛溶液，摇匀，放置 1min。在溶液中加 2 滴酚酞指示液，用 0.1mol/L NaOH 标准溶液滴定至溶液呈浅粉色 30s 不褪即为终点，平行测定三次，同时作空白，要求相对平均偏差不大于 0.5%。

（4）根据试验结果进行计算。

$$w(NH_4NO_3) = \frac{c(NaOH)[V(NaOH)-V(空白)]\times10^{-3}\times M(NH_4NO_3)}{m\times\frac{25}{250}}\times100\%$$

式中 $w(NH_4NO_3)$——NH_4NO_3 的质量分数，%；

$c(NaOH)$ ——NaOH 标准滴定溶液的浓度，mol/L；
$V(NaOH)$ ——滴定时消耗 NaOH 标准滴定溶液的体积，mL；
$V(空白)$ ——空白实验滴定时消耗 NaOH 标准滴定溶液的体积，mL；
$m(样品)$ ——试样的质量，g；
$M(NH_4NO_3)$ ——NH_4NO_3 的摩尔质量，g/mol。

【数据记录与结果处理】

表 4-18　　　　　　　　　　铵盐含氮含量测定记录表

项目＼次数	1	2	3
倾样前称量瓶+NH_4NO_3/g			
倾样后称量瓶+NH_4NO_3/g			
$M(NH_4NO_3)$/g			
$V(NaOH)$/mL			
$V(空白)$/mL			
$c(NaOH)$/(mol/L)			
$w(NH_4NO_3)$/%			
NH_4NO_3 的平均质量分数/%			
相对平均偏差			

【注意事项】
（1）甲醛法只适用于强酸铵盐中氮含量的测定。
（2）测定前，必须先去除甲醛中的游离酸。

【参考学时】
2 学时。

【实训思考】
1. 铵盐中氮的测定为何不采用 NaOH 直接滴定法？
2. 为什么中和甲醛试剂中的甲酸以酚酞作指示剂；而中和铵盐试样中的游离酸则以甲基红作指示剂？
3. NH_4NO_3、NH_4Cl 或 NH_4HCO_3 中的含氮量测定，能否用甲醛法？

实习实训9

果蔬中总酸度的测定

【实训目的】
1. 学会果蔬样品的预处理方法。
2. 掌握用酸碱滴定法测果蔬样品中总酸度的原理和方法。

3. 能规范记录数据并进行数据处理。

【实训原理】

根据酸碱中和原理，用碱标准溶液滴定试样液中的酸时，以酚酞为指示剂。当滴定至终点溶液呈浅红色，且30s不褪色时，根据滴定时消耗的标准NaOH溶液的体积，可算出试样中的总酸度。其反应如下：

$$HAc+NaOH \longrightarrow NaAc+H_2O$$

【仪器及试剂】

1. 仪器用具

碱式滴定管、锥形瓶、移液管、量筒、烧杯、容量瓶、胶头滴管、洗耳球、水浴锅、铁架台、电子天平、玻璃棒、小纸片、干燥的纱布等。

2. 试剂

0.1000mol/L NaOH标准溶液、酚酞指示剂、果蔬试样、无CO_2的蒸馏水等。

【过程设计】

1. 试样处理

取水果试样，需去皮、去柄、去核，切成块状，置于搅拌机中捣碎并混匀。准确移取25mL水果试样，加100mL无CO_2的蒸馏水，稀释定容为250mL溶液。然后倒入烧杯中在75~80℃水浴上加热30min。冷却后过滤，滤液倒入容量瓶中备用。

2. 滴定

准确吸取20mL滤液三份于250mL锥形瓶中，各加25mL水稀释。加1~2滴酚酞指示剂，用NaOH标准溶液滴定至终点，至粉红色30s不褪色。记录NaOH消耗量的体积，平行测定三次。

3. 根据试验结果进行计算

$$c_{NaOH} = m_{KHC_8H_4O_4} / (V_{NaOH} \times M_{KHC_8H_4O_4}) \times 1000$$

$$\rho_{HAc} = (c_{NaOH} \times V_{NaOH} \times M_{HAc} \times 10^{-3}) / (20.00/250.0 \times 25.00)$$

【数据记录与结果处理】

表4-19 水果总酸度测定数据记录表

项目 \ 次数	1	2	3
水果稀释液的体积/mL			
消耗NaOH的体积/mL			
ρ_{HAc}/(g/L)			
ρ_{HAc}/(g/L)			

【注意事项】

（1）注意碱式滴定滴定前要赶走气泡，滴定过程不要形成气泡。

（2）NaOH标准溶液滴定HAc，属于强碱滴定弱酸，CO_2的影响严重，注意除去所用碱标准溶液和蒸馏水中的CO_2。

【参考学时】

2学时。

【实训思考】

1. 本实训中为什么选用酚酞做指示剂？其选择原则是什么？根据选择原则选用其他指示剂可以吗？如果可以请举例说明。

2. 溶解基准物质时加入 20~30mL 水，是用量筒量取，还是用移液管移取？为什么？

项目小结

一、溶液的基本知识

1. 分散体系

就是将一种或几种物质分散到另一种物质中而形成的混合体系。通常将被分散的物质称为分散质，另一种容纳分散质的物质称为分散剂。通常按分散程度的不同把分散体系分成三类：粗分散体系（浊液），胶体分散体系（胶体）和分子分散体系（溶液）。

2. 溶液概念

是由一种或几种物质以分子或离子形式分散于另一种物质中形成的均一、稳定的混合物。其中，被溶解的物质是溶质，能溶解其他物质的物质是溶剂。

溶液可根据颜色分为有色溶液和无色溶液，根据酸碱性分为酸性溶液、中性溶液和碱性溶液，根据导电性分为电解质溶液和非电解质溶液，根据溶质含量分为浓溶液和稀溶液，根据溶解程度分为饱和溶液和不饱和溶液等。

二、溶液的浓度

1. 溶液的浓度

是指一定量的溶液里所含溶质的量。

2. 物质的量浓度

是指 1L 溶液中所含溶质物质的量来表示的浓度。具体计算公式：

$$C_B = \frac{n_B}{V}$$

物质的量、质量、微粒数目、气体体积、物质的量浓度它们之间的关系如图 4-10 所示：

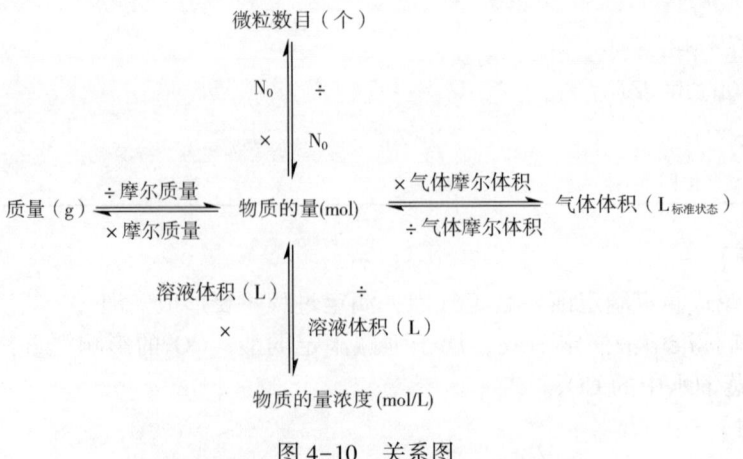

图 4-10　关系图

溶液浓度的配制一般分六个步骤：计算、称量（量取）、溶解、移液、定容、摇匀。

3. 质量分数、体积分数、摩尔分数

溶液的质量分数是指一定质量的溶液中所含溶质的质量。

表达式：
$$w_B = \frac{m_B}{m}$$

体积分数是指在同温同压下溶质 B 的体积 V_B 与溶液总的体积 V 的比值，用 ϕ_B 表示。

表达式：
$$\phi_B = \frac{V_B}{V}$$

摩尔分数是指溶液中溶质 B 的物质的量（n_B）与溶液物质的量（$n_A + n_B$）之比。用 x_B 表示。

表达式：
$$x_B = \frac{n_B}{n_A + n_B}$$

4. 质量摩尔浓度

质量摩尔浓度是指 1kg 溶剂中所含溶质的物质的量。

表达式：
$$b_B = \frac{n_B}{m_A} \quad b_B = \frac{1000 m_B}{m_A M_B}$$

5. 质量浓度

质量浓度是指单位体积的溶液中所含溶质的质量。

表达式：
$$\rho_B = \frac{m_B}{V}$$

三、电解质溶液

（1）电解质溶液　是指溶质溶解于溶剂后能够电离出离子的溶液。

（2）电解质和非电解质　电解质是指在水溶液里或熔融状态下能够导电的化合物；非电解质是指在水溶液里或熔融状态下不能导电的化合物。

（3）强电解质和弱电解质　在水溶液中完全电离的电解质称为强电解质，在水溶液中只有部分电离的电解质称为弱电解质。

四、水的电离和溶液的酸碱性

1. 水的电离：水分子与水分子之间相互作用较小，可发生微弱电离。

水的电离：
$$H_2O \rightleftharpoons H^+ + OH^-$$

在 25℃时，$c_{H^+} = c_{OH^-} = 1 \times 10^{-7}$ mol/L，水的标准离子积常数 K_w^θ 为 1×10^{-14}。水的标准离子积常数 K_w^θ 是计算水溶液中 c_{H^+} 和 c_{OH^-} 的重要依据。

2. 溶液的酸碱性：根据氢离子和氢氧根离子浓度的相对大小可判断溶液的酸碱性。

$c_{H^+} > c_{OH^-}$ 溶液呈酸性，c_{H^+} 越大，酸性越强；$c_{H^+} = c_{OH^-}$ 溶液呈中性；$c_{H^+} < c_{OH^-}$ 溶液呈碱性，c_{OH^-} 越大，碱性越强。

在浓度数值非常小时，常用溶液中氢离子浓度的负对数（pH）来表示溶液的酸碱性。

$$pH = -\lg c_{H^+}$$

如：在 25℃时，纯水中 $c_{H^+} = 10^{-7}$ mol/L，所以 pH = 7，此时溶液显中性。当溶液中 $c_{H^+} > 10^{-7}$ mol/L，pH < 7 时，溶液显酸性，且 pH 越小，溶液的酸性越强。当溶液中 $c_{H^+} < 10^{-7}$ mol/L，pH > 7 时，溶液显碱性，且 pH 越大，溶液的碱性越强。

目标检测

一、填空题

1. 溶液可根据酸碱性分为_____溶液、_____溶液和_____溶液，根据导电性分为_____溶液和_____溶液，根据溶解程度分为_____溶液和_____溶液。

2. 浓度是指一定量的溶液里所含_____的量，用1L溶液中所含溶质物质的量来表示的浓度叫_____浓度，单位为_____。

3. 在25℃时，当溶液中 $c_{H^+}>10^{-7}$ mol/L，pH _____ 7时，溶液显_____性，且pH越小，溶液的_____越强。当溶液中 $c_{H^+}<10^{-7}$ mol/L，pH _____ 7时，溶液显_____性，且pH越大，溶液的_____越强。

4. 25℃时，纯水的 $c_{H^+}=2.0×10^{-7}$ mol/L，则此时 $c_{OH^-}=$ _____，温度不变，向中滴入盐酸使 $c_{H^+}=2.0×10^{-2}$ mol/L，则溶液中 $c_{OH^-}=$ _____。

5. pH=2的某酸稀释100倍，pH _____ 4，pH=12的某碱稀释100倍，pH _____ 10。室温时，将pH=5的 H_2SO_4 溶液稀释10倍，$c_{H^+}:c_{SO_4^{2-}}=$ _____，将稀释后的溶液再稀释100倍，$c_{H^+}:c_{SO_4^{2-}}=$ _____。

二、判断题

1. 物质的量浓度与质量摩尔浓度的数值几乎相等。（ ）
2. 水的标准离子积常数 $K_w^\ominus$ 为 $1×10^{-14}$。（ ）
3. 水的标准离子积常数 $K_w^\ominus$ 是计算水溶液中 c_{H^+} 和 c_{OH^-} 的重要依据。（ ）
4. pH等于6，则溶质为弱酸。（ ）
5. pH相同的强酸与弱酸中，c_{H^+} 物质的量浓度相同。（ ）
6. pH相同的强酸与弱酸中，酸物质的量浓度相同。（ ）

三、选择题

1. 将50g 10%的硫酸溶液跟50g 20%的硫酸溶液混合后，溶液的浓度为（ ）。

A. 不变 B. 5%
C. 15% D. 30%

2. 在25℃时，下列溶液中碱性最强的是（ ）。

A. pH=11的溶液 B. $c_{OH^-}=0.12$ mol/L 的溶液
C. 1L溶液中含有4g NaOH的溶液 D. $c_{H^+}=1×10^{-10}$ mol/L 的溶液

3. 下列叙述正确的是（ ）

A. 在醋酸溶液的，pH=a 将此溶液稀释1倍后，溶液的pH=b，则 a>b。
B. 在滴有酚酞溶液的氨水里，加入 NH_4Cl 至溶液恰好无色，则此时溶液的pH<7。
C. $1.0×10^{-3}$ mol/L 盐酸的pH=3.0，$1.0×10^{-8}$ mol/L 盐酸的pH=8.0。
D. 1mL pH=1的盐酸与100mL NaOH溶液混合后 pH=7 则NaOH溶液的pH=11。

4. 在25℃时，某稀溶液的 $c_{H^+}=1×10^{-13}$ mol/L。下列有关该溶液的说法正确的是（ ）

A. 该溶液一定呈酸性。 B. 该溶液酸碱性不能判断。
C. 该溶液的pH为1。 D. 该溶液的pH为13。

5. 下列溶液一定呈中性的是（　　）。

A. pH=7 溶液

B. 由强酸、强碱等物质的量反应得到的溶液

C. $c_{H^+}=c_{OH^-}$ 的溶液

D. 非电解质溶于水得到的溶液

6. 下列溶液肯定呈酸性的是（　　）。

A. 含 H^+ 的溶液　　　　　　　　B. 能使酚酞显无色的溶液

C. pH<7 的溶液　　　　　　　　　D. $c_{OH^-}<c_{H^+}$ 的溶液

7. 常温下，某溶液中由水电离产生的 $c_{H^+}=1\times10^{-11}$ mol/L，则该溶液的 pH 可能是（　　）。

A. 4　　　　　　　　　　　　　　B. 7

C. 8　　　　　　　　　　　　　　D. 11

四、简答题

1. 缓冲溶液是如何发挥缓冲作用的？

2. 物质的量溶液配制步骤和使用的仪器。

五、计算题

1. 配制 1000mL 溶质质量分数为 10% 的稀硫酸，需要溶质质量分数为 98% 的浓硫酸多少毫升？（10% 的稀硫酸的密度为 1.07g/cm³，98% 的为 1.84g/cm³）？需要水多少克？

2. 将 100g 质量分数为 95.0% 的浓硫酸缓缓加入 400g 水中，配制成溶液，测得此溶液的密度为 1.13g/cm³，计算溶液的：①质量分数；②物质的量浓度；③质量摩尔浓度；④硫酸和水的摩尔分数。

3. 在 25℃时，pH=1 的盐酸溶液 1L 与 pH=4 的盐酸溶液 1000L 混合，混合后溶液的 pH 等于多少？

4. 在 25℃时，100mL 0.6mol/L 的盐酸与等体积 0.4mol/L 的 NaOH 溶液混合后，溶液的 pH 等于多少？

项目五
氧化还原平衡与氧化还原滴定

【知识目标】
1. 掌握氧化还原反应的概念和配平。
2. 掌握原电池的组成、原理、电极反应和电池符号。
3. 掌握能斯特方程和电极电势的应用。

【能力目标】
1. 能够应用电极电势判断原电池的正、负极；比较氧化剂、还原剂氧化还原能力的相对强弱；判断氧化还原反应进行的次序和方法。
2. 能够利用氧化还原平衡原理定量分析物质的含量。

任务一 | 氧化还原反应的基本概念

氧化还原反应是自然界普遍存在的一类化学反应，它不仅在工农业生产和日常生活中具有重要意义，而且对生命过程也具有重要作用。生物体内的许多反应都直接或间接地与氧化还原反应相关。

一、氧化数

氧化还原反应是物质间有电子转移（电子得失或共用电子对偏移）的反应。在氧化还原反应中，物质失去电子的反应是氧化反应，物质得到电子的反应是还原反应。这两个反应是相互依存、同时发生的，可见氧化还原反应的实质是反应物之间电子的得失。

许多氧化还原反应只是发生了电子偏移，为了更准确地描述和研究氧化还原反应，国际应用化学联合会于1970年提出了氧化数的概念，以氧化数来表示各元素在化合物中所处的化合状态。氧化数是指元素在形式上或外观上所带的电荷数。根据此定义，确定氧化数的规则如下。

（1）单质中元素的氧化数为零。如 H_2、O_2、Fe 等物质中元素的氧化数都为零。

(2) 氢在一般化合物中的氧化数为+1。如 H_2O、HCl 等物质中氢的氧化数为+1。但在金属氢化物（如 $LiAlH_4$）和硼氢化物（如 B_2H_6）中为-1。

(3) 氧的氧化数一般为 2，但在过氧化物（如 H_2O_2）中为-1，在超氧化物中（如 NaO_2）中为 $\frac{1}{2}$。

(4) 氟的氧化数皆为-1，碱金属的氧化数皆为+1，碱土金属的氧化数皆为+2。

(5) 简单离子的氧化数等于离子的电荷。如 Ca^{2+} 中钙的氧化数为+2。

(6) 在共价化合物中，共用电子对偏向于电负性大的元素的原子，原子的"形式电荷数"即为它们的氧化数，如 HCl 中的 H 的氧化数为+1，Cl 的氧化数为-1。

(7) 分子或离子的总电荷数等于各元素氧化数的代数和。分子的总电荷数等于零。

二、氧化还原电对及氧化还原半反应

1. 氧化和还原

凡是物质的氧化数有变化的反应，就称为氧化还原反应，元素氧化数升高的变化称为氧化，氧化数降低的变化称为还原。

2. 氧化剂和还原剂

在氧化还原反应中，如果组成某物质的原子或离子氧化数升高，此物质为还原剂。还原剂使另一物质还原，其本身在反应中被氧化，它的反应产物称为氧化产物；反之，如果组成某物质的原子或离子氧化数降低，为氧化剂。氧化剂使另一物质氧化，其本身在反应中被还原。它的反应产物称为还原产物。

3. 氧化还原电对与半反应

氧化和还原过程是同时进行的，所以典型的氧化还原反应可由一个氧化反应和一个还原反应组成。例如反应

$$Zn + Cu^{2+} \rightleftharpoons Zn^{2+} + Cu$$

是由 Zn 失去 2 个电子成为 Zn^{2+} 的氧化反应和 Cu^{2+} 得 2 个电子成为 Cu 的还原反应组成，上述反应可分别表示为

$$Zn - 2e^- \rightleftharpoons Zn^{2+} \text{氧化反应}$$
$$Cu^{2+} + 2e^- \rightleftharpoons Cu \text{还原反应}$$

将这两个反应合并消去电子则可成为总的氧化还原反应。这里我们把上述的氧化反应或还原反应称为氧化还原反应的半反应。

半反应中氧化数较高的物质称为氧化态（如 Zn^{2+}）；氧化数较低的物质称为还原态（如 Zn）。半反应中的氧化态和还原态是彼此依存、相互转化的，这种共轭的氧化还原体系称为氧化还原电对，电对用"氧化态/还原态"表示，如 Cu^{2+}/Cu。半反应可用通式表示：

$$\text{氧化型} + ne^- \longrightarrow \text{还原型}$$

三、氧化还原反应方程式的配平

配平氧化还原反应式要遵循两项守恒原则：即反应前后原子数目守恒、电荷数守恒。配平氧化还原反应式常用的方法有氧化数法和离子—电子法两种。

1. 氧化数法

根据氧化还原反应中元素氧化数的改变，按照氧化数增加数与氧化数降低数必须相等的原则来确定氧化剂和还原剂分子式前面的系数，再根据质量守恒定律配平非氧化还原部分的原子数目。

如配平硫化亚铜与硝酸反应的化学方程式，具体步骤为：

（1）写出未配平的反应式，并将有变化的氧化数注明在相应的元素符号上方。

$$\overset{+1\ -2}{Cu_2S} + \overset{+5}{HNO_3} \longrightarrow \overset{+2}{Cu}(NO_3)_2 + H_2\overset{+6}{S}O_4 + \overset{+2}{N}O\uparrow$$

（2）按最小公倍数的原则，即氧化剂氧化数降低总和等于还原剂氧化数升高总和，在氧化剂和还原剂分子式乘以适当的系数，使二者绝对值相等。

氧化数升高数：　　Cu　2×[（+2）-（+1）] = +2 ｜ ×3 = 30
　　　　　　　　　　S　　（+6）-（-2） = +8

氧化数降低数：　　N　　（+2）-（+5） = -3

（3）将系数分别写入还原剂和氧化剂的化学式中，并配平氧化数有变化的元素原子个数：

$$3\overset{+1\ -2}{Cu_2S} + 10H\overset{+5}{N}O_3 \longrightarrow 6\overset{+2}{Cu}(NO_3)_2 + 3H_2\overset{+6}{S}O_4 + 10\overset{+2}{N}O\uparrow$$

（4）配平其他元素的原子数，必要时可加上适当数目的酸、碱及水分子。上式右边有12个未被还原的NO_3^-，所以左边要增加12个HNO_3，即：

$$3\overset{+1\ -2}{Cu_2S} + 22H\overset{+5}{N}O_3 \longrightarrow 6\overset{+2}{Cu}(NO_3)_2 + 3H_2\overset{+6}{S}O_4 + 10\overset{+2}{N}O\uparrow$$

（5）再检查氢和氧原子数，显然在反应式右边应配上8个H_2O，两边各元素的原子数目相等后，把箭头改为等号。即：

$$3\overset{+1\ -2}{Cu_2S} + 22H\overset{+5}{N}O_3 = 6\overset{+2}{Cu}(NO_3)_2 + 3H_2\overset{+6}{S}O_4 + 10\overset{+2}{N}O\uparrow + 8H_2O$$

2. 离子-电子法

此法是根据在氧化还原反应中，氧化剂和还原剂得失电子总数相等的原则来配平的（适用于配平水溶液中的反应）。

配平原则：

①氧化剂与还原剂得失电子总数必定相等；

②反应前后每种元素的原子个数必须相等。

如用离子-电子法配平高锰酸钾和亚硫酸钾在稀硫酸中的反应：

$$KMnO_4 + K_2SO_3 + H_2SO_4 \overset{H^+}{\longrightarrow} MnSO_4 + K_2SO_4 + H_2O$$

步骤

（1）将化学反应式改写成离子反应：

$$MnO_4^- + SO_3^{2-} + SO_4^{2-} \longrightarrow Mn^{2+} + SO_4^{2-} + H_2O$$

（2）将离子反应分解为两个半反应：

还原半反应　　$MnO_4^- \longrightarrow Mn^{2+}$

氧化半反应　　$SO_3^{2-} \longrightarrow SO_4^{2-}$

（3）配平半反应　首先配平原子数，然后再加上适当电子数配平电荷数。

$$MnO_4^- + 8H^+ + 5e^- \longrightarrow Mn^{2+} + 4H_2O$$

$$SO_3^{2-} + H_2O - 2e^- \longrightarrow SO_4^{2-} + 2H^+$$

（4）找出得失电子数的最小公倍数，将半反应各项分别乘以相应系数，使得失电子数相等，然后两式相加，整理即得配平的离子反应方程式

$$MnO_4^- + 8H^+ + 5e^- \longrightarrow Mn^{2+} + 4H_2O \quad \times 2$$
$$SO_3^{2-} + H_2O - 2e^- \longrightarrow SO_4^{2-} + 2H^+ \quad \times 5$$

（5）加上未参与氧化还原反应的离子，改写成分子方程式，核对两边各元素原子数相等，完成方程式配平。

$$2KMnO_4 + 5K_2SO_3 + 3H_2SO_4 =\!=\!= 2MnSO_4 + 6K_2SO_4 + 3H_2O$$

在半反应方程式中，如果反应物和生成物内所含的氧原子数目不同，可以根据介质的酸碱性，分别在半反应方程式中加 H^+ 或 OH^- 或 H_2O，并利用水的解离平衡使方程式两边的氧原子数相等。不同介质条件下配平氧原子的经验规则见表 5-1。

表 5-1　　　　　　　　　　配平氧原子的经验规则

介质条件	比较反应方程式两边氧原子数	配平时左边应加入物质	生成物
酸性	①左边 O 多	H^+	H_2O
	②左边 O 少	H_2O	H^+
碱性	①左边 O 多	H_2O	OH^-
	②左边 O 少	OH^-	H_2O
中性（或弱碱性）	①左边 O 多	H_2O	OH^-
	②左边 O 少	H_2O（中性）	H^+
		OH^-（弱碱性）	H_2O

注：此表引自叶芬霞主编的《无机及分析化学》，高等教育出版社。

任务二｜原电池和电极电势

一、原电池的组成及电极反应

1. 原电池的组成

当把锌片插入 $CuSO_4$ 溶液后，可以看到锌逐渐溶解，同时在锌片上不断有红色的铜沉积，且 $CuSO_4$ 溶液的蓝色逐渐变浅。这是由于发生了如下的氧化-还原反应

$$Zn + Cu^{2+} \rightleftharpoons Zn^{2+} + Cu$$

由于锌片与 $CuSO_4$ 溶液接触，电子从 Zn 直接转移给 Cu^{2+}，电子的转移是无秩序的，反应放出的化学能转变成热能。随着反应的进行，溶液的温度慢慢升高。

如采用如图 5-1 所示的装置，就可证实在此反应中确有电子的转移：在一个烧杯中放入 $ZnSO_4$ 溶液并插入锌片；在另一个烧杯中放入 $CuSO_4$ 溶液并插入铜片，两个烧杯中的溶液用盐桥（一个倒置的 U 形管，管内装满用饱和 KCl 溶液和 3% 琼脂做成的凝胶）连接起来，再用导线连接锌片和铜片，在导线之间串一检流计。此时可见检流计的指针发生偏转，这说明反应中确有电子的转移，这种借助于氧化还原反应而产生电流的装置，也就是将化学能转变为电能的装置称为原电池。

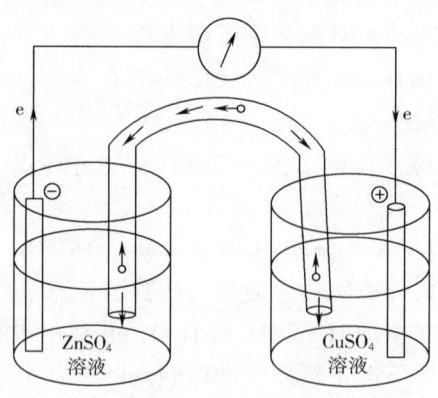

图 5-1　铜锌原电池

由检流计指针偏转方向可知，电子从锌极流向铜极，亦即电流由正极（电子流入的电极）流向负极（电子流出的电极）。

在两极发生的反应（电极反应或半电池反应）：

$$负极（Zn）\quad Zn-2e^- \rightleftharpoons Zn^{2+} \text{氧化反应}$$
$$正极（Cu）\quad Cu^{2+}+2e^- \rightleftharpoons Cu \text{ 还原反应}$$
$$电池反应\quad Zn+Cu^{2+} \rightleftharpoons Zn^{2+}+Cu$$

每一种原电池都是由两个"半电池"所组成。例如 Cu-Zn 原电池就是由 Zn 和 $ZnSO_4$ 溶液、Cu 和 $CuSO_4$ 溶液所构成的两个"半电池"所组成。每个半电池含有同一元素不同氧化数的两种物质，其中高氧化数的物质称为氧化型物质，如 Cu-Zn 原电池中锌半电池的 Zn^{2+} 和铜半电池的 Cu^{2+}；低氧化数的称为还原型物质，如锌半电池的 Zn 和铜半电池的 Cu。同一种元素的氧化型物质和还原型物质构成氧化还原电对，如 Zn^{2+}/Zn、Cu^{2+}/Cu。非金属单质及其相应的离子，也可以构成氧化还原电对。

2. 原电池的表示及书写规定

（1）原电池的表示　为了应用方便，通常用电池符号来表示一个原电池的组成，如铜锌原电池可表示：

$$(-)Zn\,|\,ZnSO_4(C_1)\,\|\,CuSO_4(C_2)\,|\,Cu(+)$$

（2）电池符号书写有如下规定

①一般把负极写在左边，正极写在右边。

②用"｜"表示界面，"‖"表示盐桥。

③要注明物质的状态，气体要注明其分压，溶液要注明其浓度。如不注明，一般指 1mol/L 或 101.33kPa。

④某些电极反应没有导电材料，需插入惰性电极，如 Fe^{3+}/Fe^{2+}、O_2/H_2O 等，通常用铂作惰性电极。惰性电极在电池符号中也要表示出来。

二、电极电势

构成原电池的两个电极的电势是不相等的，则电极的电势的产生原理如下。

如果把金属放入其盐溶液中，则金属与其盐溶液之间产生了电势差，电势差可用来衡量金属的阳离子获得电子能力的大小。由于金属晶体是由金属原子、金属离子和自由电子所组成，因此如果把金属放在其盐溶液中，与电解质在水中的溶解过程相似，在金属与其盐溶液的接触面上就会发生两个不同的过程：一个是金属表面的阳离子受极性水分子的吸引而进入溶液的过程；另一个是溶液中的水合金属离子在金属表面，受到自由电子的吸引而重新沉积在金属表面的过程。当两种方向相反的过程进行到速率相等时，即达到动态平衡。

$$M(s) \longrightarrow M^{n+}(aq) + ne^-$$

不难理解，如果金属越活泼或溶液中金属离子浓度越小，金属溶解的趋势就越大于溶液中金属离子沉积到金属表面的趋势，达平衡时金属表面因聚集了金属溶解时留下的自由电子而带负电荷，溶液则因金属离子进入溶液而带正电荷，这样由正、负电荷相互吸引的结果，在金属与其盐溶液的接触面处就建立起由带负电荷的电子和带正电荷的金属离子所构成的双电层。

上述情况的结果，都是在金属与其盐溶液的界面形成双电层，如图 5-2 所示，这样金属与其盐溶液之间就产生了电势差。这种金属与其盐溶液之间的电势差称为电极电势，可用符号 E 表示，电极电势单位为 V。

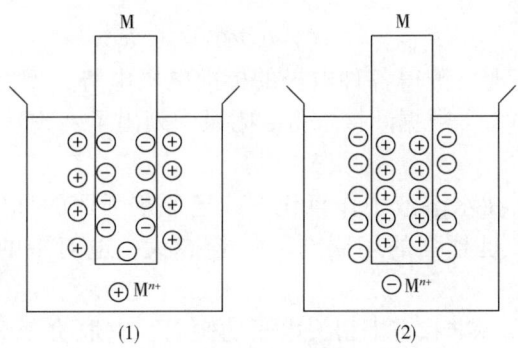

图 5-2 双电层示意图

电极电势的大小，主要取决于构成电极的物质的本性。就金属电极而言，金属越活泼，离解成离子的趋势就越大、达到平衡时电极电势就越低，反之电极电势就越高。因此，电极电势可用来衡量金属在水溶液中失去电子能力的大小，即其还原能力的大小。另外，电极电势还与温度、离子活度、介质等因素有关。

标准电极电势和影响电极电势的因素

（1）标准氢电极　迄今为止，人们还无法测定出电极电势的绝对值，只能测出其相对值。要测定各电极电势的相对值，就必须选用一个能用的参比电极，通常选用的参比电极为标准氢电极，如图 5-3 所示。

所谓标准氢电极，就是将铂片表面镀上一层蓬松

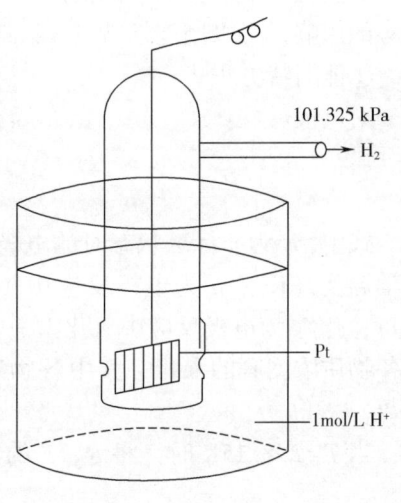

图 5-3 标准氢电极

多孔的铂黑，放入 H^+ 活度为 1mol/L 的酸溶液中，在 298.15K 时不断地通入压力为 101.325kPa 的纯氢气流，使铂黑吸附的氢气达到饱和，并使溶液也被 H_2 所饱和。这时，被铂黑吸附的 H_2 和溶液中的 H^+ 建立起了平衡：

$$2H^+ + 2e^- \rightleftharpoons H_2$$

被 101.325kPa 氢气饱和的铂片和 H^+ 活度为 1mol/L 的酸溶液之间所产生的电势差，就是标准氢电极的标准电极电势，规定为零。即 $E^\theta(H^+/H_2) = 0.000V$。有了这一规定，其他电极的标准电极电势就可以测定了。

（2）标准电极电势的测定　电极处于标准状态时的电极电势称为标准电极电势，用符号 E^θ 表示。电极的标准状态是指组成电极的离子浓度（严格说为活度）为 1mol/L，气体分压为 101.33kPa，温度通常为 298.15K，液体或固体为纯净状态。可见标准电极电势仅取决于电极的本性。测定某电极的标准电极电势时，可在标准状态下将待测电极与标准氢电极组成原电池，通过测量原电池的电动势来求得。

例如，将标准锌电极与标准氢电极组成原电池，测其电动势 $E^\theta = 0.760V$。由电流的方向可知，锌电极为负极，标准氢电极为正极

由

$$\varepsilon = E^\theta_{(+)} - E^\theta_{(-)}$$

得

$$E^\theta_{Zn^{2+}/Zn} = 0.00V - 0.760V = -0.760V$$

运用同样办法，理论上可测得各种电极的标准电极电势，但有些电极与水剧烈反应，不能直接测得，可通过热力学数据间接求得。附录中列出了一些常用电极在 298.15K 时的标准电极电势。

标准电极电势是物质在水溶液中作氧化剂或还原剂强弱的标度。E^θ 值越小，电对中的还原态越易失去电子，是越强的还原剂。E^θ 值越大，电对中的氧化态越易获得电子，是越强的氧化剂。

E^θ 值反映的是电对在标准状态下得失电子的倾向，它取决于电极反应中物质的本质，而与反应式中的化学计量数无关。

（3）能斯特方程式及电极电势的影响因素　电极电势的大小，不但决定于电极的本性，而且也与溶液中离子的活度、气体的压力、介质和温度等因素有关。这些因素对电极电势的影响，可以用能斯特（Nernst）方程来表示。

①能斯特方程式

对电极反应：　　　　　a 氧化型 $+ ne^- \longrightarrow b$ 还原型

$$E = E^\theta + \frac{RT}{nF} \ln \frac{c^a_{氧化型}}{c^b_{还原型}}$$

式中，E 为非标准状态时的电极电势（V）；R 为气体常数（8.314J/mol·K）；T 为热力学温度（K）；n 为电极反应中转移的电子数；F 为法拉第（Faraday）常数（96487C/mol）；$c^a_{氧化型}$ 为电极反应中氧化型一方各物质浓度幂的乘积，$c^b_{还原型}$ 为电极反应中还原型一方各物质浓度幂的乘积，其中各物质浓度的指数等于电极反应式中相应各物质的化学计量数。

当 $T = 298.15K$ 时，将 R、F 的数值代入能斯特方程式，可得

$$E = E^\theta + \frac{0.059}{n} \lg \frac{c^a_{氧化型}}{c^b_{还原型}}$$

应用能斯持方程式应注意以下几点：

a. 如果电对中某一物质是固体、纯液体或水溶液中的 H_2O，它们的浓度为常数，不写入能斯特方程式中。

b. 如果反应有气体参加，应将气体的分压与标准压力（101.33kPa）的比值代入能斯特方程式中。

②电极电势的影响因素

a. 酸度对电极电势的影响：对于有 H^+ 或 OH^- 参加的反应，溶液酸度的改变，也会使电极电势发生变化，甚至在有的电极反应中酸度会成为控制电极电势的决定因素。

例题 5-1 已知 $Cr_2O_7^{2-}+14H^++6e^- \rightleftharpoons 2Cr^{3+}+7H_2O$，$E^\theta=1.33V$，$c_{Cr_2O_7^{2-}}=c_{Cr^{3+}}=1mol/L$，求 $c_{H^+}=1mol/L$ 和 $c_{H^+}=0.001mol/L$ 时的 $E_{Cr_2O_7^{2-}/Cr^{3+}}$ 值。

解：当 $c_{H^+}=1mol/L$ 时，

$$E_{Cr_2O_7^{2-}/Cr^{3+}}=E^\theta_{Cr_2O_7^{2-}}+\frac{0.059}{6}\lg\frac{c_{Cr_2O_7^{2-}}\cdot c_{(H^+)}^{14}}{c_{(Cr^{3+})}^2}$$

$$=1.33+\frac{0.059}{6}\lg\frac{1\times1^{14}}{1^2}=1.33（V）$$

当 $c_{H^+}=0.001mol/L$ 时，

$$E_{Cr_2O_7^{2-}/Cr^{3+}}=E^\theta_{Cr_2O_7^{2-}}+\frac{0.059}{6}\lg\frac{c_{Cr_2O_7^{2-}}\cdot c_{(H^+)}^{14}}{c_{(Cr^{3+})}^2}$$

$$=1.33+\frac{0.059}{6}\lg\frac{1\times0.001^{14}}{1^2}=0.92（V）$$

计算结果表明，当 c_{H^+} 从 1mol/L 降到 0.001mol/L 时，该电对的标准电极减小了 0.41V。酸度的减小，使 $Cr_2O_7^{2-}$ 的氧化能力大大降低。这就是说，在强酸性溶液中重铬酸钾能氧化的某些物质，在弱酸性溶液中就不一定能氧化了。这也是许多氧化还原反应要在一定的酸度条件下才能进行的原因。

b. 浓度对电极电势的影响：由能斯特方程式可知，物质的浓度会影响电极电势的大小。对指定的电极来说，氧化型物质的浓度越大，则电极电势值越大。相反，还原型物质的浓度越大，则电极电势值越小。

例题 5-2 $Fe^{3+}+e^- \rightleftharpoons Fe^{2+}$，$E^\theta_{Fe^{3+}/Fe^{2+}}=0.771V$，求当 $c_{Fe^{3+}}=1mol/L$，$c_{Fe^{2+}}=0.001mol/L$ 时，$E_{Fe^{3+}/Fe^{2+}}$ 的值。

解：

$$E_{Fe^{3+}/Fe^{2+}}=E^\theta_{Fe^{3+}/Fe^{2+}}+\frac{0.0592}{1}\lg\frac{c_{Fe^{3+}}}{c_{Fe^{2+}}}$$

$$=0.771+\frac{0.0592}{1}\lg\frac{1}{0.001}$$

$$=0.949（V）$$

三、电极电势的应用

标准电极电势是化学中重要的数据之一。它可以将物质在水溶液中进行的氧化还原反应系统化。本节将从以下几个方面说明电极电势的应用。

用电极电势比较氧化剂和还原剂的相对强弱

（1）根据电极电势表中 E^θ 值的大小，可以判断氧化剂和还原剂的相对强弱。

例题 5-3 根据标准电极电势，在下列电对中找出最强的氧化剂和最强的还原剂，并列出各氧化型物质的氧化能力和各还原型物质的还原能力强弱的次序。

$$MnO_4^-/Mn^{2+},\ Fe^{3+}/Fe^{2+},\ I_2/I^-$$

解：由附录中查出各电对的标准电极电势为

$$E^\theta_{Cr_2O_7^{2-}/Cr^{3+}} = 1.33V$$

$$E^\theta_{Fe^{3+}/Fe^{2+}} = 0.77V$$

$$E^\theta_{I_2/I^-} = 0.54V$$

由 E^θ 值大小可知：

氧化型物质氧化能力强弱次序：

$$Cr_2O_7^{2-} > Fe^{3+} > I_2$$

还原型物质还原能力强弱次序：

$$I^- > Fe^{2+} > Cr^{3+}$$

上例是利用标准电极电势判断。如果已有具体条件，可根据条件电极电势进行分析。

（2）用电极电势判断氧化还原反应进行的方向

根据电极电势的大小，可以预测氧化还原反应进行的方向。

例题 5-4 $Pb^{2+}+Sn \rightleftharpoons Pb+Sn^{2+}$，当：

① $c_{Sn^{2+}} = c_{Pb^{2+}} = 1mol/L$；

② $c_{Sn^{2+}} = 1mol/L$，$c_{Pb^{2+}} = 0.1mol/L$

判断该反应进行的方向。

解：①由于各离子活度均为 1mol/L 故可用其两个电极的标准电极电势判断反应方向。

$$E^\theta（负极）= E^\theta_{(Sn^{2+}/Sn)} = -0.136V$$

$$E^\theta（正极）= E^\theta_{(Pb^{2+}/Pb)} = -0.123V$$

$$E^\theta（正极）> E^\theta（负极）$$

故该反应能自发正向进行。

②由于 $C_{Pb^{2+}} = 0.1mol/L$，且两个电极的标准电极电势相差很小，故需求出 E 值予以判断。

$$E_{(Pb^{2+}/Pb)} = E^\theta_{(Pb^{2+}/Pb)} + \frac{0.059}{2}C_{Pb^{2+}}$$

$$= 0.126 + \frac{0.059}{2}lg\ 10^{-1} = -0.156（V）$$

$$E（正极）= E_{(Pb^{2+}/Pb)} = -0.156V$$

$$E（负极）= E_{(Sn^{2+}/Sn)} = -0.136V$$

即 E（正极）$< E$（负极），故该反应能逆向自发进行。

由上例可以看出，当两个电极的标准电极电势相差不大时，各物质的浓度对反应方向起决定作用。这时就可以人为地控制反应条件，使反应向着我们所需要的方向进行。

（3）用电极电势判断氧化还原反应进行的程度

任意一个化学反应完成的程度可以用平衡常数来衡量。氧化还原反应的平衡常数可以通过两个电对的标准电极电势求得。

例题 5-4　计算 Sn-Pb 原电池反应的平衡常数

解：
$$Sn + Pb^{2+} \rightleftharpoons Sn^{2+} + Pb$$

达到平衡时：
$$K = \frac{c_{Sn^{2+}}}{c_{Pb^{2+}}}$$

$$E_{(Pb^{2+}/Pb)} = E^{\theta}_{(Pb^{2+}/Pb)} + \frac{0.059}{2} \lg c_{Pb^{2+}}$$

$$E_{(Sn^{2+}/Sn)} = E^{\theta}_{(Sn^{2+}/Sn)} + \frac{0.059}{2} \lg c_{Sn^{2+}}$$

平衡时：
$$E_{(Pb^{2+}/Pb)} = E_{(Sn^{2+}/Sn)}$$

即：
$$E^{\theta}_{(Pb^{2+}/Pb)} + \frac{0.059}{2} \lg c_{Pb^{2+}} = E^{\theta}_{(Sn^{2+}/Sn)} + \frac{0.059}{2} \lg c_{Sn^{2+}}$$

$$\lg \frac{c_{Sn^{2+}}}{c_{Pb^{2+}}} = \frac{2 \left[E^{\theta}_{(Pb^{2+}/Pb)} - E^{\theta}_{(Sn^{2+}/Sn)} \right]}{0.059} = \frac{2 \left[-0.126 - (-0.136) \right]}{0.059} = 0.34$$

即
$$\lg K = 0.34 \quad K = 2.2$$

这表明金属锡与铅盐溶液的反应，进行到 Sn^{2+} 浓度是 Pb^{2+} 浓度的 2.2 倍时，就已达到了平衡，显然这一反应进行的很不完全。

推广到一般情况，298.15K 时，任意氧化还原反应的平衡常数和对应电对的 E^{θ} 值的关系可写成如下通式

$$\lg K^{\theta} = \frac{n\Delta E^{\theta}}{0.0592}$$

氧化还原反应平衡常数 K^{θ} 值的大小是直接由氧化剂和还原剂两电对的标准电极电势差决定的。电势差愈大，反应也愈完全。

以上讨论说明由电极电势可以判断氧化还原反应进行的方向和程度。但需指出，由电极电势的大小不能判断反应速率的快慢。一般来说，氧化还原反应的速率比中和反应和沉淀反应的速率要小一些，特别是结构复杂的含氧酸盐参加的反应更是如此。有的氧化还原反应，两个电对的电极电势差足够大，反应似乎应该进行得很完全，但由于速率很小，几乎观察不到反应的发生。例如，在酸性 $KMnO_4$ 溶液中，加纯锌粉，虽然电池反应的标准电极电势差为 2.27V，但 $KMnO_4$ 的紫色却不容易褪掉。这是由于该反应速率非常慢。

任务三 ｜ 氧化还原滴定法

氧化还原滴定法是以氧化还原反应为基础的滴定分析法，也是应用较广泛的一种滴定分析法，能用于测定具有氧化性或还原性的物质，对于某些不具有氧化性或还原性的物质，也可以进行间接测定。例如，可以把 Ca^{2+} 转化为 CaC_2O_4 的形式，然后用 $KMnO_4$ 标准溶液测定 $C_2O_4^{2-}$，从而间接算出 Ca^{2+} 的含量。

氧化还原反应是电子转移的反应，反应比较复杂，有些反应往往是分步进行的，需要一定时间才能完成。氧化还原反应除了主反应外，常常伴有副反应，反应条件不同时也可能生成不同的产物。因此，在应用氧化反应进行滴定时，应特别注意使滴定速度与反应速度相适应，严格控制反应条件，使它符合滴定分析的基本要求。

在氧化还原滴定中一般应满足下列要求。

（1）滴定剂和被测物质电对的电极电位要有一定差值（≥0.4V），反应才能定量地进行完全。所以分析中常用强氧化剂和强还原剂做滴定剂。

（2）滴定反应能够较快地完成。有时可通过加热或加催化剂的方法完成这一过程。

（3）有适当的方法确定化学计量点。

一、氧化还原滴定法的分类

根据所选用的氧化剂或还原剂的不同，氧化还原滴定法主要分为高锰酸钾法、重铬酸钾法和碘量法。

1. 高锰酸钾法

高锰酸钾法是用高锰酸钾作为标准溶液的滴定分析法，有如下反应：

$$MnO_4^- + 8H^+ + 5e \Longleftrightarrow Mn^{2+} + 4H_2O \quad E^\theta = 1.51V$$

$KMnO_4$ 在强酸性溶液中 E^θ 较高，氧化能力强，它的还原产物为无色的 Mn^{2+}，滴定终点容易观察，无需另加指示剂，利用高锰酸钾自身的颜色便可指示滴定终点。如果在微酸、中性或弱碱性溶液中反应，则反应产物较为复杂，有时会生成褐色水合二氧化锰（$MnO_2 \cdot H_2O$）沉淀，溶液变浑，不利于终点的观察。通常选用 H_2SO_4 溶液对被测溶液进行酸化。使酸的浓度达到 1mol/L。HCl 中的 Cl^- 具有还原性，HNO_3 具有氧化性，会干扰滴定反应，故不能选用。所以，在高锰酸钾法的滴定中，需在强酸性溶液中完成滴定是必须要控制的重要条件。

高锰酸钾法的优点：自身可做指示剂。$KMnO_4$ 溶液呈深紫色。在强酸性溶液中被还原成无色 Mn^{2+}，颜色变化明显，因此一般不需另加指示剂，标准溶液自身就可指示滴定终点。应用广泛。$KMnO_4$ 氧化能力强。可以与许多还原性物质发生反应，是应用较广的氧化还原滴定法。

高锰酸钾法的缺点：不能用直接法配制标准溶液。高锰酸钾性质不够稳定，配制中会由于水中微量的有机物，空气中的尘埃、氨等还原性物质作用析出 $MnO(OH)_2$ 沉淀，还能自行分解。一般不易获得纯品，故不能用直接法配制其标准溶液。$KMnO_4$ 还原为 Mn^{2+} 的反应，在常温下进行较慢。因此，在滴定较难氧化的物质如 $Na_2C_2O_4$ 等时，常需加热。亚铁盐、H_2O_2 等虽不需加热，但开始滴定时速度也不宜过快，选择性差。由于高锰酸钾的氧化能力强，使被测液中的其他物质也会参与反应易发生副反应。

高锰酸钾标准溶液经常与 $Na_2C_2O_4$ 一起作用，用 $Na_2C_2O_4$ 进行标定。滴定时的条件，如温度、酸度、滴定速度等方面均需注意，使用高锰酸钾法应认真注意操作要求。

2. 重铬酸钾法

重铬酸钾法是以 $K_2Cr_2O_7$ 为标准溶液的氧化还原滴定法。重铬酸钾也是一种常用的强氧化剂，但氧化能力弱于高锰酸钾，在酸性溶液中，其反应：

$$Cr_2O_7^{2-} + 14H^+ + 6e \Longleftrightarrow 2Cr^{3+} + 7H_2O \quad E^\theta = 1.036V$$

重铬酸钾法的优点：$K_2Cr_2O_7$ 易获得 99.99% 以上的纯品。标准溶液可直接配制（在 140~150℃ 干燥后），不需再进行标定。配制好的 $K_2Cr_2O_7$ 标准溶液非常稳定，在密闭容器中可长期保存。有良好的滴定选择性。在酸性溶液中能迅速与还原性物质进行定量反应，其他分组无显著干扰。同时重铬酸钾法可用 H_2SO_4、HCl 对溶液进行酸化。

重铬酸钾法的缺点：$K_2Cr_2O_7$ 的氧化性不如 $KMnO_4$ 强。因此，应用范围较窄。由于橙

色的 $Cr_2O_7^{2-}$ 在反应中被还原成绿色的 Cr^{3+}，颜色变化不易观察，故不能根据本身的颜色变化指示滴定终点，需另加指示剂，如二苯胺磺酸钠、邻菲罗啉等。

重铬酸钾主要用于测定铁的含量。另外通过 $Cr_2O_7^{2-}$ 和 Fe^{2+} 的反应，还可以测定其他氧化性或还原性物质，例如土壤中有机质的测定等。

3. 碘量法

碘量法是以 I_2 的氧化性和 I^- 的还原性为基础的定量分析法。I_2 是一种较弱的氧化剂，能与较强的还原剂作用；而 I^- 是中等强度的还原剂，能与许多氧化剂作用。碘量法的基本反应：

$$I_2 + 2e^- = 2I^- \quad E^\theta = 0.54V$$

碘量法又分为直接碘量法和间接碘量法两种。

（1）直接碘量法（又称碘滴定法） 可以直接用碘标准溶液滴定 S^{2-}、SO_3^{2-}、AsO_3^{3-}、Sn^{2+}、$S_2O_3^{2+}$ 等还原性较强的物质。碘滴定法不能在强碱溶液中进行，因 I_2 在碱性溶液中易歧化成 I^- 和 IO^-，IO^- 极不稳定，直接碘量法常用淀粉做指示剂。在化学计量点之前，生成的 I^- 与淀粉不显色，被测溶液保持无色。达到化学计量点时，再滴入微量的 I_2，便立即呈现明显的蓝色，指示已达滴定终点。淀粉指示剂应使用新配的浓度为1%的水溶液。

（2）间接碘量法（又称滴定碘法） 是利用 I^- 的还原性，将氧化性物质还原，析出相当物质的量的 I_2，然后用 $Na_2S_2O_3$ 标准溶液滴定析出的 I_2。用这种方法可以测定很多氧化性物质，如 ClO_3^-、ClO^-、CrO_4^{2-}、IO_3^-、BrO_3^-、MnO_4^-、MnO_2、AsO_4^{3-}、NO_3^-、NO_2^-、Cu^{2+}、H_2O_2，以及能与 CrO_4^{2+} 生成沉淀的阳离子（如 Pb^{2+}、Ba^{2+}）等，所以间接碘量法的应用范围相当广泛。

I_2 与 $Na_2S_2O_3$ 定量地反应，生成连四硫酸钠（$Na_2S_4O_6$）是间接碘量法的基本反应。

$$I_2 + 2Na_2S_2O_3 =\!=\!= 2NaI + Na_2S_4O_6$$

此反应须在中性或微酸性溶液中进行。因为在强酸或碱性溶液中，会由于 $Na_2S_2O_3$ 或 I_2 的分解和副反应使氧化还原反应过程复杂，以至无法定量计算，故应在滴定前将溶液中和成中性或弱酸性。

间接碘量法仍用淀粉溶液作指示剂，但由于淀粉和 I_2 的吸附作用对颜色的影响，一般是在快到终点时，即大部分 I_2 已被 $Na_2S_2O_3$ 还原，溶液颜色由深褐色（I_2 的颜色）转变为浅黄色时加入指示剂。终点到达是根据溶液的蓝色恰好消失来确定的。

碘量法有一些缺点：碘具有挥发性，容易挥发而损失。酸性溶液中，I^- 离子易被空气中的氧气所氧化。为此，滴定一般都在室温下进行，并避免阳光直接照射，加入过量的 KI（比理论值大 2～3 倍），使 I_2 和 I^- 形成 I_3^- 配离子，防止 I_2 的挥发。另外，待 I_2 析出完毕，应立即用 $Na_2S_2O_3$ 标准溶液快速滴定。在滴定过程中，不要剧烈摇晃溶液。

二、氧化还原滴定中的指示剂

1. 自身指示剂

在氧化还原滴定中，利用标准溶液本身颜色的变化以指示滴定终点的叫做自身指示剂。例如：用 $KMnO_4$ 作标准溶液进行滴定时，MnO_4^- 在强酸性溶液中被还原为几乎无色的 Mn^{2+}，当滴定达到化学计量点时，稍微过量的 MnO_4^- 使溶液呈粉红色，以指示滴定终点。所以 $KMnO_4$ 是自身指示剂。

2. 氧化还原指示剂

氧化还原指示剂是一类可以参与氧化还原反应，本身具有氧化还原性质的物质，一般都是结构比较复杂的有机化合物，氧化态和还原态具有不同的颜色。在氧化性溶液中，氧化还原指示剂被氧化显示其氧化态颜色；在还原性溶液中，氧化还原指示剂被还原显示其还原态的颜色。

如果用 In(O) 和 In(R) 分别表示指示剂的氧化态和还原态，则：

$$In(O) + ne^- \rightleftharpoons In(R)$$

根据能斯特公式，氧化还原指示剂的电位与其浓度之间的关系：

$$E = E_{In}^{\theta} + \frac{0.059}{n} \lg \frac{c_{In(O)}}{c_{In(R)}}$$

式中 E_{In}^{θ} 表示指示剂的标准电位。当溶液中氧化还原电对的电位改变时，指示剂的氧化态和还原态的浓度比也会发生改变，溶液的颜色因而发生变化。与酸碱指示剂的变色情况相似，当 $c_{In(O)}/c_{In(R)} \geq 10$ 时，溶液呈现氧化态的颜色，此时：

$$E \geq E_{In}^{\theta} + \frac{0.059}{n} \lg 10 = E_{In}^{\theta} + \frac{0.059}{n}$$

当 $c_{In(O)}/c_{In(R)} \leq \frac{1}{10}$ 时，溶液呈现还原态的颜色，此时：

$$E \leq E_{In}^{\theta} + \frac{0.059}{n} \lg \frac{1}{10} = E_{In}^{\theta} - \frac{0.059}{n}$$

故指示剂变色的电位范围：

$$E^{\theta} \pm \frac{0.059}{n} (V)$$

在此范围的两侧可以看出指示剂颜色的改变。通过科学方法进行计算，可以在不同的氧化还原滴定反应中选择氧化还原指示剂，使其在化学计量点时，恰好发生颜色变化，以指示滴定终点。常见的氧化还原指示剂的颜色变化情况，如表 5-2 所示。

表 5-2　　　　　　　　　　常见的氧化还原指示剂

指示剂	E_{In} (v) [H$^+$]=1mol/L	颜色 氧化态	颜色 还原态	指示剂溶液
甲基蓝	0.53	蓝绿	无色	0.05%水溶液
二苯胺	0.76	紫	无色	0.1%浓 H_2SO_4 溶液
二苯胺磺酸钠	0.85	紫红	无色	0.05%水溶液
羊毛罂红 A	1.00	橙红	黄绿	0.1%水溶液
邻苯氨基苯甲酸	1.08	紫红	无色	0.1% Na_2CO_3 溶液
邻二氮菲亚铁	1.06	浅蓝	红	0.025mol/L 水溶液
硝基邻二氮菲亚铁	1.25	浅蓝	紫红	0.025mol/L 水溶液

例如：在重铬酸钾法测定 Fe^{2+} 的滴定中，常用二苯胺磺酸钠或邻二氮菲作为指示剂。选用二苯胺磺酸钠为指示剂时，二苯胺磺酸钠的标准电极电位为 0.85V。在酸性溶液中，主要以二苯胺磺酸的形式存在。当二苯胺磺酸遇到氧化剂时，它首先被氧化为无色的二苯联苯胺磺酸，此过程为不可逆的，再进一步被氧化为二苯联苯胺磺酸紫（可逆）的紫色化

合物，显示出颜色变化，其反应过程如下：

$$^{-}O_3S-\text{C}_6H_4-\overset{H}{N}-C_6H_4-+-C_6H_4-\overset{H}{N}-C_6H_4-SO_3^- \xrightarrow{[O]} \text{（不可逆）}$$

（二苯胺磺酸）

$$^{-}O_3S-\text{C}_6H_4-\overset{H}{N}-C_6H_4-C_6H_4-\overset{H}{N}-C_6H_4-SO_3^-$$

二苯联苯胺磺酸（无色） $+2H^+ +2e \xrightleftharpoons[]{[O]} \text{（可逆）}$

$$^{-}O_3S-\text{C}_6H_4-\overset{H^+}{N}=C_6H_4=C_6H_4=\overset{H^+}{N}-C_6H_4-SO_3^- +2e^-$$

二苯联苯胺磺酸紫（紫红色）

由反应可以看出，$n=2$，故其变色时的电位范围为：

$$0.85 \pm \frac{0.059}{2} = 0.85 \pm 0.03 \text{（V）}$$

即二苯胺磺酸钠变色时的电位范围在 0.82~0.88V。

但是，当用重铬酸钾滴定 Fe^{2+} 时，化学计量点附近的电位突跃在 0.95~1.33V，而二苯胺磺酸钠变色时的电位范围在 0.82~0.88V，与突跃范围无重叠，滴定误差必然很大。为了克服这个缺点，可在被滴定的溶液中加入磷酸与 Fe^{3+} 形成 $[Fe(HPO_4)]^+$ 配离子，可降低 Fe^{3+}/Fe^{2+} 电对的电极电位。使突越范围的电位变为 0.71~1.33V，这时二苯胺磺酸钠便能正确的指示滴定中点。

3. 特殊指示剂

有的物质本身并不参与氧化还原反应，但它能与氧化剂作用产生特殊颜色，因而可以指示滴定终点。如在碘量法中 I_2 可以与直链淀粉形成深蓝色复合物，当 I_2 与被滴定的还原性物质发生反应达到完全后，稍微过量的 I_2 就与淀粉作用使溶液变成深蓝色。因此，碘量法常用可溶性淀粉作指示剂。这种本身不参与氧化还原反应，但能与标准溶液或滴定产物发生显色反应，以指示滴定终点的物质称为特殊指示剂。

三、标准溶液的配制和标定

1. $KMnO_4$ 溶液的配制和标定

$KMnO_4$ 不是基准物质，必须进行粗略配制后再进行标定，商品 $KMnO_4$ 中含有少量的 MnO_2 和其他杂质。蒸馏水也常含有微量的还原性物质，会缓慢地与 $KMnO_4$ 作用，酸、碱、热和光等能促使 $KMnO_4$ 分解。配制时，一般按下列步骤进行。

（1）称取量应稍多于理论计算量，溶解在规定体积的蒸馏水中。

（2）加热煮沸。配好的 $KMnO_4$ 溶液必须加热至沸且保持微沸约 1h，然后放置 2~3d 使各种还原性物质完全被氧化。

（3）用微孔玻璃漏斗过滤或用玻璃丝棉滤除 $MnO_2 \cdot 2H_2O$ 等沉淀杂质（注意不能用滤纸）。

（4）过滤后的 $KMnO_4$ 溶液应保存在棕色瓶中储存于暗处，滴定时最好选用棕色滴定管。

用来标定的基准物质有 $H_2C_2O_4 \cdot 2H_2O$、$Na_2C_2O_4$、$(NH_4)_2Fe(SO_4)_2$、As_2O_3 及纯铁丝等。其中以 $Na_2C_2O_4$ 较为常用,因其容易提纯、性质稳定且不含结晶水,在 105~110℃ 下烘干约 2h,放置于干燥器中冷却至室温后即可称量使用。

在酸性溶液中 MnO_4^- 与 $C_2O_4^{2-}$ 的反应:

$$2MnO_4^- + 5C_2O_4^{2-} + 16H^+ = 2Mn^{2+} + 10CO_2 + 8H_2O$$

用 $Na_2C_2O_4$ 标定 $KMnO_4$ 时应注意温度、滴定速度、催化剂、酸度及干扰离子等各种情况的影响,滴定至溶液为粉红色在 1min 内不褪色即可认为到达滴定终点。若 $Na_2C_2O_4$ 的质量为 m(g),滴定用去 V(mL)$KMnO_4$,则溶液浓度的计算式为:

$$c(KMnO_4) = \frac{2m_{(Na_2C_2O_4)} \times 1000}{5M_{(NaC_2O_4)} \times V_{(KMnO_4)}}$$

2. $K_2Cr_2O_7$ 标准溶液的配制

$K_2Cr_2O_7$ 是基准物质,可直接配制标准溶液。在分析天平上准确称取经结晶、烘干、冷却后的基准物 $K_2Cr_2O_7$ mg,用少量蒸馏水溶解后,定量移入容积为 V(mL)的容量瓶中,定容,摇匀,转入试剂瓶中备用。根据下式计算其准确浓度

$$c(K_2Cr_2O_7) = \frac{m_{(K_2CrO_7)} \times 1000}{M_{(K_2CrO_7)} \times V}$$

3. 碘量法标准溶液的配制和标定

碘量法中需要配制 I_2 和 $Na_2S_2O_3$ 两种标准溶液,由于 I_2 易升华,$Na_2S_2O_3$ 不易纯制,且性质够不稳定,因此两种溶液都需采用间接法来配制。

(1)碘溶液的配制和标定 用升华法制得的碘,可以直接配制标准溶液。但由于碘的挥发性及对天平的腐蚀性,不宜在分析天平上称量,因而也常用间接法配制。配制碘溶液时,先根据计算在托盘天平上称取一定量碘,加入过量 KI,置于研钵中加少量水研磨,使碘全部溶解,然后将溶液稀释至一定体积。转入棕色瓶中避光保存。

标定碘溶液的浓度时,可用已标定好的 $Na_2S_2O_3$ 标准溶液来标定,也可用 As_2O_3(俗称砒霜,有剧毒)来标定。As_2O_3 难溶于水,但可溶于碱溶液中,反应式:

$$As_2O_3 + 6OH^- = 2AsO_3^{3-} + 2I^- + 3H_2O$$

AsO_3^{3-} 与 I_2 的反应,反应式:

$$AsO_3^{3-} + I_2 + H_2O = AsO_4^{3-} + 2I^- + 2H^+$$

这个反应是可逆的。在中性或微碱性溶液中(pH≈8),反应能定量地向右进行。可按下式计算碘溶液的浓度

$$C(I_2) = \frac{2m_{(As_2O_3)}}{M_{(As_2O_3)} \times V_{(I_2)} \times 10^{-3}}$$

(2)$Na_2S_2O_3$ 标准溶液的配制与标定 结晶的 $Na_2S_2O_3 \cdot 5H_2O$ 一般含有少量 S、Na_2SO_3、Na_2SO_4、Na_2CO_3 和 NaCl 等杂质,且 $Na_2S_2O_3$ 溶液不稳定,容易与水中的 CO_2、空气中的 O_2 作用,也能被微生物分解而使浓度发生变化。几种可能的化学式:

$$S_2O_3^{2-} + CO_2 + H_2O = HSO_3^- + HCO_3^- + S\downarrow$$

$$2S_2O_3^{2-} + O_2 = 2SO_4^{2-} + 2S\downarrow$$

$$S_2O_3^{2-} \xrightarrow{(微生物)} SO_3^{2-} + S\downarrow$$

所以配制 $Na_2S_2O_3$ 溶液时，应先煮沸蒸馏水，以除去水中的 CO_2，杀灭微生物，并加入少量 Na_2CO_3 使溶液呈弱碱性，防止 $Na_2S_2O_3$ 分解。配制好的 $Na_2S_2O_3$ 溶液应贮存于棕色瓶中，并放置暗处，8~10d 后标定。长时间保存的溶液应每隔一段时间，重新加以标定，溶液如变浑，应弃去重配。

标定 $Na_2S_2O_3$ 溶液的基准物很多，如 $KBrO_3$、KIO_3、$K_2Cr_2O_7$、Cu^{2+} 等，标定操作采用滴定碘法。

如基准物质 $K_2Cr_2O_7$ 与足量的 KI 作用析出 I_2，析出的 I_2 以淀粉为指示剂，用欲标定的 $Na_2S_2O_3$ 溶液滴定。

$$Cr_2O_7^{2-} + 6I^- + 14H^+ \rightleftharpoons 2Cr^{3+} + 3I_2 + 7H_2O$$

$$I_2 + 2S_2O_3^{2-} \rightleftharpoons 2I^- + S_4O_6^{2-}$$

根据等物质的量原则 $n(K_2Cr_2O_7) = 6n(Na_2S_2O_3)$，按下式计算 $Na_2S_2O_3$ 的浓度：

$$c(Na_2S_2O_3) = \frac{6m_{(K_2Cr_2O_7)}}{M_{(K_2Cr_2O_7)} \times V_{(Na_2S_2O_3)} \times 10^{-3}}$$

四、氧化还原滴定法的应用

1. 高锰酸钾法的应用

（1）双氧水中 H_2O_2 的测定　过氧化氢在酸性溶液中能定量地还原 MnO_4^-，其反应式：

$$5H_2O_2 + 2MnO_4^- + 6H^+ \rightleftharpoons 2Mn^{2+} + 5O_2 + 8H_2O$$

应在室温下于 H_2SO_4 介质中进行滴定，开始时反应较慢，反应速度随着 Mn^{2+}（催化剂）的生成而加快，故滴定速度也要由慢到快再到慢。

（2）钙的测定　高锰酸钾法测定钙，是在一定条件下使 Ca^{2+} 和 $C_2O_4^{2-}$ 完全反应生成草酸钙沉淀，经过滤洗涤后，将 CaC_2O_4 沉淀溶于热的稀 H_2SO_4 溶液中，最后用 $KMnO_4$ 标准溶液滴定所生成的 $H_2C_2O_4$，根据所消耗的 $KMnO_4$ 的量间接求得钙的含量。反应式如下：

$$Ca^{2+} + C_2O_4^{2-} \rightleftharpoons CaC_2O_4 \downarrow$$

$$CaC_2O_4 + 2H^+ \rightleftharpoons Ca^{2+} + H_2C_2O_4$$

$$5H_2C_2O_4 + MnO_4^- + 6H^+ \rightleftharpoons 2Mn^{2+} + 10CO_2 \uparrow + 8H_2O$$

为了保证 Ca^{2+} 和 $C_2O_4^{2-}$ 之间能定量反应，并获得颗粒较大的 CaC_2O_4 沉淀，便于过滤洗涤，可选用 HCl 酸化含 Ca^{2+} 的试剂，再加入过量 $(NH_4)_2C_2O_4$，然后用稀氨水中和试剂酸度在 pH 为 3.5~4.5（甲基橙指示剂显黄色），以便沉淀缓慢生成。沉淀经过陈化后过滤洗涤，洗去沉淀表面吸附的 $C_2O_4^{2-}$，直至洗涤液中不含 $C_2O_4^{2-}$ 为止。然后用稀 H_2SO_4 溶解 CaC_2O_4 沉淀，加热 75~85℃，用 $KMnO_4$ 标准溶液进行滴定。必须注意，高锰酸钾法测定钙，控制试剂的酸度至关重要。如果是在中性或弱碱性试液中进行，就有部分 $Ca(OH)_2$ 或碱式草酸钙生成，造成测定结果偏低。Ba^{2+}、Zn^{2+}、Cd^{2+} 等能与 $C_2O_4^{2-}$ 定量地生成草酸盐沉淀，因此，都可应用高锰酸钾法测定。

（3）有机物的测定　在碱性溶液中，过量 $KMnO_4$ 能定量地氧化某些有机物。例如，$KMnO_4$ 与甲酸的反应为

$$HCOO^- + 2MnO_4^- + 3OH^- \longrightarrow CO_3^{2-} + 2MnO_4^{2-} + 2H_2O$$

待反应完成后，将溶液酸化，用还原剂标准溶液（亚铁离子标准溶液）滴定溶液中所有的高价锰，使之还原为 Mn^{2+}，计算出消耗的还原剂的量。用同样的方法，测定出反应前

一定量碱性 $KMnO_4$ 溶液相当于还原剂物质的量,根据二者之差即可计算出甲酸的含量。

2. 重铬酸钾法的应用

(1) 亚铁盐中 Fe^{2+} 的测定　试样制成溶液后,加入 H_2SO_4-H_3PO_4 混合酸,以二苯胺磺酸钠为指示剂,用 $K_2Cr_2O_7$ 标准溶液滴定。加入的 H_3PO_4 与反应产物 Fe^{3+} 生成无色的 $Fe(HPO_4)_2^-$,既消除了 Fe^{3+} 的黄色对终点观察的干扰,又使二苯胺磺酸钠指示剂能正确地指示终点,终点时溶液的颜色由浅绿色突变为蓝紫色。

(2) 水中化学耗氧量(COD)的测定　在环境监测中,常用 $K_2Cr_2O_7$ 法测定水体的污染程度,作为评价水质的重要指标。水中能被重铬酸钾标准溶液氧化的还原性物质的总量,称为水的化学耗氧量(COD)。

3. 碘量法的应用

维生素 C(药片)的测定:维生素 C 又称为抗坏血酸,其分子式为 $C_6H_8O_6$,摩尔质量为 176.12g/mol。由于维生素 C 中烯二醇基具有还原性,所以它能被 I_2 定量地氧化成二酮基。其反应式:

还原型(烯醇式)　　　氧化型(酮式)

维生素 C(药片)含量的测定方法:准确称取含维生素 C(药片)试样,溶解在新煮沸且冷却的蒸馏水中,以 HAc 酸化,加入淀粉指示剂,迅速用 I_2 标准溶液滴定至终点(呈现稳定的蓝色)。

必须注意:维生素 C 的还原性很强,在空气中易被氧化,在碱性介质中更容易被氧化,所以在实验操作上不但要熟练,而且在酸化后应立即滴定。由于蒸馏水中含有溶解氧,必须事先煮沸,否则会使测定结果偏低。如果有能被 I_2 直接氧化的物质存在,则对本测定也有干扰。

五、氧化还原滴定法计算

例题 5-6　称取基准物质 $Na_2C_2O_4$ 0.1500g 溶解于酸性(H_2SO_4)溶液中,然后用 $KMnO_4$ 标准溶液滴定,到达终点时用去 20.00mL,计算 $KMnO_4$ 溶液的浓度。

解:滴定反应方程式:

$$MnO_4^- + 5C_2O_4^{2-} + 16H^+ = Mn^{2+} + 10CO_2\uparrow + 8H_2O$$

由上述反应式可知:

$$n(KMnO_4) = \frac{2}{5} \times n(Na_2C_2O_4)$$

则:

$$c(KMnO_4) = \frac{2}{5} \times \frac{m_{(Na_2C_2O_3)}}{M_{(Na_2C_2O_3)} V_{(KMnO_4)}}$$

$$= \frac{2}{5} \times \frac{0.1500g}{134.00g/mol \times 20.00 \times 10^{-3}L} = 0.02239 mol/L$$

例题 5-7　称取铁矿试样 $m = 0.3029g$,溶解并预处理将 Fe^{3+} 还原成 Fe^{2+},以 0.01643mol/L

$K_2Cr_2O_7$ 标准溶液滴定至终点时共消耗 35.14mL，试计算试样中 Fe 的质量分数和 Fe_2O_3 的质量分数。

解：该滴定反应式：

$$6Fe^{2+} + Cr_2O_7^{2-} + 14H^+ = 6Fe^{3+} + 2Cr^{3+} + 7H_2O$$

由上述反应可知：$\quad n(Fe^{2+}) = 6n(K_2Cr_2O_7)$

求得：

$$w(Fe) = \frac{6 \times c_{(K_2Cr_2O_7)} V_{(Na_2S_2O_3)} M_{(Fe)}}{m} \times 100\%$$

$$= \frac{6 \times 0.01643 \text{mol/L} \times 35.14 \times 10^{-3} \times 55.85 \text{mol/L}}{0.3029 \text{g}} \times 100\%$$

$$= 63.87\%$$

$$w(Fe_2O_3) = w(Fe) \times \frac{M_{(Fe_2O_3)}}{2M_{(Fe)}} = 63.87\% \times \frac{159.7 \text{g/mol}}{2 \times 55.85 \text{g/mol}} = 91.32\%$$

实习实训10

重铬酸钾法测定亚铁离子

【实训目的】

1. 掌握重铬酸钾标准溶液的配制及使用。
2. 掌握重铬酸钾测定亚铁离子的原理及方法。
3. 了解二苯胺磺酸钠指示剂的作用原理。

【实训原理】

重铬酸钾法是用重铬酸钾作为氧化剂，配成标准溶液来测定还原性物质的一种氧化还原滴定方法。重铬酸钾易提纯、性质稳定，可用直接法配制标准溶液，所以应用较方便。但由于其氧化性不如高锰酸钾强，因此在应用上受到一定限制。

在酸性溶液中重铬酸钾氧化还原性物质时，本身被还原成绿色的 Cr^{3+}，因此应用时，往往在酸性介质中进行，且必须借助指示剂指示终点。

硫酸亚铁样品由于具有较强的还原性，在存放过程中其亚铁离子往往易被空气中的氧气氧化成铁离子而带黄棕色，使亚铁离子的含量发生变化，采用重铬酸钾法可以测定硫酸亚铁样品中 Fe^{2+} 的含量。两者发生的反应式如下：

$$6Fe^{2+} + Cr_2O_7^{2-} + 14H^+ = 6Fe^{3+} + 2Cr^{3+} + 7H_2O$$

因为滴定过程中有 Fe^{3+} 生成，应加入 H_3PO_4 使其与 Fe^{3+} 形成 $[Fe(HP_3O_4)]^-$ 配位离子，降低溶液中的 Fe^{3+} 的浓度，增大滴定的突跃范围，使指示剂变色明显，减小终点误差。

本实训采取准确称取一定量硫酸亚铁样品，溶解，以氧化还原指示剂二苯胺磺酸钠，用重铬酸钾标准溶液滴定至终点，根据下式计算 Fe^{2+} 含量（以质量分数计）：

$$w(Fe^{2+}) = \frac{6 \times c(K_2CrO_7) V(K_2CrO_7) M(Fe^{2+}) \times 250/25}{m(FeSO_4)} \times 100\%$$

式中 $V(K_2CrO_7)$ ——标准溶液 K_2CrO_7 的体积，L；

$c(K_2CrO_7)$——标准溶液 K_2CrO_7 的浓度，mol/L；

$M(FeSO_4)$——Fe^{2+} 的摩尔质量，g/mol；

$m(FeSO_4)$——所称样品质量，g。

【仪器及试剂】

1. 仪器用具

称量瓶、分析天平、酸式滴定管、锥形瓶、移液管、烧杯、容量瓶、胶头滴管、铁架台、玻璃棒等。

2. 试剂

重铬酸钾（分析纯）、硫酸亚铁样品、3mol/L H_2SO_4、85% H_3PO_4、二苯胺磺酸钠指示剂（0.5%水溶液）等。

【过程设计】

1. 0.010mol/L $K_2Cr_2O_7$ 标准溶液的配制

用分析天平精确称取 $K_2Cr_2O_7$ 0.75g（保留四位有效数字）于100mL烧杯中，加蒸馏水溶解后，移入到250mL容量瓶中，洗涤、定容、摇匀，计算准确浓度备用。

$$c(K_2Cr_2O_7)=\frac{m_{(K_2CrO_7)}\times 1000}{M_{(K_2CrO_7)}\times V}$$

2. 试样溶液的准备

准确称取 1.6g（保留四位有效数字）硫酸亚铁（$FeSO_4 \cdot 7H_2O$）样品一份，置于小烧杯中，加入 3mol/L H_2SO_4 10mL 以防水解，再加蒸馏水少许，稍加热使之溶解，然后定量转入 100mL 容量瓶中定容，充分摇匀备用。

3. 测定

用 25mL 移液管准确吸取硫酸亚铁试样溶液 25.00mL 于锥形瓶中，加蒸馏水 50mL 以及 3mol/L H_2SO_4 10mL，再加二苯胺磺酸钠指示剂 2~3 滴（加指示剂前后溶液均为无色，需特别注意），用重铬酸钾标准溶液滴定，至溶液出现较深绿色时，加入 85% H_3PO_4 5mL，继续滴定至溶液恰呈紫色或紫蓝色即为终点，记录消耗 $K_2Cr_2O_7$ 标准溶液的体积。平行滴定 3 次，计算试样中 Fe^{2+} 含量（以质量分数计）。

【数据记录与结果处理】

表 5-3　　　　　　　　　　$K_2Cr_2O_7$ 标准溶液的配制记录表

称量瓶+样品/g	样品质量（W_1-W_2）	浓度
W_1		
W_2		

表 5-4　　　　　　　　　　硫酸亚铁中铁的测定数据记录表

次数 项目	1	2	3
$V(FeSO_4)$/mL		25.00	
$c(K_2Cr_2O_7)$/(mol/L)			
$V(K_2Cr_2O_7)_{始}$/mL			

续表

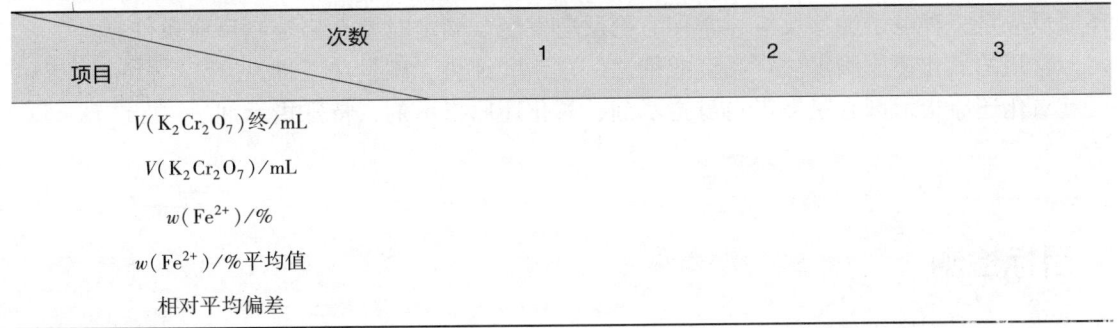

项目 \ 次数	1	2	3
$V(K_2Cr_2O_7)$终/mL			
$V(K_2Cr_2O_7)$/mL			
$w(Fe^{2+})$/%			
$w(Fe^{2+})$/%平均值			
相对平均偏差			

【参考学时】

2学时。

【实训思考】

1. 配制硫酸亚铁试样溶液时，为什么要加硫酸？
2. 在滴定前加入 H_3PO_4 的作用是什么？

项目小结

（1）在反应过程中，氧化数发生变化的化学反应称为氧化还原反应。表示氧化、还原过程的方程式分别称为氧化反应和还原反应，统称为半反应。

（2）在氧化还原反应中，如果组成某物质的原子或离子氧化数升高，称此物质为还原剂。还原剂使另一物质还原，其本身在反应中被氧化，它的反应产物称为氧化产物；反之，称为氧化剂。氧化剂使另一物质氧化，其本身在反应中被还原，它的反应产物称为还原产物。

（3）配平氧化还原反应式常用的方法

①氧化数法：根据在氧化还原反应中氧化剂元素氧化数降低的总数与还原剂中元素氧化数升高的总数相等的原则来配平反应式。

②离子电子法：根据在氧化还原反应中，氧化剂和还原剂得失电子总数相等的原则来配平反应式。

（4）规定标准氢电极的电极电势为零。即 $E^{\theta}_{H^+/H_2} = 0.000V$。

电极处于标准状态时的电极电势称为标准电极电势，用符号 E^{θ} 表示。

电极的标准状态是指组成电极的离子浓度（严格说为活度）为1mol/L，气体分压为101.33kPa，温度通常为298.15K，液体或固体为纯净状态。

利用电极电势可判断氧化剂和还原剂的相对强弱、判断氧化还原反应进行的方向、判断氧化还原反应进行的限度。

（5）能斯特方程式是浓度、酸度对电极电势的影响 改变介质的酸度，电极电势必随之改变，从而改变电对物质的氧化还原能力。

对指定的电极来说，氧化型物质的浓度越大，则电极电势值越大。相反，还原型物质的浓度越大，则电极电势值越小。

(6) 氧化还原滴定法　根据氧化还原反应进行的滴定分析称为氧化还原滴定法。氧化还原反应是一种电子转移反应，常伴有副反应发生。滴定时要严格控制反应条件。

常用的氧化还原滴定法：高锰酸钾法、重铬酸钾法、碘量法三种。

氧化还原指示剂有三类：自身指示剂、氧化还原指示剂、特殊指示剂。

目标检测

一、填空题

1. 已知：$E^{\theta}_{(Hg^{2+}/Hg)} = 0.788V$，$E^{\theta}_{(Cu^{2+}/Cu)} = 0.337V$，将铜片插入 $Hg(NO_3)_2$ 溶液中，将会有_____析出。其反应方程式为_____，若将上述两电对组成原电池，当增大 $C_{(Cu^{2+})}$ 时，其 E 将变_____，平衡将向_____移动。

2. 若可逆反应 $Pb + Sn^{2+} \rightleftharpoons Pb^{2+} + Sn$ 逆向进行，则 $E^{\theta}_{(Pb^{2+}/Pb)}$ _____ $E^{\theta}_{(Sn^{2+}/Sn)}$。（填>或<）

3. 常用氧化还原滴定法有_____、_____、_____三种。

4. 氧化还原滴定中常用的三种指示剂的类型是_____、_____、_____。淀粉溶液属于_____指示剂。

二、选择题

1. 利用标准电极电势表判断氧化还原反应进行的方向，正确的说法是（　　）
A. 氧化型物质与还原型物质起反应
B. E^{θ} 较大电对的氧化型物质与 E^{θ} 较小电对的还原型物质起反应
C. 氧化性强的物质与还原性弱的物质起反应
D. 还原性强的物质与氧化性弱的物质起反应

2. 在实验室里配制 $FeCl_3$ 溶液时，为防止水解，经常加入一些（　　）
A. 铁钉　　　　　　　　　　B. Fe^{2+}
C. Fe^{3+}　　　　　　　　　D. 盐酸

3. 高锰酸钾法滴定中，酸化溶液的酸应使用（　　）
A. 盐酸　　　　　　　　　　B. 硝酸
C. 硫酸　　　　　　　　　　D. 醋酸

三、判断题

1. 标准氢电极的电势为零，是实际测定的结果。（　　）

2. 原电池工作一段时间后，其两极电极电势差将发生变化。（　　）

3. 查得 $E^{\theta}_{(A^+/A)} > E^{\theta}_{(B^+/B)}$，则可以判定在标准状态下 $B^+ + A \rightleftharpoons B + A^+$ 是自发进行的。（　　）

4. 氧化还原滴定都必须在强酸性溶液中完成。（　　）

四、简答题

1. 什么叫电极电势和标准电极电势？举例说明测定电极电势的原理。

2. 影响电极电势的主要因素有哪些？

3. 根据什么来判断氧化剂或还原剂的强弱？

4. 由标准电极电势表查出下列电极反应的标准电极电势并回答以下问题：

$$MnO_4^- + 8H^+ + 5e^- \rightleftharpoons Mn^{2+} + 4H_2O$$
$$Ce^{4+} + e^- \rightleftharpoons Ce^{3+}$$
$$Fe^{2+} + 2e^- \rightleftharpoons Fe$$
$$Ag^+ + e^- \rightleftharpoons Ag$$

（1）上述物质中，哪种物质是最强的还原剂？哪种物质是最强的氧化剂？

（2）哪种物质可将 Fe^{2+} 还原为 Fe？

（3）哪种物质可将 Ag^+ 还原为 Ag？

5. 当溶液中 H^+ 浓度增加时，下列氧化剂的氧化能力如何变化？为什么？

（1）Cl_2 （2）$Cr_2O_7^{2-}$

（3）Fe^{3+} （4）MnO_4^-

6. 根据标准电极电势解释下列现象

（1）Fe^{3+} 能腐蚀 Cu，Cu^{2+} 又能腐蚀 Fe。

（2）在 Sn^{2+} 盐溶液中加 Sn 能防止空气将 Sn^{2+} 氧化。

（3）Cu^+ 在水溶液中不稳定。

（4）在 $K_2Cr_2O_7$ 溶液中加入 $FeSO_4$ 后，$K_2Cr_2O_7$ 的橙色褪去。

7. 根据标准电极电势判断在标准状态时，下列反应能否正向进行？

（1）$Zn + Pb^{2+} \longrightarrow Zn^{2+} + Pb$

（2）$2Fe^{3+} + Cu \longrightarrow 2Fe^{2+} + Cu^{2+}$

（3）$I_2 + 2Fe^{2+} \longrightarrow 2I^- + 2Fe^{3+}$

（4）$I_2 + 2Br^- \longrightarrow Br_2 + 2I^-$

五、计算题

1. 分别计算 0.100mol/L $KMnO_4$ 和 0.100mol/L $K_2Cr_2O_7$ 在 H^+ 浓度为 1.0mol/L 介质中，还原一半时的电势。计算结果说明了什么？

已知 $E^{\theta}_{(MnO_4^-/Mn^{2+})} = 1.45V$，$E^{\theta}_{(Cr_2O_7^{2-}/Cr^{3+})} = 1.00V$

2. 根据标准电极电势，计算 25℃ 时下列反应的平衡常数，并判断反应进行的程度。

（1）$Zn + Fe^{2+} \rightleftharpoons Zn^{2+} + Fe$

（2）$2Fe^{3+} + 2Br^- \rightleftharpoons 2Fe^{2+} + Br_2$

3. 标定 $KMnO_4$ 溶液，准确称取 1.5280g $H_2C_2O_4 \cdot 2H_2O$ 晶体，溶解后于 250mL 容量瓶中定容，再移取 25.00mL 于锥形瓶中，用 $KMnO_4$ 溶液滴定，用去 22.84mL。求 $KMnO_4$ 溶液的浓度。

4. 欲配制 500mL 0.1000mol/L $K_2Cr_2O_7$ 标准溶液，应称取 $K_2Cr_2O_7$ 基准物质多少克？

项目六
配位平衡与配位滴定法

【知识目标】
1. 掌握配位化合物的定义、组成、命名和分类。
2. 掌握配位平衡和配位平衡常数的意义，理解配位平衡的移动。

【能力目标】
1. 能进行配合物命名。
2. 理解配位平衡及稳定常数的应用。

任务一 配位离解平衡

一、配合物的概述

在 $CuSO_4$ 溶液中加入氨水，开始有蓝色沉淀产生，继续加入过量氨水，沉淀溶解，得到深蓝色溶液，经分析证明 $Cu(OH)_2$ 沉淀与 $NH_3 \cdot H_2O$ 进一步反应生成了 $[Cu(NH_3)_4]SO_4$ 深蓝色溶液。其原因是 $Cu(OH)_2$ 沉淀电离的 Cu^{2+} 与 NH_3 以配位键结合生成了更稳定的复杂离子 $[Cu(NH_3)_4]^{2+}$，我们把复杂离子 $[Cu(NH_3)_4]^{2+}$ 中的 Cu^{2+} 称为中心离子，NH_3 称为配位分子，像这种由中心离子（或原子）和配体分子（或离子）以配位键相结合而形成的复杂分子或离子，通常称为配位单元。如：$[Co(NH_3)_6]^{3+}$，$[Cr(CN)_6]^{3-}$，$Ni(CO)_4$ 都是配位单元。配位单元可以是阳离子、阴离子、中性分子，分别称为配位阳离子、配位阴离子、配位分子。凡是含有配位单元的化合物称配位化合物，简称配合物。如：$[Co(NH_3)_6]Cl_3$，$K_3[Cr(CN)_6]$，$Ni(CO)_4$。

配合物是由内界和外界组成的。以 $[Cu(NH_3)_4]SO_4$ 为例：$[Cu(NH_3)_4]^{2+}$ 是配合物的内界，SO_4^{2-} 是配合物的外界，如图 6-1 所示。

又如：$K_4[Fe(CN)_6]$，内界 $[Fe(CN)_6]^{3-}$，外界 K^+。配合物可以无外界，但不能没有内界，如：$[Ni(CO)_4]$。

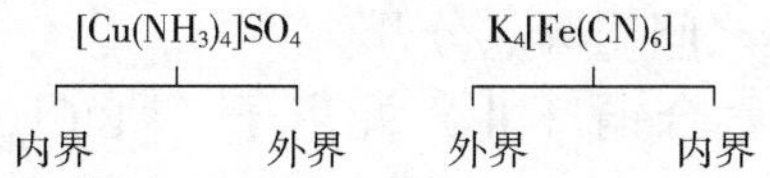

[Cu(NH₃)₄]SO₄　　K₄[Fe(CN)₆]
　内界　外界　　外界　内界

图 6-1　配合物的内界和外界

配合物的内界是由中心离子和一定数目的配位体形成的配位单元。中心离子是配合物的形成主体，多为金属（过渡金属）离子，也可以是原子，它能提供接纳孤对电子的空轨道。如：Fe^{3+}、Fe^{2+}、Co^{2+}、Ni^{2+}、Cu^{2+}、Co 等。配位体是含有孤对电子的阴离子或分子，如：NH_3、H_2O、Cl^-、Br^-、I^-、CN^-、CNS^- 等。配位体中给出孤对电子与中心离子直接形成配位键的原子，叫配位原子。配位单元中，中心离子周围与中心离子直接成键的配位原子的个数叫配位数。如：配位化合物 $[Cu(NH_3)_4]SO_4$ 的内界为 $[Cu(NH_3)_4]^{2+}$，中心离子 Cu^{2+} 的周围有四个配位体 NH_3，每个 NH_3 中有一个 N 原子与 Cu^{2+} 配位，N 是配体原子，Cu 的配位数为 4。如图 6-2 所示。

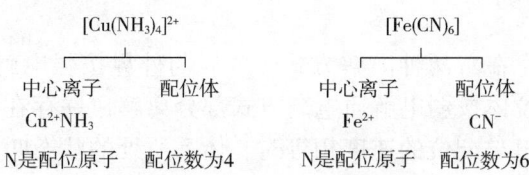

图 6-2　配位单元的组成

配位体常分为单齿配位体和多齿配位体（简称单齿配体和多齿配体）两种。单齿配体是指一个配位体中只能提供一个配位原子与中心离子成键。如：CN^-、H_2O、NH_3、CO、Cl^- 等均是单齿配体。配位原子分别是 N、O、N、C 和 Cl，它们直接与中心原子键合。多齿配体是指有两个或两个以上配位原子与中心离子成键。如：乙二胺 $H_2NCH_2CH_2NH_2$ 是双齿配体，配位原子是两个 N 原子；乙二胺四乙酸根（简称 $EDTA^{4-}$）$(—OOCCH_2)_2N—CH_2—CH_2—N(CH_2COO—)_2$ 是六齿配体，配位原子是两个 N 和四个羧基上的 O。配位体为负离子或中性分子，偶尔也有正离子（如 NH_2NH^+）。例如 Fe^{2+} 和 $6CN^-$ 配位产生 $[Fe(CN)_6]^{4-}$ 配位阴离子，Cu^{2+} 和 $4NH_3$ 产生 $[Cu(NH_3)_4]^{2+}$ 配位阳离子，它们各与带相反电荷的阳离子或阴离子组成配合物。中性配位体本身就是配合物，例如 Pt^{2+} 和 $2NH_3$ 及 $2Cl^-$ 产生 $Pt(NH_3)_2Cl_2$；Ni 和 4CO 产生 $Ni(CO)_4$。

配合物种类繁多，结构复杂，因此对配合物的命名通常采用系统命名法。以下为配离子的命名原则：

①命名配离子时，配位体的名称放在前，中心离子（或中心原子）名称放在后。
②配位体和中心原子的名称之间用"合"字相连。
③中心原子为离子，在金属离子的名称之后附加带圆括号的罗马数字，以表示离子的价态。
④用中文数字在配位体名称之前表明配位数。
⑤如果配合物中有多个配位体，配位体命名的排列次序：阴离子配位体在前，中性分子配位体在后；无机配位体在前，有机配位体在后。同类配位体中，按配位原子的元素符号在英文字母表中的次序分出先后，在前面的先命名。配位原子相同，配体中原子个数少

的在前面。不同配位体的名称之间用圆点分开。

如：$[Cu(NH_3)_4]^{2+}$称四氨合铜（Ⅱ）配离子，$[PtCl_3(NH_3)]^-$称三氯·一氨合铂（Ⅱ）配离子，$[PtCl_3(C_2H_4)]^-$称三氯·（乙烯）合铂（Ⅱ）配离子，$[Co(NH_3)_5(H_2O)]^{3+}$称五氨·一水合钴（Ⅲ）配离子，$[Pt(Py)(NH_3)(NO_2)(NH_2OH)]^+$称一硝基·一氨·一羟氨·吡啶合铂（Ⅱ）配离子。

配合物的命名是把配离子视为简单离子，在配离子与其他离子间加"化"字或"酸"字，命名时先阴离子，后阳离子，配阴离子看成是酸根。如：$[Cu(NH_3)_4]SO_4$称硫酸四氨合铜（Ⅱ），$[Pt(NH_3)_2Cl_2]$称二氯·二氨合铂（Ⅱ），$[Ag(NH_3)_2]OH$称氢氧化二氨合银（Ⅰ），$K[PtCl_3(C_2H_4)]$称三氯·（乙烯）合铂（Ⅱ）酸钾，$H_2[PtCl_6]$称六氯合铂（Ⅳ）酸，$[Co(NH_3)_5(H_2O)]Cl_3$称三氯化五氨·一水合钴（Ⅲ）。实际上，有的配合物也常用习惯命名（俗名）如$K_4[Fe(CN)_6]$称黄血盐，$K_3[Fe(CN)_6]$称赤血盐，$Fe_4[Fe(CN)_6]_3$称普鲁士蓝。

二、配位离解平衡

配合物在水溶液中存在着两种离解方式，内界与外界按强电解质电离方式全部离解；内界中的中心离子和配位体按弱电解质电离方式部分离解，并存在着离解与配位两个相反的过程，当配位离子离解与配位的速度相等时，体系所处的状态叫配位离解平衡，如：

$$[Cu(NH_3)_4]^{2+} \rightleftharpoons Cu^{2+} + 4NH_3$$

当配离子$[Cu(NH_3)_4]^{2+}$的离解速度与Cu^{2+}和NH_3的配位速度相等时，体系就处于平衡状态，溶液中相关离子、分子的浓度相对不变，即：平衡时$[Cu(NH_3)_4]^{2+}$、Cu^{2+}和NH_3的浓度不变。

配离子在溶液中处于配位离解平衡时，可用离解平衡常数（不稳定常数）$K_{f\text{不稳}}^{\theta}$或稳定常数$K_{f\text{稳}}^{\theta}$来反映溶液中配离子与分子、离子的关系。$K_{f\text{不稳}}^{\theta}$越大配离子越不稳定，$K_{f\text{稳}}^{\theta}$越大配离子越稳定。$K_{f\text{不稳}}^{\theta}$与$K_{f\text{稳}}^{\theta}$的为反比例函数关系，即：$K_{f\text{不稳}}^{\theta} = \dfrac{1}{K_{f\text{稳}}^{\theta}}$。

$$Cu^{2+} + 4NH_3 \rightleftharpoons [Cu(NH_3)_4]^{2+}$$

$$K_{f\text{稳}}^{\theta} = \frac{c_{[Cu(NH_3)_4]^{2+}}}{c_{Cu^{2+}} \cdot c_{NH_3}^4}$$

在水溶液中，配离子的稳定性是相对的，当外界条件发生变化时，配位平衡发生移动，在新的条件下建立新的平衡。配离子从一个平衡状态变化到另一个平衡状态的过程叫配位平衡的移动。导致配位平衡移动的主要因素：

1. 溶液酸度对配位离解平衡的影响

配位体为酸根离子或弱碱，当溶液中氢离子浓度增加，酸度增大，配位体容易生成弱酸，使配位平衡向离解方向移动，降低了配合物的稳定性。即：酸度增大会引起配位体浓度下降，导致配合物的稳定性降低。这种现象通常称为配位体的酸效应。

例如：在酸性介质中，F^-离子能与Fe^{3+}离子生成$[FeF_6]^{3-}$配离子，$[FeF_6]^{3-}$配离子又要电离成F^-离子与Fe^{3+}离子，存在配位离解平衡。当酸度过大（$c_{H^+} > 0.5$mol/L）时，由于H^+与F^-结合生成了HF分子，降低了溶液中F^-浓度，使$[FeF_6]^{3-}$配离子大部分解离成Fe^{3+}，原有的平衡被破坏。反应如下：

$$[FeF_6]^{3-} \rightleftharpoons Fe^{3+} + 6F^-$$
$$+$$
$$6H^+ \rightleftharpoons 6HF$$

总反应：
$$[FeF_6]^{3-} + 6H^+ \rightleftharpoons Fe^{3+} + 6HF$$

$$K^\theta = \frac{c_{Fe^{3+}} \cdot c_{HF}^6}{c_{[FeF_6]^{3-}} \cdot c_{H^+}^6} = \frac{c_{Fe^{3+}} \cdot c_{HF}^6}{c_{[FeF_6]^{3-}} \cdot c_{H^+}^6} \times \frac{c_{F^-}^6}{c_{F^-}^6} = \frac{1}{K_\text{稳}^\theta \cdot (K_a^\theta)^6}$$

当溶液中氢离子浓度降低，酸度降低，金属离子发生水解生成氢氧化物沉淀，配离子稳定性下降，这种作用称为金属离子的水解作用。

$$Fe^{3+} + 3H_2O \rightleftharpoons Fe(OH)_3$$

故：酸度太高或太低都影响配离子的稳定性，必须控制溶液的酸度在适应的范围内。上式反应，酸度对配位反应的影响程度与配离子的稳定常数有关，与配位剂生成的弱酸的强度有关。

2. 沉淀反应对配位离解平衡的影响

沉淀反应与配位平衡实质是沉淀剂和配位剂共同争夺中心离子的过程。

例如：用浓氨水可将氯化银溶解。这是由于沉淀物中的金属离子与所加的配位剂形成了稳定的配合物，导致沉淀的溶解，其过程：

$$AgCl_{(s)} \rightleftharpoons Ag^+ + Cl^-$$
$$+$$
$$2NH_3 \rightleftharpoons [Ag(NH_3)_2]^+$$

即：
$$AgCl_{(s)} + 2NH_3 \rightleftharpoons [Ag(NH_3)_2]^+ + Cl^-$$

该反应的平衡常数：

$$K^\theta = \frac{c_{[Ag(NH_3)_2]^+} \cdot c_{Cl^-}}{c_{NH_3}^2} = \frac{c_{[Ag(NH_3)_2]^+} c_{Cl^-} \cdot c_{Ag^+}}{c_{NH_3}^2 \cdot c_{Ag^+}} = K_\text{稳}^\theta \cdot K_{sp}^\theta$$

例如：在$[Cu(NH_3)_4]^{2+}$溶液中加入Na_2S溶液，就有CuS沉淀生成，配离子原有平衡被破坏，其过程可表示：

$$[Cu(NH_3)_4]^{2+} \rightleftharpoons Cu^{2+} + 4NH_3$$
$$+$$
$$S^{2-} \rightleftharpoons CuS \downarrow$$

总反应：
$$[Cu(NH_3)_4]^{2+} + S^{2-} \rightleftharpoons CuS \downarrow + 4NH_3$$

$$K^\theta = \frac{c_{NH_3}^4}{c_{[Cu(NH_3)_4]^{2+}} \cdot c_{S^{2-}}} = \frac{c_{NH_3}^4}{c_{[Cu(NH_3)_4]^{2+}} \cdot c_{S^{2-}}} \times \frac{c_{Cu^{2+}}}{c_{Cu^{2+}}}$$
$$= \frac{1}{K_{[Cu(NH_3)_4]^{2+}}^\theta \cdot K_{spCuS}^\theta}$$

由上述两个平衡常数表达式可以看出，沉淀能否被溶解或配合物能否被破坏，主要取决于沉淀物的K_{sp}^θ和配合物$K_\text{稳}^\theta$的值。同时，还取决于所加的配位剂和沉淀剂的用量。

例题6-1 计算完全溶解0.01mol的AgCl和完全溶解0.01mol的AgBr，至少需要1L多大浓度的氨水？已知AgCl的$K_{sp}^\theta = 1.8 \times 10^{-10}$，AgBr的$K_{sp}^\theta = 5.0 \times 10^{-13}$，$[Ag(NH_3)_2]^+$的$K_\text{稳}^\theta = 1.12 \times 10^7$。

解：假定AgCl溶解全部转化为$[Ag(NH_3)_2]^+$，则氨一定是过量的。因此可忽略$[Ag(NH_3)_2]^+$的离解产生的NH_3，所以平衡时$[Ag(NH_3)_2]^+$的浓度为0.01mol/L，Cl^-的浓

度为 0.01mol/L，具体反应式：

$$AgCl+2NH_3 \rightleftharpoons [Ag(NH_3)_2]^+ + Cl^-$$

$$K^\theta = \frac{c_{[Ag(NH_3)_2]^+} c_{Cl^-}}{c_{NH_3}^2} = \frac{c_{[Ag(NH_3)_2]^+} c_{Cl^-}}{c_{NH_3}^2} \times \frac{c_{Ag^+}}{c_{Ag^+}}$$

$$= K^\theta_{\text{稳}[Ag(NH_3)_2]^+} \times K^\theta_{sp\,AgCl} = 1.12 \times 10^7 \times 1.8 \times 10^{-10}$$

$$= 2.02 \times 10^{-3}$$

$$c_{NH_3} = \sqrt{\frac{c_{[Ag(NH_3)_2]^+} \cdot c_{Cl^-}}{2.02 \times 10^{-3}}} = \sqrt{\frac{0.01 \times 0.01}{2.02 \times 10^{-3}}} = 0.22(\text{mol/L})$$

在溶解的过程中与 AgCl 反应需要消耗氨水的浓度为 2×0.01=0.02mol/L，所以氨水的最初浓度：0.22+0.02=0.24mol/L。

同理，完全溶解 0.01mol 的 AgBr，设平衡时氨水的平衡浓度为 ymol/L：

$$AgCl+2NH_3 \rightleftharpoons [Ag(NH_3)_2]^+ + Cl^-$$

$$K^\theta = \frac{c_{[Ag(NH_3)_2]^+} c_{Br^-}}{c_{NH_3}^2} = \frac{c_{[Ag(NH_3)_2]^+} c_{Br^-}}{c_{NH_3}^2} \times \frac{c_{Ag^+}}{c_{Ag^+}}$$

$$= K^\theta_{\text{稳}[Ag(NH_3)_2]^+} \times K^\theta_{sp\,AgBr} = 1.12 \times 10^7 \times 5.0 \times 10^{-13}$$

$$= 5.99 \times 10^{-6}$$

$$c_{NH_3} = \sqrt{\frac{c_{[Ag(NH_3)_2]^+} \cdot c_{Br^-}}{5.99 \times 10^{-6}}} = \sqrt{\frac{0.01 \times 0.01}{5.99 \times 10^{-6}}} = 4.09(\text{mol/L})$$

所以溶解 0.01mol 的 AgBr 需要的氨水的浓度是 4.09+0.02=4.11mol/L

可以看出，同样是 0.01mol 的固体，由于两者的 K^θ_{sp} 相差较大，导致溶解需要的氨水的浓度有很大的差别。

例题 6-2　向 0.1mol/L 的 $[Ag(CN)_2]^-$ 配离子溶液（含有 0.10mol/L 的 CN^-）中加入 KI 固体，假设 I^- 的最初浓度为 0.1mol/L，有无 AgI 沉淀生成？已知 $[Ag(CN)_2]^-$ 的 $K^\theta_{\text{稳}} = 1.0 \times 10^{21}$，AgI 的 $K^\theta_{sp} = 8.3 \times 10^{-17}$。

解：设 $[Ag(CN)_2]^-$ 配离子离解所生成的 C_{Ag^+} = x mol/L，则：

$$Ag^+ + 2CN^- \rightleftharpoons [Ag(CN)_2]^-$$

初始浓度（mol/L）　　　　　0　　　0.10　　　0.10
平衡浓度（mol/L）　　　　　x　　　2x+0.10　　0.10-x

$[Ag(CN)_2]^-$ 解离度较小，故 0.10-x≈0.1，代入 $K^\theta_{\text{稳}}$ 表达式得：

$$K^\theta_{\text{稳}} = \frac{c_{[Ag(CN)_2]^-}}{c_{CN^-}^2 \cdot c_{Ag^+}} = \frac{0.10}{x(0.10)^2} = 1.0 \times 10^{21}$$

解得：$x = 1.0 \times 10^{-20}$ mol/L，即 $c_{Ag^+} = 1.0 \times 10^{-20}$ mol/L

$c_{Ag^+} \cdot c_{I^-} = 1.0 \times 10^{-20}$ mol/L × 0.1 = 1.0×10^{-21} < $K^\theta_{sp(AgI)} = 8.3 \times 10^{-17}$，因此，向 0.1mol/L 的 $[Ag(CN)_2]^-$ 配离子溶液（含有 0.10mol/L 的 CN^-）中加入 KI 固体，没有 AgI 沉淀产生。

3. 配位平衡之间的转化

在配位反应中，一种配离子可以转化成更稳定的配离子，即平衡向生成更难解离的配离子方向移动。两种配离子的稳定常数相差越大，则转化反应越容易发生。

如 $[HgCl_4]^{2-}$ 与 I^- 反应生成 $[HgI_4]^{2-}$，$[Fe(NCS)_6]^{3-}$ 与 F^- 反应生 $[FeF_6]^{3-}$，其反应式如下：

$$[HgCl_4]^{2-}+4I^- \rightleftharpoons [HgI_4]^{2-}+4Cl^-$$

$$[Fe(NCS)_6]^{3-}+6F^- \rightleftharpoons [FeF_6]^{3-}+6SCN^-$$

血红色　　　　　　　　　　无色

这是由于 $K^\theta_{稳[HgI_4]^{2-}} > K^\theta_{稳[HgCl_4]^{2-}}$；$K^\theta_{稳[FeF_6]^{3-}} > K^\theta_{稳[Fe(NCS)_6]^{3-}}$ 之故。

例题 6-3　计算反应 $[Ag(NH_3)_2]^+ + 2CN^- \rightleftharpoons [Ag(CN)_2]^- + 2NH_3$ 的平衡常数，并判断配位反应进行的方向。

解：查表得 $K^\theta_{稳[Ag(NH_3)_2]^+} = 1.12 \times 10^7$，$K^\theta_{稳[Ag(CN)_2]^-} = 1.0 \times 10^{21}$

$$K^\theta = \frac{c_{[Ag(CN)_2]^-} \cdot c^2_{NH_3}}{c_{[Ag(NH_3)_2]^+} \cdot c^2_{CN^-}} = \frac{c_{[Ag(CN)_2]^-} \cdot c^2_{NH_3}}{c_{[Ag(NH_3)_2]^+} \cdot c^2_{CN^-}} \cdot \frac{c_{Ag^+}}{c_{Ag^+}}$$

$$= \frac{K^\theta_{稳[Ag(CN)_2]^-}}{K^\theta_{稳[Ag(NH_3)_2]^+}} = \frac{1.0 \times 10^{21}}{1.1 \times 10^7} = 9.09 \times 10^{13}$$

反应向生成 $[Ag(CN)_2]^-$ 的方向进行。

通过以上讨论我们可以知道，形成配合物后，物质的溶解性、酸碱性、颜色等都会发生改变。在溶液中，配位解离平衡常与沉淀溶解平衡、酸碱平衡等发生相互竞争。利用这些关系，使各平衡相互转化，可以实现配合物的生成或破坏，以达到科学实验或生产实践的需要。

任务二 │ 配位滴定法

一、配位滴定概述

以配位反应为基础、以配位剂为标准溶液的滴定分析法称为配位滴定法。它是将配合剂配成标准溶液，直接或间接滴定被测物，并选用适当的指示剂来指示滴定终点。用于配位滴定的反应除应能满足一般滴定分析对反应的要求外，还必须具备以下条件。

（1）配位反应必须迅速且有适当的指示剂指示终点。

（2）配位反应严格按一定的反应式定量进行，只生成一种配位比的配位化合物。

（3）生成的配位化合物要相当稳定，以保证反应进行完全。

单齿（单基）配体与金属离子形成的简单配位化合物稳定性较差，且化学计量关系不易确定，大多不能用于配位滴定。而多齿配体与金属离子形成具有环状结构的螯合物，稳定性较高，符合配位滴定反应的要求。其中应用最广泛的是 EDTA 作为标准溶液的配位滴定分析方法。本节主要讨论 EDTA 滴定法。

二、EDTA 的性质及配合物的特点

1. EDTA 的性质

乙二胺四乙酸简称 EDTA，其分子式：

$$\text{HOOCH}_2\text{C} \diagdown \text{N-CH}_2\text{-CH}_2\text{-N} \diagup \text{CH}_2\text{COOH}$$
$$\text{HOOCH}_2\text{C} \diagup \quad\quad\quad\quad\quad \diagdown \text{CH}_2\text{COOH}$$

EDTA

EDTA 是四元酸，溶解度较小（22℃时每100mL水能溶解0.02g），难溶于酸和一般的有机溶剂，易溶于氨水和NaOH溶液，并生成相应的盐。通常都用它的二钠盐（用符号 $Na_2H_2Y \cdot 2H_2O$ 表示），习惯上仍简称EDTA，它在水中的溶解度较大，22℃每100mL水可溶解11.1g EDTA，此溶液浓度约为0.3mol/L，pH为4.2。

在水溶液中可分步离解，其电离式：

$$H_4Y \rightleftharpoons H_3Y^- \rightleftharpoons H_2Y^{2-} \rightleftharpoons HY^{3-} \rightleftharpoons Y^{4-}$$

其各级电离常数分别为：$K_1 = 1.0 \times 10^{-2}$；$K_2 = 2.14 \times 10^{-3}$；$K_3 = 6.72 \times 10^{-7}$；$K_4 = 5.5 \times 10^{-11}$。从各级电离常数看，第一级和第二级电离常数值较大。因此，它具有二元中强酸的性质。由于EDTA在水中分四步电离，所以在任何酸度下，EDTA的水溶液中总是同时存在着 H_4Y；H_3Y^-；H_2Y^{2-}；HY^{3-}；Y^{4-} 等五种形式。由于酸度不同，常以其中某一种形式存在为主。EDTA存在形式和酸度的关系如表6-1所示。

表6-1　　　　　　　　　　EDTA存在形式和酸度的关系

溶液的pH	<2	2~2.7	2.7~6.2	6.2~10.3	>10.3
主要存在形式	H_4Y	H_3Y^-	H_2Y^{2-}	HY^{3-}	Y^{4-}

2. EDTA与金属离子形成配位化合物的特点

（1）普遍性　EDTA有6个配位原子，几乎能与所有的金属离子形成配合物。以M表示金属离子，其配合反应可表示如下：

$$M^{2+} \quad\quad\quad\quad\quad MY^{2-}$$
$$M^{3+} + H_2Y^{2-} \rightleftharpoons MY^- + 2H^+$$
$$M^{4+} \quad\quad\quad\quad\quad MY$$

这是由于分子中含有两个叔胺基和四个羧基都具有与金属离子配合的能力，它既可作为四基配位体，也可作为六基配位体，配合能力很强，绝大多数的金属离子均能与EDTA形成多个五元环的配合物。

（2）组成一定　EDTA与金属离子（不考虑离子的电荷）形成的配合物配位比一般为1∶1，使分析结果的计算简单化，滴定时所消耗EDTA的物质的量就等于被测金属离子的物质的量。如：

$$M^{2+} + H_2Y^{2-} \rightleftharpoons MY^{2-} + 2H^+$$

少数高价金属离子与配合时，不是以1∶1结合的。例如，与五价钼形成的配合物是2∶1结合的。

（3）稳定性高　EDTA与金属离子形成多个五元环，由于合效应，使其形成的配合物稳定性都很高。

（4）带电易溶　EDTA与金属离子形成的配位化合物大多带电荷，能溶于水，使滴定能在水中进行。

（5）无色金属离子与EDTA形成无色配合物　有时金属离子与EDTA形成颜色更深的

配合物。

3. 酸度对 EDTA 滴定的影响

从配位反应

$$M+H_2Y^{2-} \longrightarrow MY^{2-}+2H^+$$

可以看出，反应进行的完全程度与溶液中 H^+ 浓度有关，当 H^+ 浓度增大时，平衡向左移动，配合物离解。K_f 值愈大该配合物完全离解所需的 H^+ 浓度也愈大，例如，[FeY]$^-$ 的 $K_f=1.26\times10^{25}$，表明 [FeY]$^-$ 很稳定，即使在 pH=1 的酸性溶液中也能稳定存在，无显著离解现象。而 [MgY]$^{2-}$ 的 $K_f=5.0\times10^8$，其稳定性很小，当 pH 在 4~5 时，几乎完全离解，因此配合滴定时，必须严格控制溶液的 pH，这不仅可使反应定量地进行，还可提高反应的选择性。

可以算出用 EDTA 滴定各种金属离子时的最低 pH。以 pH 对 $\lg K_{MY}$ 作图，即得 EDTA 滴定一些金属离子所允许的最低 pH 曲线。如图 6-3 所示，此曲线称酸效应曲线。

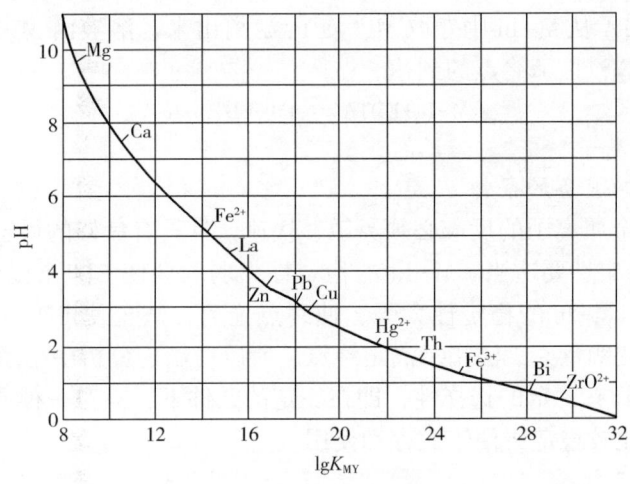

图 6-3　酸效应曲线图

从曲线上可以看出：

（1）进行各种离子滴定时的最低 pH。如果小于该 pH，就不能配位或配位不完全，滴定不能定量地进行。如滴定 Fe^{3+}，pH 必须大于 1；滴定 Zn^{2+}，pH 就必须大于 4。

（2）在一定 pH 范围内，哪些离子可被滴定，那些离子会有干扰。如在 pH=10 附近滴定 Mg^{2+} 时，Ca^{2+} 或 Mn^{2+} 等位于 Mg^{2+} 上面的离子都会有干扰，它们均可同时被滴定。

（3）利用控制溶液酸度的办法能在同一种溶液中进行选择滴定或连续滴定。如当溶液中含有 Bi^{3+}、Zn^{2+}、Mg^{2+} 时，可用甲基百里酚蓝作指示剂，在时 pH=1.0，用 EDTA 滴定 Bi^{3+}，然后在 pH=5.0~6.0 时，连续滴定 Zn^{2+}，最后在 pH=10.0~11.0 时滴定 Mg^{2+}。

实际上滴定时所采用的 pH，要比允许的最低 pH 稍高一些，这样可使被滴定的金属离子配合的更完全。但 pH 过高，会引起金属离子的水解，生成羟基配合物，甚至氢氧化物，妨碍配合物的形成。不同金属离子用 EDTA 滴定时，都有一定范围的限制，不在这个范围，都不能进行滴定。此外，选择 pH 时还需考虑指示剂变色的需要。

三、金属指示剂

配合滴定法和其他滴定法一样,终点到达时,需用合适的指示剂来确定。因为在配合滴定中,指示剂是指示被滴定溶液中金属离子浓度变化的,所以称为金属指示剂。

1. 金属指示剂的变色原理

金属指示剂是一种显色剂(有机染料),能与被滴定的金属离子生成与其本身颜色不同的配位化合物,而其稳定性比金属离子与 EDTA 形成的配位化合物要小。在 EDTA 滴定中,将少量指示剂加入到待测金属离子溶液中,一部分金属离子与指示剂形成有色配位化合物:

$$M + In \rightleftharpoons M-In$$
$$\text{甲色} \qquad \text{乙色}$$

上述方程式(不考虑电荷)中,M 代表金属离子,In 代表指示剂,此时溶液显 M-In 的颜色(乙色)。滴定过程中,金属离子逐渐被配位,与 EDTA 形成配位化合物。当达到化学计量点时,EDTA 从 M-In 中夺取 M,使 In 游离出来,溶液由 M-In 颜色(乙色)变为 In 的颜色(甲色),指示终点的到达。

$$M-In + EDTA \rightleftharpoons M-EDTA + In$$
$$\text{乙色} \qquad\qquad \text{甲色}$$

2. 金属指示剂应具备的条件

(1) 指示剂与金属离子的反应必须灵敏、快速,且具有良好的可逆性。

(2) M-In 的稳定性要适当。M-In 的稳定性太弱,会使 EDTA 提前从其中将 In 游离出来,使终点提前;M-In 的稳定性太强,使终点拖后,甚至使 EDTA 不能从其中夺取金属离子,从而不改变颜色,无法指示滴定终点。所以,滴定分析中指示剂的选择很重要。

(3) 指示剂应具有一定的选择性,即在一定的条件下,只对一种或几种离子发生显色反应同时指示剂应比较稳定,便于贮存和使用。

3. 常用金属指示剂

金属指示剂很多,在此我们介绍两种。

(1) 铬黑 T 铬黑 T 简称 EBT,化学名称:1-(1-羟基-2-萘基偶氮基)-6-硝基-2 萘酚-4-磺酸钠。结构如下:

EBT

铬黑 T 溶于水时,在溶液中有下列酸碱平衡:

$$H_2In^- \rightleftharpoons HIn^{2-} \rightleftharpoons In^{3-}$$
$$\text{紫红色} \qquad \text{蓝色} \qquad \text{橙色}$$
$$pH < 6 \qquad pH = 7 \sim 11 \qquad pH > 12$$

在不同的 pH 水溶液中,铬黑 T 呈现不同的颜色。铬黑 T 与 Mg^{2+}、Zn^{2+}、Cd^{2+}、Mn^{2+}、Ca^{2+} 等二价金属离子形成稳定的配位化合物,在 pH = 7~11 的溶液中配位化合物呈现红色。

此时铬黑T显蓝色，颜色变化明显，所以，铬黑T只能在pH=7~11范围内使用，最适宜的酸度是pH=9~10.5。滴定过程中，颜色变化为：酒红→紫色→蓝色。Al^{3+}、Fe^{3+}、Co^{3+}、Ni^{2+}、Cu^{2+}、Ti^{4+}等对指示剂有封闭作用。

铬黑T固体性质稳定，但其水溶液只能保存几天，因此常将铬黑T与干燥的NaCl或KNO_3等中性盐按1∶100混合，配成固体混合物，也可配成三乙醇胺溶液使用。

（2）钙指示剂 钙指示剂又称NN或称钙红。化学名称：2-羟基-1-（2-羟基-4-磺酸基-1-萘基偶氮基）-3-萘甲酸。其结构如下：

钙指示剂

钙指示剂纯品为紫黑色粉末，很稳定，其水溶液或乙醇溶液均不稳定，故一般与NaCl按1∶100混合研为粉末后使用。

钙指示剂的颜色变化：

$$H_2In^- \rightleftharpoons HIn^{2-} \rightleftharpoons In^{3-}$$

酒红色　　　蓝色　　　浅粉红色

pH<8.0　　pH=8~13　　pH>13.0

钙指示剂在pH为8~13间与Ca^{2+}形成酒红色配位化合物，指示剂自身呈现纯蓝色。因此，当pH介于8~13之间，用EDTA滴定Ca^{2+}，终点时溶液呈蓝色。

配位滴定常用的指示剂除铬黑T、钙指示剂外，还有二甲酚橙、PAN、酸性络蓝K等，在此不一一介绍。

四、提高配位滴定选择性的方法

在实物分析中，遇到的样品组成往往是比较复杂的，其待测试夜中会有多种金属离子共存。由于EDTA具有很强的配合能力，能与多种金属离子作用，而得到广泛应用，同时也会带来多种金属离子共存进行测定时，相互干扰的问题。因此如何消除干扰，成为配合滴定中要解决的重要问题。提高配合滴定的选择性，就是要设法消除共存离子（N）的干扰，以便准确地滴定待测金属离子（M）。常用的方法有以下几种。

1. 控制溶液酸度

溶液酸度不仅影响被测离子与所形成配合物的稳定性，也同样影响干扰离子N与EDTA所形成配合物的稳定性。因此，所要控制的溶液酸度，应既能保持$c_M K'_{Fmy} \geq 10^6$，$c_N K'_{Fny} \leq 10^3$，这样就能准确滴定M而N不发生干扰。也可以利用酸效应曲线，找出滴定M时的最高允许酸度及N存在下滴定M的最低允许酸度，从而确定pH范围。

2. 利用掩蔽作用

若被测离子和干扰离子与EDTA形成配合物的稳定性相差不多，就不能利用控制酸度的办法准确滴定。此时可利用掩蔽剂来降低干扰离子的浓度以消除干扰。

这种利用化学反应而不经分离消除干扰的方法称为掩蔽。实质上是加入一种试剂，使干扰离子失去正常的性质，使其以另一种形式存在于体系中，从而降低该体系中干扰物质的浓度。常用的掩蔽方法有配位掩蔽法、沉淀掩蔽法和氧化还原掩蔽法。

(1) 配位掩蔽法　这种方法是利用干扰离子与掩蔽剂生成更为稳定的配合物。此法在配位滴定中应用很广泛。例如，测定水中 Ca^{2+}、Mg^{2+} 含量时，Fe^{3+}、Al^{3+} 对测定干扰。若先加入三乙醇胺与 Fe^{3+}、Al^{3+} 生成更稳定的配合物，就可以在 pH = 10 时直接测定水的总硬度。

(2) 沉淀掩蔽法　这种方法是利用干扰离子和掩蔽剂形成沉淀，以降低干扰离子的浓度，消除干扰。例如，用 EDTA 配位滴定法测定水中钙硬度时，可加入 NaOH 溶液，使 pH>12，则 Mg^{2+} 生成 $Mg(OH)_2$ 沉淀，而不干扰 EDTA 滴定 Ca^{2+}。

(3) 氧化还原掩蔽法　这种方法利用氧化还原反应改变干扰离子价态以消除干扰。例如，测定 Bi^{3+}、Fe^{3+} 混合溶液中的 Bi^{3+} 含量。由于 $\lg K'_{f\,BiY^-} = 27.94$，$\lg K'_{f\,FeY^-} = 25.1$，其两者的稳定常数相差很小，因此，$Fe^{3+}$ 干扰 Bi^{3+} 的测定。若在溶液中加入抗坏血酸或盐酸羟胺，将 Fe^{3+} 还原为 Fe^{2+}，由于 $\lg K'_{f\,FeY^{2-}}$ 比 $\lg K'_{f\,FeY^-}$ 要小得多 [$\lg K'_{FeY^{2-}} = 14.3$，$\lg K'_{FeY^-} = 25.1$]，所以能消除 Fe^{3+} 的干扰。

3. 利用解蔽作用

用适当的方法把已被掩蔽的离子解除掩蔽，使之游离出来的作用称为解蔽作用。例如，有待测离子 Zn^{2+} 和 Mg^{2+} 共存时，可先加入 KCN 使 Zn^{2+} 形成 $[Zn(CN)_4]^{2-}$ 配合离子而掩蔽起来，待在 pH = 10 的条件下用 EDTA 单独滴定 Mg^{2+} 后，再加入甲醛破坏 $[Zn(CN)_4]^{2-}$，反应如下：

$$[Zn(CN)_4]^{2-} + 4HCHO + 4H_2O \Longrightarrow Zn^{2+} + 4H_2(HO)C-CN + 4OH^-$$

然后调节 pH = 5~10，用 EDTA 继续滴定释放出来的 Zn^{2+}。

五、配位滴定法的应用

1. EDTA 标准溶液的配制和标定

由于蒸馏水中或容器壁可能污染有金属离子，所以 EDTA 标准溶液大都采用间接法配制，即先粗配成近似浓度的溶液，然后用基准物质标定。常用的 EDTA 标准溶液的浓度为 0.01~0.05mol/L，一般用 $Na_2H_2Y \cdot 2H_2O$ 配制，其摩尔质量为 372.2g/mol。例如，预配制 0.01mol/L 的 EDTA 标准溶液 500mL，方法如下：在台秤上粗称分析纯的 $Na_2H_2Y \cdot 2H_2O$ 1.9g 溶于 200mL 温水中，冷却后用蒸馏水稀释至 500mL 摇匀，保存在试剂瓶中，贴上标签备用。

标定 EDTA 的基准物质很多，如金属纯锌、铜、ZnO、$CaCO_3$ 和 $MgSO_4 \cdot 7H_2O$ 等，实验室中多采用金属锌为基准物质。先采用稀 HCl 洗涤金属锌 2~3 次，除去表面氧化层，然后用蒸馏水洗净，再用丙酮漂洗 2 次，沥干后于 110℃烘 5min 备用。

标定可选用二甲酚橙（XO）指示剂在 pH = 5~6 条件下进行，终点由红色变为亮黄色，很敏锐；如选用铬黑 T 在 pH = 10 的 $NH_4Cl-NH_3 \cdot H_2O$ 缓冲溶液中进行，终点由红色变为蓝色。由于 EDTA 通常与各种价态的金属离子以 1:1 配位，所以不论是标定还是测定，结果的计算都比较简单。

对标定：N + Y = NY（N 代表金属离子）

$$c_Y = \frac{m(N) \times 1000}{M \times V_Y}$$

对测定：

$$w(\mathrm{N}) = \frac{c_Y V_Y \cdot M}{m \times 1000} \times 100\%$$

2. 应用实例——水总硬度和钙、镁离子含量的测定

天然水中含有 Ca^{2+}、Mg^{2+}、Fe^{2+}、Zn^{2+}、Cu^{2+}、Mn^{2+} 等离子，但除了 Ca^{2+}、Mg^{2+} 外其他金属离子的含量甚微，可忽略不计，所以测定水的总硬度就是测定水中 Ca^{2+}、Mg^{2+} 的总量。

以铬黑 T 为指示剂，在 pH=10 的 NH_4Cl-$NH_3 \cdot H_2O$ 缓冲液中进行。

测定时，先取一定量的水样，在 pH=10 的 NH_4Cl-$NH_3 \cdot H_2O$ 缓冲溶液中进行测定，可测得 Ca^{2+}、Mg^{2+} 的总量。移取一定量的水样。先用 6mol/L 的 NaOH 调节水样的 pH≈12，使 Mg^{2+} 生成 $Mg(OH)_2$ 沉淀后加入钙指示剂，终点时溶液由红色变为蓝色，可测得 Ca^{2+} 的含量，从而得到水的总硬度以及 Ca^{2+}、Mg^{2+} 的含量等数据。

实习实训11

水中总硬度及 Ca^{2+}、Mg^{2+} 含量的测定

【实训目的】
1. 了解水的硬度的测定意义和常用的硬度表示方法。
2. 了解缓冲溶液的应用。
3. 掌握 EDTA 法测定水的硬度的原理、方法和计算。
4. 掌握铬黑 T 和钙指示剂的应用，了解金属指示剂的特点。

【实训原理】

一般含有钙、镁盐类的水叫硬水。用来衡量水中钙、镁盐类含量高低的称为硬度，硬度有暂时硬度和永久硬度之分。由钙、镁的酸式碳酸盐引起的称为暂时硬度；有钙、镁的硫酸盐、氯化物、硝酸盐引起的称为永久硬度。暂时硬度和永久硬度的总和称为"总硬"。由镁离子形成的硬度称为"镁硬"，由钙离子形成的硬度称为"钙硬"。含钙盐和镁盐的水称为硬水。水的总硬度是将水中的 Ca^{2+}、Mg^{2+} 均折合为 CaO 或 $CaCO_3$ 来计算的。每 1L 中含 10mg CaO 叫一个德国度（°）。一般当<4°为很软水，4°~8°为软水，8°~16°为中硬水，16°~32°为硬水，>32°为很硬水。

水中钙、镁离子含量，可采用 EDTA 为标准溶液的络合滴定法来测定。钙硬测定原理同以 $CaCO_3$ 为基准 EDTA 标准溶液的标定。总硬则以铬黑 T 为指示剂，调节溶液 pH≈10，以 EDTA 标准溶液滴定之。根据消耗 EDTA 标准溶液的体积和浓度，即可计算水的总硬；镁硬=总硬-钙硬。

【仪器及试剂】
1. 仪器用具

50mL 酸式滴定管、台秤、分析天平、锥形瓶、25mL 移液管、250mL 容量瓶、烧杯、试剂瓶、100mL 量筒、表面皿等。

2. 试剂

0.0100mol/L EDTA 标准溶液、NH_3-NH_4Cl 缓冲溶液（pH≈10，称取固体氯化铵 67g，溶于少量水中，加浓氨水 570mL，用水稀释至 1L）、10% NaOH 溶液、钙指示剂、铬黑 T 指示剂等。

【过程设计】

1. 总硬的测定

量取澄清的水样 50mL，放入 250mL 锥形瓶中，加入 5mL NH_3-NH_4Cl 缓冲溶液，摇匀。再加入少许铬黑 T 固体指示剂，边加边摇，至溶液呈酒红色，以 0.01mol/L EDTA 标准溶液滴定至纯蓝色，即为终点，记下消耗 EDTA 的体积。

2. 钙硬的测定

量取澄清的水样 50mL，放入 250mL 锥形瓶内，加 5mL 10% NaOH 溶液，摇匀，再加入少许钙指示剂，边加边摇匀至溶液呈淡红色。用 0.01mol/L EDTA 标准溶液滴定至纯蓝色，即为终点，记下消耗的 EDTA 体积。

3. 镁硬的测定

$$总硬 - 钙硬 = 镁硬$$

4. 结果计算

$$\rho_{Ca}\ (mg/L) = \frac{c_{EDTA} \times V_2 \times M_{Ca} \times 1000}{V_{水}}$$

$$\rho_{Mg}\ (mg/L) = \frac{c_{EDTA} \times (V_1 - V_2) \times M_{Mg} \times 1000}{V_{水}}$$

$$总硬度\ (°) = \frac{c_{EDTA} \times V_1 \times M_{CaO} \times 100}{V_{水}}$$

式中　c_{EDTA}——EDTA 标准溶液的浓度，mol/L；

V_1——铬黑 T 终点 EDTA 的用量，mL；

V_2——钙指示剂终点 EDTA 的用量，mL；

$V_{水}$——水样体积，mL；

M_{Ca}——Ca 的摩尔质量，g/mol；

M_{Mg}——Mg 的摩尔质量，g/mol；

M_{CaO}——CaO 的摩尔质量，g/mol。

【数据记录与结果处理】

表 6-2　　　　　　　　　　　　水的总硬度测定数据记录表

项目	I	II	III
EDTA 的浓度/(mol/L)			
移取水试样体积/mL			
V_{EDTA}/mL			
$CaCO_3$ 含量/(mg/mL)			
$CaCO_3$ 平均含量/(mg/mL)			
相对偏差/%			
平均相对偏差/%			

续表

项目	I	II	III
总硬度			
钙硬			
镁硬			

【注意事项】

（1）自来水样较纯，杂质少，可省去水样酸化、煮沸、加 Na_2S 掩蔽等步骤。

（2）如果 EBT 指示剂在水平中变色缓慢，则可能是由于 Mg^{2+} 含量低，这时应在滴定前加入水量 Mg^{2+}-EDTA 溶液。

（3）开始滴定时滴定速度宜稍快，接近终点时滴定速度宜慢，每加 1 滴 EDTA 溶液后，都要充分摇匀。

【参考学时】

2 学时。

【实训思考】

1. 配位滴定中为什么要加入缓冲溶液？

2. 为什么滴定 Ca^{2+}、Mg^{2+} 总量时要控制 pH≈10，而滴定 Ca^{2+} 分量时要控制 pH 为 12~13？若 pH>13 时测 Ca^{2+} 对结果有何影响？

项目小结

（1）**配位化合物** 由中心离子（或原子）和几个配体分子（或离子）以配位键相结合而形成的复杂分子或离子，通常称为配位单元。凡是含有配位单元的化合物都称作配位化合物，简称配合物。

（2）**配离子命名**

①命名配离子时，配位体的名称放在前，中心离子（或中心原子）名称放在后。

②配位体和中心原子的名称之间用"合"字相连。

③中心原子为离子，在金属离子的名称之后附加带圆括号的罗马数字，以表示离子的价态。

④用中文数字在配位体名称之前表明配位数。

⑤如果配合物中有多个配位体，配位体命名的排列次序为：阴离子配位体在前，中性分子配位体在后；无机配位体在前，有机配位体在后。同类配位体中，按配位原子的元素符号在英文字母表中的次序分出先后，在前面的先命名。配位原子相同，配体中原子个数少的在前面。不同配位体的名称之间用圆点分开。

（3）**配位离解平衡** 当配位和离解反应的速率相等时，体系所处的状态叫配位离解平衡。配离子从一个平衡状态变化到另一个平衡状态的过程叫配位平衡的移动。导致配位平衡移动的因素：溶液酸度对配位离解平衡的影响；沉淀反应对配位离解平衡的影响；配位平衡之间的转化。

（4）配位滴定法　根据配位反应建立的滴定分析法称为配位滴定法。

EDTA 是一种多齿配位体，可与大多数金属离子形成 1∶1 的配合物，是配位滴定法中最常用的滴定剂。

溶液的酸度是影响配位滴定的重要因素。通过控制酸度；利用掩蔽或解蔽的方法可有效地提高配位滴定的选择性。

配位滴定中使用的指示剂称为金属指示剂。金属指示剂本身是配位体，其游离态和配位化合物具有不同的颜色，可在滴定前后发生颜色的变化。

常用的金属指示剂：铬黑 T 和钙指示剂。

目标检测

一、填空

1. 写出下列配合物的化学式：
（1）六氟合铝（Ⅲ）酸_____；
（2）二氯化三乙二胺合镍（Ⅱ）_____；
（3）氯化二氯·四水合铬（Ⅲ）_____；
（4）六氰合铁（Ⅱ）酸铵_____。

2. 配合物 $Ni(CO)_4$ 中配位体是_____；配位原子是_____；配位数是_____；命名为_____。

3. 配合物 $K_3[Al(C_2O_4)_3]$ 的配位体是_____，配位原子是_____，配位数是_____，命名为_____。

4. EDTA 的化学名称为_____；分子中有____个配位原子；与金属离子形成配合物的配位比一般为_____；并且形成多个环，稳定性很高。

5. 提高配位滴定选择性的方法通常是_____、_____。

6. 配位化合物是中心离子和配位体以键结合成的复杂离子或分子。配位体分为_____和_____两类。其中滴定分析用的 EDTA 属于_____。

7. EDTA 与金属离子形成配合物的特点是_____、_____、_____。

二、选择题

1. 一分子的 EDTA 可提供的配位原子个数为（　　）。
A. 3　　　　　　　　　　　　B. 5
C. 6　　　　　　　　　　　　D. 4

2. 使用铬黑指示剂时，应该控制的 pH 范围是（　　）。
A. 8～12　　　　　　　　　　B. 6～8
C. 7～11　　　　　　　　　　D. 10～13

3. 用 EDTA 滴定法测定水中的 Ca^{2+} 时，选用下面的方法消除 Mg^{2+} 的干扰（　　）。
A. 配位掩蔽法　　　　　　　　B. 沉淀掩蔽法
C. 氧化还原掩蔽法　　　　　　D. 萃取掩蔽法

4. EDTA 与金属离子形成的配合物的配位比一般为（　　）。
A. 1∶1
B. 1∶2
C. 2∶1
D. 1∶3

三、计算题

取 100.00mL 水样，以铬黑 T 为指示剂，在 pH=10 时用 0.0106mol/L EDTA 标准溶液滴定，消耗 31.30mL。另取 100.00mL 水样，加 NaOH 使成碱性，Mg^{2+} 成 $Mg(OH)_2$ 沉淀，用 EDTA 标准溶液 19.20mL 滴定至钙指示剂变色为终点。计算水的总硬度（以 CaO mg/L 表示）及水中钙和镁的含量。

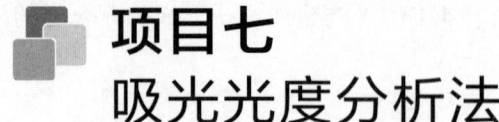

项目七
吸光光度分析法

【知识目标】
1. 理解光的吸收曲线。
2. 掌握光的吸收定律——朗伯-比尔定律,理解吸光度与溶液的浓度。
3. 认知分光光度计的基本结构。
4. 掌握定量分析方法中的标准曲线法。

【能力目标】
1. 能准确配制系列标准溶液。
2. 能进行标准溶液工作曲线的绘制。
3. 能运用标准曲线法对样品中的待测组分进行测定。

任务一 | 吸光光度法的基本原理

一、光与物质颜色的关系

许多溶液在阳光下呈现不同的颜色,而这些五彩缤纷的颜色背后,反映了物质的什么特性?实验证明,溶液的显色是由于对光的选择性吸收作用造成的。

光是一种电磁波,具有波动性和粒子性,当某种物质受到光的照射时,光的能量就会传递到物质的分子上,这就是物质对光的吸收作用。不同的物质因为结构不同,对不同波长光的吸收也会不同。

人们所能看见的光称为可见光,其波长范围在400~760nm。白光(日光、日光灯光等)是由不同颜色的光混合而成的复合光。白光经过分光设备,可分为红、橙、黄、绿、青、蓝、紫七种单色光。不仅这七种颜色的光可以共同混合成白光,如果把适当颜色的两种光按一定的强度比例混合,也可得到白光,这两种单色光即可称为互补色光。具体关系如图7-1所示,直线相连的两种光即为互补光。对于物质来说,物质之所以呈现出不同的颜色,是由于它们吸收了某种单色光,而使自身显现出被吸收颜色的互补色。以高锰酸钾溶液为例，因其吸收了白光中的绿色光，而呈现出紫红色。假如某溶液对各种颜色的光吸收程度相同，该溶液就是无色透明的。

如果将各种波长的单色光依次通过某物质的溶液，测量该溶液对各波长光的吸收程度，以吸光度 A 为纵坐标，以波长为横坐标，可以得到一条曲线，称为吸收光谱曲线（如图 7-2 所示），其光吸收程度最大处的波长称为最大吸收波长，用 λ_{max} 表示。不同物质的吸收光谱曲线不同，可作为物质定性鉴别的依据。

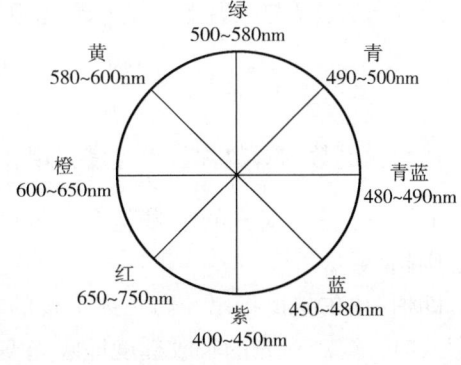

图 7-1 互补色示意图

同时，当有色溶液浓度变化时，溶液颜色也会随之变化，浓度越高，溶液颜色越深。这是因为当物质浓度不同时，对所相应波长的光的吸收程度也会不同（如图 7-3 所示）。因此，在分析实践中，以一定波长的光通过某物质的溶液，测量该物质对光的吸收程度，也就可以测出该物质的含量。这种方法称为吸光光度分析法。

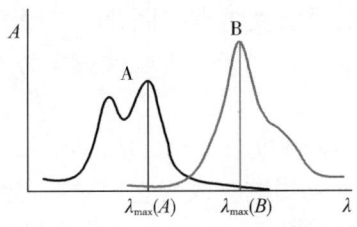

图 7-2 吸光光谱曲线图

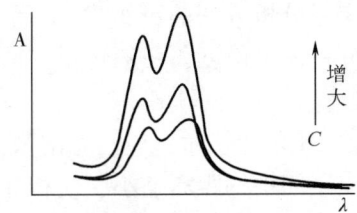

图 7-3 波长吸光度图

吸光光度法的特点如下：

①灵敏度高：吸光光度法测定溶液浓度的下限一般为 $10^{-5} \sim 10^{-6}$ mol/L，相当于质量分数的 0.0001%~0.001%。

②准确度较高：吸光光度法的相对误差一般为 2%~5%，虽然比质量分析、滴定分析法低，但对于微量成分的测定，已完全能满足要求。因为在浓度很低的情况下，重量分析法和滴定分析法也很难准确测定，甚至是无法测定。

③应用范围广：几乎所有的无机离子和许多有机化合物都能通过吸光光度法测定其含量。

④操作简便快捷：吸光光度法所用设备不复杂，操作简便，进行分析时，一般只进行显色和测吸光度两个步骤，即可得到分析结果。

二、光的吸收定律——朗伯-比尔定律

实践证明，如果保持入射光线强度不变，有色溶液对光的吸收程度与该溶液的、液层的厚度有关。郎伯和比尔分别于 1768 年和 1859 年研究了有色溶液的吸光程度与溶液浓度和液层厚度的关系，奠定了吸光光度法理论的基石。

当一束平行的单色光通过含有吸光物质的溶液后，透过溶液射出的光线强度会有所减

弱。透过光强度 I 与入射光强度 I_0 之比称为透射比，又称透光率，用 T 表示。数学表达式：

$$T = \frac{I}{I_0}$$ （T 越大，表示溶液对光的吸收程度越小；反之则越大）

透射比倒数的对数称为吸光度，用 A 表示：$A = \lg \frac{I_0}{I} = \lg \frac{1}{T}$

A 代表了溶液对光的吸收程度，是量纲为 1 的量；A 越大，则溶液对光的吸收越大，反之则越小。

朗伯-比尔定律指出，当一束平行的单色光通过均匀的、非散射的含有吸光物质的有色溶液时，溶液对光的吸收程度即吸光度与溶液的浓度和液层厚度的乘积成正比。即：

$$A = \kappa bc$$

式中：A 为吸光度；κ 为比例常数；b 为液层厚度；c 为溶液浓度。

当溶液浓度以 mol/L 表示时，则此时的吸收系数称摩尔吸光系数，用 ε 表示。则其数学表达式：

$$A = \varepsilon bc$$

摩尔吸光系数 ε 表示溶液浓度为 1mol/L，液层厚度为 1cm 时溶液的吸光度，单位为 L/(mol·cm)。它是各种吸光物质对一定波长单色光吸收的特征常数，可作为定性分析的参考和估量定量分析方法的灵敏度。ε 越大，方法的灵敏度越高。因此，在吸光光度分析中，为提高分析的灵敏度，一般选择 ε 较大的物质，并以其最大吸收波长作为入射光工作波长。

使用朗伯-比尔定律时，应注意溶液的浓度。在高浓度（$c > 0.01$mol/L）时，吸光物质的分子或离子间平均距离缩小，使相邻吸光微粒相互影响，改变它们对特定波长光的吸收能力，使吸光度与浓度之间的线性关系发生偏离。当 $c \leq 0.01$mol/L，微粒间的相互作用可忽略不计，所以一般认为朗伯-比尔定律仅适用于稀溶液。

三、显色反应和显色剂

在吸光光度分析时，不是所有的待测物质都具备颜色，对于无色的物质，可加入显色剂使其变成有色物质，然后进行测定。

被测物质在某一试剂的作用下，生成有色化合物（或络合物）或使该试剂颜色变化的反应，称为显色反应，而这类试剂就叫显色剂。对于显色反应，一般应满足以下条件：

1. 灵敏度高

吸光光度法通常用于测量微量组分，所以灵敏度高的显色反应更为有利。灵敏度的高低，可从摩尔吸光系数（ε）的高低来判断。ε 越大，灵敏度越高。但对于高含量的组分测定，则不一定要选择灵敏度高的显色反应。

2. 选择性好

一种显色剂最好只和一种被测组分发生显色反应，以减少干扰。或产生的干扰离子容易被消除，再或者产生的干扰离子与生成的有色化合物的最大吸收波长（λ_{max}）相隔较远。

3. 生成的有色化合物性质稳定

生成的有色化合物不易受外界环境的影响，如在日光照射条件下不发生变化、不与空气中的 O_2 和 CO_2 反应等。

4. 有色化合物与显色剂之间色差要大

这样显色时变化鲜明，试剂空白一般较小，可提高测定的准确度。一般要求有色化合物与显色剂的最大吸收波长之差在 60nm 以上。

四、影响显色反应的因素

1. 显色剂的用量

吸光光度分析中，为使显色反应尽量反应完全，加入的显色剂常常需要过量。但过量太多的显色剂容易引起副反应，影响测定结果。同时，不少显色剂本身具有颜色，过量太多会使空白增高。

所以，显色剂的适宜用量，要通过实验来确定，实验方法是在几个相同组分中加入不同量的显色剂，分别测定其吸光度，绘制吸光度与显色剂用量的关系曲线（如图 7-4 所示）。在曲线的平坦处选取一个适当的显色剂用量（稍稍过量）。

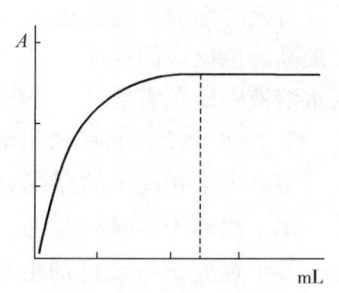

图 7-4　吸光度与显色剂用量的关系曲线

2. 溶液的酸度

溶液的酸度对显色反应的影响很大，这是由于它可以直接影响金属离子和显色剂的存在以及所形成的有色络合物的组成和稳定性。溶液酸度的影响主要体现在以下几方面：

①对显色剂本身颜色的影响：不少有机显色试剂在不同的酸碱度下，颜色不同，有的颜色可能干扰到有色络合物的颜色。例如偶氮胂Ⅲ，在 pH≤3 时，呈玫瑰红色；在 7≥pH≥4 时，呈紫色；在 pH>7 时，呈蓝色。

②对显色剂浓度的影响：由于不少有机显色剂是弱酸，因而溶液中的酸度影响其离解度，即其浓度，进而影响显色反应的反应程度。

③对金属离子价态的影响：很多高价态金属离子容易水解，在酸度较小的情况下，能形成碱式盐或氢氧化物沉淀，影响测定。

④对络合物组成的影响：对于一些逐级生成络合物的显色反应，酸度不同，络合物的络合比不同，其颜色也不同。例如磺基水杨酸与 Fe^{3+} 的显色反应，在不同的酸度条件下，可生成 1∶1、1∶2 和 1∶3 三种颜色的络合物。在这种情况下，必须控制适宜的酸度，才能获得较好的分析结果。

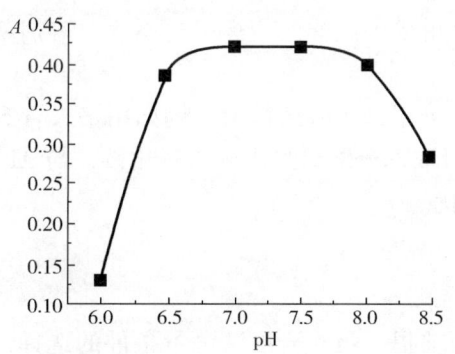

图 7-5　吸光度与 pH 的关系曲线

选择显色反应适宜的酸度范围，可通过绘制酸度曲线来确定。其方法：待测组分及显色剂浓度不变，通过改变溶液的 pH，绘制吸光度与 pH 的关系曲线（如图 7-5 所示），选择曲线平坦部分对应的 pH 范围做为最佳酸度范围。

3. 显色温度

显色反应一般在室温下进行，但也有的反应需要加热至一定温度才能进行。在温度较高时，有色物质又容易分解。为此，不同显色反应需要通过实验找出适宜的温度。

4. 显色时间

大多数显色反应需要经过一定的时间才能反应完全，其时间的长短又与温度有关。例如硅钼蓝法测硅，在室温下需要 10min 以上，而在沸水浴中只需 30s。有的有色物质生成后，性质相当稳定，这类反应的测定时间比较宽松；而有的有色物质生产后，久置可能发生变化，就需要在显色后尽快测定完毕。

5. 溶剂的影响

有机溶剂能降低有色络合物的离解度，从而提高显色反应的灵敏度。同时有机溶剂还能提高显色反应的速率，以及影响有色络合物的溶解度和组成。如用氯代磺酚 S 测定 Nb，在水溶液中显色需要几个小时，加入丙酮后只需 30min。

6. 溶液中干扰离子的影响及消除方法

溶液中干扰离子的存在对吸光光度法测定的主要影响：

①干扰离子本身有颜色，影响测定。例如 Cu^{2+} 显蓝色、Co^{2+} 显红色、Fe^{3+} 显黄色。

②干扰离子与显色剂生成有色络合物，使测定结果偏高。例如用 H_2O_2 测定 Ti^{4+} 时，Mo^{6+}、Ce^{4+} 等与 H_2O_2 同样能形成黄色络合物，从而干扰实验结果。

③干扰离子与显色剂生成无色络合物，消耗显色试剂而使被测离子与显色剂反应不完全。例如用水杨酸测 Fe^{3+} 时，Al^{3+}、Cu^{2+} 离子就会产生此类影响。

④干扰离子与被测离子形成离解度小的化合物。例如用 SCN^- 测定 Fe^{3+} 时，由于 F^- 的存在，能与 Fe^{3+} 形成 $[FeF_6]^{3-}$，从而影响测定结果。

⑤干扰离子具有强氧化性或还原性时，易破坏显色剂。例如 Mn^{7+}、V^{5+} 存在时，能破坏偶氮胂Ⅲ，影响显色。

消除干扰的方法主要有以下几种：

①控制溶液的酸度：许多显色剂是有机弱酸，控制溶液的酸度就可以控制显色剂的浓度，使某种金属离子显色，而使其余一些金属离子不能生成有色络合物。例如以水杨酸测定 Fe^{3+} 时，Cu^{2+} 也能形成黄色络合物。但两种络合物的离解常数不一样，当溶液 pH = 2.5 时，Cu^{2+} 不能与水杨酸生成络合物，而 Fe^{3+} 则能完全形成有色络合物。

②加入掩蔽剂：在显色试剂中加入一种能与干扰离子反应，生成无色络合物的试剂，也是消除干扰的常见办法。例如，用硫氰酸盐测定 Co^{2+} 时，Fe^{3+} 会产生干扰，可加入氟化物，使 Fe^{3+} 形成无色的 $[FeF_6]^{3-}$，即可消除干扰。此外，还可利用氧化还原反应，改变干扰离子的价态，从而消除干扰。例如用硫氰酸盐测定钼，加入还原剂，将产生干扰的 Fe^{3+} 还原为 Fe^{2+}，Fe^{2+} 不能与 SCN^- 发生显色反应。这样就能去除的 Fe^{3+} 干扰。

③分离干扰离子：在没有合适的掩蔽试剂时，可采用沉淀法、离子交换法、溶剂萃取法等分离方法去除干扰离子。

④利用参比溶液：某些干扰离子带来的影响，可用参比溶液抵消。例如用铬天青 S 测定 Al^{3+} 时，Ni^{2+}、Cr^{3+} 会对测定形成干扰。为此，可取部分溶液加入少量氟化铵，与 Al^{3+} 生成 AlF_6^{3-} 以此作为参比溶液进行测定，从而消除干扰。

五、吸光光度法测量条件的选择

选择适当的测量条件，是获得准确结果的重要前提。吸光光度法测量条件的选择，要主要做到以下三个方面：

1. 选择合适波长的入射光

有色物质对各种波长的光有选择性吸收，为使测定结果有较高的灵敏度和准确度，入射光的波长选择要以摩尔吸光系数最大、灵敏度最高为原则。根据吸收曲线，选择最大吸光度的波长。但如果在该波长处，溶液中其他离子也有吸收，则会形成干扰。这时，就需要选择其他非最大吸收的波长，以排除干扰。这样虽然牺牲了一定的灵敏度，但分析的准确度得到了保证。所以入射光波长选择的原则可以用"吸收最大，干扰最小"来概括。

例如用丁二酮肟光度法测定钢中的镍，络合物丁二酮肟镍的最大吸收波长为470nm，但试样中的铁用酒石酸钠掩蔽后，在470nm处也有一定吸收（如图7-6所示），干扰镍的测定。为避免铁的干扰，可以选择波长520nm进行测定，虽然镍测定的灵敏度有所降低，但酒石酸铁不干扰镍的测定。

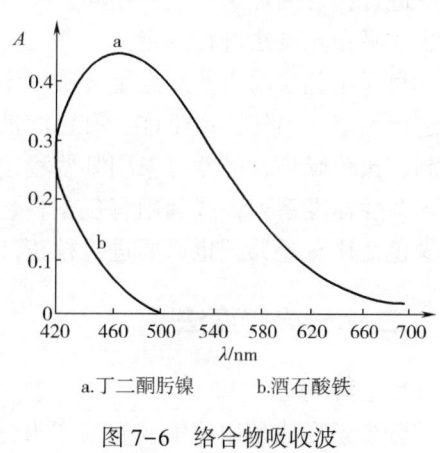

a.丁二酮肟镍　　b.酒石酸铁

图7-6　络合物吸收波

2. 控制吸光度的读数范围

吸光度在0.2~0.8时，测量的准确度较高。为此需要将吸光度的读数控制此范围内，以得到准确度更高的结果。且可以计算而且控制样品的量，含量高时，少取样或稀释试液；含量低时，可多取样或萃取富集。此外，如果溶液已经进行了显色反应，还可通过改变比色皿的厚度，来调节吸光度的大小。

3. 选择适当的参比溶液

参比溶液是用来调节仪器工作零点，能否正确的选择参与溶液，对测定的结果影响较大。选择的办法：

（1）如果样品溶液、试剂、显色剂均无色，可以用蒸馏水作为参比溶液。

（2）如果显色剂无色，而样品溶液中含有其他有色离子，则采用不加显色剂的样品溶液作为参比溶液。

（3）如果显色剂和试剂均有颜色，可将一份试液加入适当的掩蔽剂，将被测组分掩蔽起来，使之不再发生显色反应，然后把显色剂按操作程序加入试剂，以此作为参比溶液，以消除干扰。

任务二 | 吸光光度分析的方法

一、目视比色法

用眼睛比较溶液颜色的深浅以测定物质含量的方法，称为目视比色法。

常用的目视比色法是标准系列法。这种方法就是使用一套由同种材料制成的，大小形状相同的平底玻璃管（称为比色管，其容量有10mL、25mL、50mL、100mL几种）。在这套比色管中逐一加入浓度逐渐增加的标准溶液、相同体积的显色剂和辅助试剂，然后稀释至同一刻度，形成颜色从浅到深的标准色阶。另取一只同样大小的比色管，在其中加入待测溶液与和标准色阶相同体积的显色剂和辅助试剂，稀释到同样刻度。之后从比色管管口垂直向下观察其颜色，并与标准色阶比较。若被测溶液颜色深浅与标准色阶中某一溶液相同，则说明两者浓度相同；若被测溶液颜色深浅介于两份标准溶液之间，则被测溶液浓度约为两标准溶液浓度的算术平均值。

目视比色法的主要优点是设备简单，操作简便。由于比色管较长，在垂直观察时液层较厚，对于颜色很淡的溶液也能测出其含量，使测定的灵敏度较高。且目视比色法在自然光下进行，且测定条件完全相同，一些不完全服从朗伯-比尔定律的溶液，也能用目视比色法或吸光光度法进行测定。

目视比色法的主要缺点是准确度不高，如果待测液中存在第二种有色物质，甚至会无法进行测定。另外，由于许多有色溶液颜色不稳定，标准系列不能久存，经常需在测定时配制，比较麻烦。虽然可采用某些稳定的有色物质（如重铬酸钾、硫酸铜和硫酸钴等）配制永久性标准系列，或利用有色塑料、有色玻璃制成永久色阶，但由于它们的颜色与试液的颜色往往有差异，也需要进行校正。

二、分光光度法

1. 基本原理

分光光度法是用棱镜或光栅作为分光器，用狭缝分出波长很窄的一束光。这种单色光波长范围比较窄，一般在 5nm 作用，因此测定的灵敏度、选择性和准确性都比较高。

由于单色光的纯度很高，因此可用分光光度法绘制出比较精细的吸收光谱曲线，再选择适当的波长进行测定，可以准确地测出待测组分的含量。

2. 分光光度计的基本部件

分光光度计一般由光源、分光系统、比色皿（吸收池）、检测系统等四个部分组成（如图 7-7 所示）。

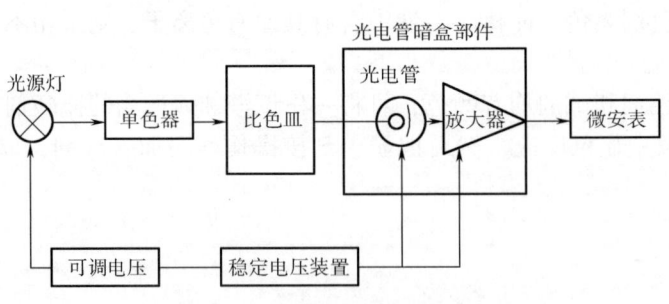

图 7-7　分光光度计组成

（1）光源　常用的光源为 6~12V 的低压钨丝灯泡，电源由变压器供给，且电压必须保持稳定，以保持光源强度的稳定。因此，许多分光光度计上都采用磁饱和稳压变压器作为电源。另外，为使通过待测溶液的光线是平行光束，分光光度计上都附有聚光透镜。

（2）分光系统（单色器）　这是一种能把光源发出的复合光按照波长的不同进行色散，并能分出所需波长的单色光的光学装置。其一般包含狭缝、色散元件、反光镜等。色散元件用棱镜或光栅做成。棱镜有玻璃棱镜和石英棱镜，玻璃棱镜的色散范围在 360~700nm，石英棱镜的色散范围在 200~1000nm，光栅色散的波长范围更宽，但分出的单色光强度较弱。

(3) 比色皿（吸收池）　用透明、无色的光学玻璃制造，大多数为长方形，也有圆柱形的。分光光度计一般配有厚度为 0.5cm、1cm、2cm、3cm、5cm 的一套比色皿，以供选用。在使用前，最好对标识同等厚度的比色皿进行检验。检验方法为：将同等浓度的某溶液分别装入比色皿，放入分光光度计，在光源强度和波长不变的情况下，观察检流计的透光读数是否一致，如果一致，则比色皿厚度相等。

(4) 检测系统　这是吧透光比色皿后的透过光强度转为电信号的装置。分光光度计中常用的检测器包括光光电管、放大器及检流计。光电管是一种二级管，在阴极管上涂有光敏物质，光敏物质在受光线照射时会放出电子，形成阴极流向阳极的电流，且电流大小与受光照的强度成正比。由于光电管产生的电流很小，需要用放大装置将其放大，才能使用微安表（检流计）进行测量。分光光度计中的检流计属于精密仪器，灵敏度可达 10^{-9}A。为保护检流计，使用中要防止震动或大电流通过。当仪器不要时，必须将检流计开关指向零位，使其短路。

(5) 信号显示系统　其作用是放大信号并以适当的方式指示或者记录下来。常用检流计、数字显示计、微机等进行仪器自动控制和结果处理。

3. 分光光度计的分类

按工作波长范围的不同，分光光度计可分为可见光分光光度计（400~760nm）、紫外-可见分光光度计（200~760nm）及红外分光光度计（760~40000nm）。可见及紫外分光光度计主要用于无机和有机物的含量分析，红外分光光度计则主要用于有机物的结构分析。

三、吸光光度法的运用

1. 标准曲线法

分光光度法在定量分析方法最为常用的方法是标准曲线法，也称工作曲线法。

具体方法如下：先配制一系列已知浓度的标准溶液，有选定波长处（通常是 λ_{nax}）的单色光分别测出它们的吸光度。然后以标准溶液浓度（c）为横坐标，吸光度（A）为纵坐标，绘制出通过原点的直线——标准曲线（或称工作曲线）。在测定待测物质溶液的浓度时，用与绘制标准曲线时相同的操作方法和条件测出该溶液的吸光度，再从标准曲线上查出相应的浓度或含量。

必须指出，标准曲线法是基于有色溶液完全服从朗伯-比尔定律的前提下的。但在某些情况下，一些有色溶液可能并不遵从朗伯-比尔定律。这时候采用标准曲线法，就会产生一定的误差。检验有色溶液是否遵从朗伯-比尔定律，就要看标准曲线是否为一条过经过原点的直线，如果是，则说明该色溶液是否遵从朗伯-比尔定律；如果标准曲线是一条的直线，但不经过原点，则说明参与溶液的选取有误；如果标准曲线是一条的曲线，则说明该有色溶液出现了偏离朗伯-比尔定律的现象。

偏离朗伯-比尔定律的原因有很多，基本可归为物理原因和化学原因两大类。

(1) 物理原因

①单色光不纯：严格意义上，朗伯-比尔定律只对同一波长的单色光才成立，但在实际工作中，仪器得到的入射光是有一定波长范围的，并非纯粹的单色光。因此会导致对朗伯-比尔定律的偏离。

②入射光非平行或被散射：入射光不是平行入射，也就不是垂直通过比色皿，会导致比色皿实际厚度增加，吸光度增大。另外溶液中可能存在的胶粒或悬浮颗粒，使入射光散

射,实测吸光度增大,导致对朗伯-比尔定律的偏离。

(2) 化学原因

①溶液浓度过大:吸光物质的分子或离子间平均距离缩小,使相邻吸光微粒相互影响,改变它们对特定波长光的吸收能力,使吸光度与浓度之间的线性关系发生偏离。

②溶液中有色物质的缔合、解离、互变异构、络合等现象,都可能会导致对朗伯-比尔定律的偏离。

2. 对照样品比较法

绘制吸光光度法的标准曲线需要配置和测定一系列不同浓度的标准溶液,这项工作有时候会显得比较麻烦。既然在有色溶液完全服从朗伯-比尔定律时,标准曲线为过原点的直线,那么从理论上,只要测定任意一个浓度的标准溶液,就可以确定这条直线的斜率,从而得出标准曲线。据此,我们可以用先配制一份标准溶液,加入显色剂,并测定其吸光度,以此作为对照样品。再用完全一致的方法对待测溶液显色,测定其吸光度,最后用如下方法计算待测溶液的浓度:

$$c_x = \left(\frac{A_x}{A_r}\right) \times c_r$$

式中:c_x 为待测溶液的溶度;A_x 为对照待测溶液的吸光度;A_r 为对照样品的吸光度;c_r 为对照样品的溶度。

需要注意的是,由于只采用了一个对照样品作为测定依据,计算出的待测溶液浓度结果可能会有误差。特别是待测溶液浓度与对照样品浓度差距较大时,误差可能会较大。所以,在使用对照样品比较法时,待测溶液浓度与对照样品浓度相差不能超过10%。如果发现两者差距过大,应该重新配制对照样品溶液。

3. 应用实例

(1) 邻二氮菲吸光光度法测铁

①实验原理:邻二氮菲(phen)和 Fe^{2+} 在 pH3~9 的溶液中,生成一种稳定的橙红色络合物 $Fe(phen)_3^{2+}$,其中 $lgK=21.3$,508nm 处 $\varepsilon=1.1\times10^4 L/(mol \cdot cm)$,铁含量在 0.1~6μg/mL 范围内遵守比尔定律,其吸收曲线如图7-8所示。显色前需用盐酸羟胺或抗坏血酸将 Fe^{3+} 全部还原为 Fe^{2+},然后再加入邻二氮菲,并调节溶液酸度至适宜的显色酸度范围。有关反应如下:

$$2Fe^{3+} + 2NH_4OH \cdot HCl = 2Fe_2 + N_2 \uparrow + 2H_2O + 4H^+ + 2Cl^-$$

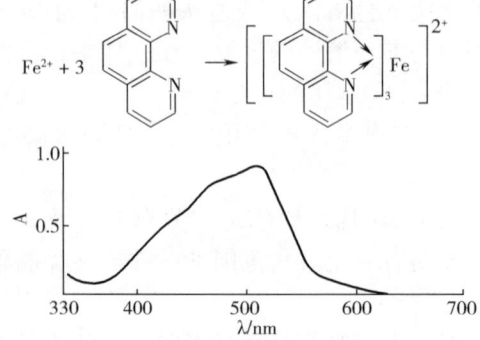

图7-8 邻二氮菲—铁(Ⅱ)的吸收曲线

②仪器和试剂

仪器：分光光度计、容量瓶、移液管等。

试剂：

a. 1×10^{-3} mol/L 铁标准溶液。

b. 100g/L 盐酸羟胺水溶液。

c. 1.5g/L 邻二氮菲水溶液（避光保存，溶液颜色变暗时即不能使用）。

d. 1.0mol/L 乙酸钠溶液。

e. 0.1mol/L 氢氧化钠溶液。

③实验步骤

a. 显色标准溶液的配制：在序号为 1~6 的 6 只 50mL 容量瓶中，用吸量管分别加入 0mL、0.20mL、0.40mL、0.60mL、0.80mL、1.0mL 铁标准溶液（含铁 0.1g/L），分别加入 1mL 的 100g/L 盐酸羟胺溶液，摇匀后放置 2min，再各加入 2mL 1.5g/L 邻二氮菲溶液、5mL 的 1.0mol/L 乙酸钠溶液，以水稀释至刻度，摇匀。

b. 吸收曲线的绘制：在分光光度计上，用 1cm 吸收池，以试剂空白溶液（1号）为参比，在 440~560nm，每隔 10nm 测定一次待测溶液（5号）的吸光度 A，以波长为横坐标，吸光度为纵坐标，绘制吸收曲线，从而选择测定铁的最大吸收波长。

c. 显色剂用量的确定：在 7 只 50mL 容量瓶中，各加 2.0mL 10^{-3}mol/L 铁标准溶液和 1.0mL 100g/L 盐酸羟胺溶液，摇匀后放置 2min。分别加入 0.2mL、0.4mL、0.6mL、0.8mL、1.0mL、2.0mL、4.0mL 的 1.5g/L 邻二氮菲溶液，再各加 5.0mL 的 1.0mol/L 乙酸钠溶液，以水稀释至刻度。以水为参比，在选定波长下测量各溶液的吸光度。以显色剂邻二氮菲的体积为横坐标、相应的吸光度为纵坐标，绘制吸光度-显色剂用量曲线，确定显色剂的用量。

d. 溶液适宜酸度范围的确定：在 9 只 50mL 容量瓶中各加入 2.0mL 的 1×10^{-3}mol/L。铁标准溶液和 1.0mL 的 100mol/L 盐酸羟胺溶液，摇匀后放置 2min。各加 2mL 的 1.5g/L 邻二氮菲溶液，然后从滴定管中分别加入 0mL、2.00mL、5.00mL、8.00mL、10.00mL、20.00mL、25.00mL、30.00mL、40.00mL 的 0.1mol/L NaOH 溶液，以水稀释至刻度，摇匀。用精密 pH 试纸或酸度计测量各溶液的 pH。以水为参比，在选定波长下，用 1cm 吸收池测量各溶液的吸光度。绘制 A-pH 曲线，确定适宜的 pH 范围。

e. 络合物稳定性的研究：移取 2.0mL 的 1×10^{-3}mol/L 铁标准溶液于 50mL 容量瓶中，加入 1.0mL 100g/L 盐酸羟胺溶液混匀后放置 2min。2.0mL 的 1.5g/L 邻二氮菲溶液和 5.0mL 的 1.0mol/L。乙酸钠溶液，以水稀释至刻度，摇匀。以水为参比，在选定波长下，用 1cm 吸收池，每放置一段时间测量一次溶液的吸光度。放置时间分别：5min、10min、30min、1h、2h、3h。以放置时间为横坐标、吸光度为纵坐标绘制 A-t 曲线，对络合物的稳定性作出判断。

f. 标准曲线的测绘：以步骤①中试剂空白溶液（1号）为参比，用 1cm 吸收池，在选定波长下测定 2~6 号各显色标准溶液的吸光度。在坐标纸上，以铁的浓度为横坐标，相应的吸光度为纵坐标，绘制标准曲线。

g. 铁含量的测定试样溶液按步骤①显色后，在相同条件下测量吸光度，由标准曲线计算试样中微量铁的质量浓度。

(2) 钼锑抗吸光光度法测磷

①实验原理：在一定酸度和锑离子存在的情况下，磷酸根与钼酸铵形成锑磷钼混合杂

多酸，它在常温下可迅速被抗坏血酸还原为钼蓝，在650nm波长下测定。实验的适宜酸度为0.28~0.38mol/L H_2SO_4，适宜温度为20~60℃，显色时间为30~60min，可稳定24h，含磷5×10^{-6}~2×10^{-4}%范围内符合线性关系。

②仪器和试剂

仪器：10支25mL比色管、吸量管、分光光度计、移液管、容量瓶等常用仪器。

试剂

a. 过硫酸钾。

b. 1+1硫酸（浓硫酸与蒸馏水的体积比为1∶1混匀）。

c. 100g/L（10%）抗坏血酸溶液。

d. 钼酸盐溶液。

e. 磷酸盐标准溶液（浓度为2μg/mL）。

③实验步骤

a. 标准曲线的绘制：取7支25mL比色管，分别加入磷酸盐标准溶液：0mL、0.5mL、1.0mL、3.0mL、5.0mL、10.0mL、15.0mL，加水定容。此时系列标准液浓度：0μg/mL、0.04μg/mL、0.08μg/mL、0.24μg/mL、0.4μg/mL、0.8μg/mL、1.2μg/mL。

b. 消解：在上述比色管中加入0.04g过硫酸钾，旋紧盖子，置于消解器内120℃消解30min，取出冷却。

c. 显色测量：在比色管中加入1mL抗坏血酸溶液，混匀静置30s，加2mL钼酸盐溶液充分混匀，静置15min。650nm下，以0μg/mL标准液为空白，测定吸光度。

d. 样品的测定：取5mL试样于25mL比色管内，加水定容。按上述方法操作。

e. 由标准曲线计算试样中微量磷的质量浓度。

（3）水杨酸吸光光度法测铵

①实验原理：在亚硝基五氰络铁（Ⅲ）酸钠的存在下，铵与水杨酸和次氯酸离子的反应生成蓝色化合物，在679nm下用分光光度计进行测定，在此波长处$\varepsilon=1.5\times10^4$L/(mol·cm)。在测定中添加酒石酸钾钠作为掩蔽剂，消除钙、镁离子的干扰。实验的适宜酸度为pH=11.7。

②仪器和试剂

仪器：分光光度计、吸量管、移液管、容量瓶等常用仪器。

试剂

a. 铵氮标准溶液（浓度1mg/L）。

b. 显色液（水杨酸50g、2mol/L氢氧化钠160mL、酒石酸钾钠50g共同定容于1000mL容量瓶中）。

c. 次氯酸钠溶液（有效铵浓度0.35%）。

d. 亚硝基五氰络铁（Ⅲ）酸钠溶液。

③实验步骤

a. 向一组6个10mL容量瓶中加入铵氮标准溶液0mL、1mL、2mL、4mL、6mL、8mL。

b. 显色：加入1mL显色剂和2滴亚硝基五氰络铁（Ⅲ）酸钠溶液，混匀，再滴入2滴次氯酸钠溶液，加水稀释至刻度，混匀。

c. 60min后，在679nm下用分光光度计进行测定溶液的吸光度。采用1cm的比色皿，参比溶液使用蒸馏水。

d. 绘制吸光度对铵氮浓度的标准工作曲线，该曲线应笔直且通过原点。

e. 样品的测定。取 1mL 试样于 10mL 容量瓶内，显色、加水定容。按上述方法操作。

f. 由标准曲线计算试样中微量铵的质量浓度。

吸光光度法测定水和废水中总磷

【实训目的】

1. 掌握钼锑抗钼蓝光度法测定总磷的原理和操作方法。
2. 掌握用过硫酸钾消解水样的方法。
3. 掌握分光光度计操作技术。

【实训原理】

在天然水和废水中，磷几乎都以各种磷酸盐的形式存在，分别是正磷酸盐，缩合磷酸盐（焦磷酸盐、偏磷酸盐和多磷酸盐）以及与有机物相结合的磷酸盐。它们普遍存在于溶液、腐殖质粒子、水生生物或其他悬浮物中。关于水中磷的测定，通常按其存在形态，分别测定总磷，溶解性正磷酸盐和总溶解性磷。本实训采用过硫酸钾氧化-钼锑抗钼蓝光度法测定总磷。在微沸（最好是在高压釜内经 120℃ 加热）条件下，过硫酸钾将试样中不同形态的磷氧化为磷酸根。在酸性条件下，正磷酸盐与钼酸铵反应（以酒石酸锑钾为催化剂），生成磷钼杂多酸，被抗坏血酸还原，变成蓝色络合物，即磷钼蓝。其钼蓝浓度的多少与磷含量成正相关，以此测定水样中的总磷。相关反应式如下：

$$K_2S_2O_8 + H_2O \longrightarrow 2KHSO_4 + 1/2O_2$$

$$P(缩合磷酸盐或有机磷中的磷) + 2O_2 \longrightarrow PO_4^{3-}$$

$$PO_4^{3-} + 12MoO_4^{2-} + 24H^+ + 3NH_4^+ \longrightarrow (NH_4)_3PO_4 \cdot 12MoO_3 + 12H_2O$$

本方法的最低检出浓度为 0.01mg/L，测定上限为 0.6mg/L，适用于测定地面水、生活污水及日化、磷肥、机械加工表面的磷化处理、农药、钢铁、焦化等行业的工业废水中的正磷酸盐分析。砷含量大于 2mg/L 时，可用硫代硫酸钠除去干扰；硫化物含量大于 2mg/L，可以通入氮气除去干扰；若是铬含量大于 50mg/L，可用亚硫酸钠除去干扰。

【仪器及试剂】

1. 仪器用具

分光光度计、50mL 容量瓶、刻度吸量管等。

2. 试剂

$K_2S_2O_8$ 50g/L、H_2SO_4 [(3+7), (1+1), (1mol/L)]、NaOH（1mol/L, 6mol/L）、酚酞（10g/L, 95%的乙醇溶液）。

抗坏血酸溶液（100g/L）：用少量水将 10g 抗坏血酸溶解于烧杯中，并稀释至 100mL，储存于棕色细口瓶中，待用。此溶液在较低温度下可稳定 3 周，如果发现变黄，则应重新配制。

钼酸铵溶液：溶解 13g 钼酸铵 [$(NH_4)_6Mo_7O_{24} \cdot 4H_2O$] 于 100mL 水中，另溶解 0.35g 酒石酸锑钾 [$KSbC_4H_4O_7 \cdot 1/2H_2O$] 于 100mL 水中。在不断搅拌下，将钼酸铵溶液徐徐加入到 300mL 的（1+1）硫酸中，再加入酒石酸锑钾溶液，混匀，贮存于棕色细口瓶中，置于冷处保存，至少可以稳定 2 个月。

磷标准贮备溶液（P，30μg/mL）：将装有磷酸二氢钾的称量瓶置于105~110℃的干燥箱中，干燥2h，取出冷却后放入干燥器中。准确称取（0.1317±0.001）g经过干燥的磷酸二氢钾置于烧杯中，加水溶解后转移至1000mL容量瓶中，加入约800mL水，5mL H_2SO_4（1+1），再用水稀释至刻度，摇匀。

磷标准工作溶液（P，3.0μg/mL）：准确吸取磷标准储备溶液25.00mL于250mL容量瓶中，用水稀释至刻度，摇匀。使用当天配制。

【过程设计】

1. 水样的采取、消解及预处理

从水样瓶中分取25.00mL混匀的水样（含磷≤30μg）于250mL烧杯中，加水至50mL，加数粒玻璃珠，加1mL（3+7）H_2SO_4，5mL 50g/L $K_2S_2O_8$。置于可调温电炉或电热板上加热至沸，保持微沸30~40min，至体积约10mL为止。冷却后，加1滴酚酞，边摇边滴加NaOH溶液至刚呈微红色，再滴加1mol/L H_2SO_4使红色刚好褪去。

2. 制作标准曲线

取7只50mL容量瓶，分别加入磷标准操作溶液0.00mL，1.00mL，3.00mL，5.00mL，7.00mL，10.00mL。

（1）显色　向容量瓶中加入1mL 10%抗坏血酸溶液，混匀，30s后加2mL钼酸铵溶液充分混匀，加水至50mL，放置15min。

（2）测定　使用光程为1cm比色皿，于700nm波长处，以试剂空白溶液为参比，测定吸光度。以磷含量为横坐标，吸光度值为纵坐标，绘制标准曲线。

3. 试样测定

对已经处理的样品，按步骤（1）、（2）进行显色和测定吸光度。从标准曲线上查出磷的含量。

【数据记录与结果处理】

表7-1　　　　　　　　　　标准曲线的制作数据记录表

编号	V/mL	浓度/(μg/mL)	吸光度 A
1#	0.00		
2#	1.00		
3#	3.00		
4#	5.00		
5#	7.00		
6#	10.00		

表7-2　　　　　　　　　　试样测定结果记录表

处理水样体积/mL	
吸光度 A	

【注意事项】

（1）为了防止光电管疲劳，不测定时必须将试样室盖打开，使光路切断，以延长光电管的使用寿命。

(2) 取拿比色皿时，手指只能捏住比色皿的毛玻璃面，而不能碰比色皿的光学表面。

【参考学时】

2 学时。

【实训思考】

1. 本实训测定吸光度时，以试剂空白溶液为参比，这同以水作参比时相比较，在扣除试剂空白方面，做法有何不同？

2. 分光光度计的主要部件有哪些？

【附：722 型分光光度计的使用方法】

722 型分光光度计如图 7-9 所示，具体使用方法：

(1) 预热仪器　将选择开关置于"T"，打开电源开关，使仪器预热 20min。为了防止光电管疲劳，不要连续光照，预热仪器时和不测定时应将试样室盖打开，使光路切断。

(2) 选定波长　根据实验要求，转动波长手轮，调至所需要的单色波长。

(3) 固定灵敏度挡　在能使空白溶液很好地调到"100%"的情况下，尽可能采用灵敏度较低的挡，使用时，首先调到"1"挡，灵敏度不够时再逐渐升高。但换挡改变灵敏度后，须重新校正"0%"和"100%"。选好的灵敏度，实验过程中不要再变动。

(4) 调节 T=0%　轻轻旋动"0%"旋钮，使数字显示为"00.0"（此时试样室是打开的）。

(5) 调节 T=100%　将盛蒸馏水（或空白溶液，或纯溶剂）的比色皿放入比色皿座架中的第一格内，并对准光路，把试样室盖子轻轻盖上，调节透过率"100%"旋钮，使数字显示正好为"100.0"。

(6) 吸光度的测定　将选择开关置于"A"，盖上试样室盖子，将空白液置于光路中，调节吸光度调节旋钮，使数字显示为".000"。将盛有待测溶液的比色皿放入比色皿座架中的其它格内，盖上试样室盖，轻轻拉动试样架拉手，使待测溶液进入光路，此时数字显示值即为该待测溶液的吸光度值。读数后，打开试样室盖，切断光路。重复上述测定操作 1~2 次，读取相应的吸光度值，取平均值。

(7) 浓度的测定　选择开关由"A"旋置"C"，将已标定浓度的样品放入光路，调节浓度旋钮，使得数字显示为标定值，将被测样品放入光路，此时数字显示值即为该待测溶液的浓度值。

(8) 关机　实验完毕，切断电源，将比色皿取出洗净，并将比色皿座架用软纸擦净。

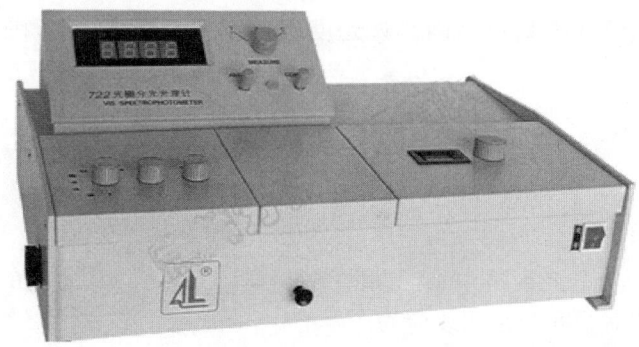

图 7-9　722 型分光光度计

项目小结

一、吸光光度法的基本原理

（1）溶液显色的原因是溶液中物质对光的选择性吸收，在自然光下，溶液的颜色与吸收光的颜色呈互补关系。

（2）物质的吸收光谱主要由吸光物质自身的结果决定，此外还受到溶剂、温度、仪器等的影响，这些可以作为物质定性分析的依据。

（3）利用吸光光度法进行物质的定量分析的理论依据是朗伯-比尔定律：$A = \kappa bc$。其意义是当一束平行的单色光通过均匀的、非散射的含有吸光物质的溶液时，溶液的吸光度与溶液的浓度和液层的厚度的乘积成正比。

二、显色反应和显色剂

（1）吸光光度法中对于显色反应的要求是保证灵敏，排除干扰，生成色差明显、性质温度的有色化合物。

（2）显色剂的用量、溶剂、溶液酸度、干扰离子、显色时间和温度都会对显色反应造成影响，需要采取加入掩蔽剂、控制酸度、选择合理用量等方法加以消除。

三、吸光光度分析的方法

（1）在进行吸光光度测量时，需要注意：以"吸收最大，干扰最小"的原则选择适合入射波长；控制读数范围在 0.2 至 0.8；选择合适的参比溶液。

（2）吸光光度的分析方法包括目视比色法和分光光度法。

（3）根据吸光光度法原理，可以运用标准曲线法和对照样品比较法等方法对服从朗伯-比尔定律的溶液进行浓度测定。

目标检测

一、填空题

1. 不同浓度的同一物质，其吸光度随浓度增大而_____，但最大吸收波长_____，摩尔吸光系数_____。

2. 为了使分光光度法测定准确，吸光度应控制在 0.2～0.8 范围内，可采取措施有_____和_____。

3. 摩尔吸光系数是吸光物质_____的度量，其值愈_____，表明该显色反应愈_____。

4. 某一有色溶液，在比色皿厚度为 2cm 时，测得吸光度为 0.340。如果浓度增大 1 倍时，其吸光度 $A = $ _____，$T = $ _____。

5. 在紫外-可见分光光度法中，标准曲线是_____和_____之间的关系曲线。当溶液符合郎伯-比耳定律时，此关系曲线应为_____。

二、选择题

1. 硫酸铜溶液显蓝色是因为它吸收了白光中的（　　）。
   A. 蓝色光　　　　　　　　　　B. 绿色光
   C. 黄色光　　　　　　　　　　D. 紫色光

2. 可见光的波长范围是（　　）。
   A. 200～760nm　　　　　　　　B. 400～760nm
   C. 300～760nm　　　　　　　　D. 760～40000nm

3. 在分光光度法中，适宜的读数范围是（　　）。
   A. 0～0.2　　　　　　　　　　B. 0.1～0.4
   C. 0.3～0.7　　　　　　　　　D. 0.2～0.8

4. 分光光度计的基本部件，不包含（　　）。
   A. 电压表　　　　　　　　　　B. 电源
   C. 比色皿　　　　　　　　　　D. 分光器

5. 在显色反应中，显色剂的用量应该是（　　）。
   A. 尽量少用　　　　　　　　　B. 稍稍过量
   C. 过量很多　　　　　　　　　D. 没有固定要求

6. 在显色反应中，对于显色时间的描述错误的是（　　）。
   A. 一些反应生成的有色化合物非常稳定，测定时间比较宽松，没有严格规定。
   B. 生成的一些有色化合物，久置后可能褪色，所以在显色后需要尽快测定。
   C. 显色反应所需的时间，和温度及使用的溶剂有关。
   D. 显色反应大多需要一定的反应时间，所以测定时间可以多延迟一些。

7. 以下说法正确的是（　　）。
   A. 溶液的透光度与溶度成正比　　B. 物质的摩尔吸光系数随波长而变
   C. 玻璃棱镜适合紫外分光光度计使用　　D. 物质的摩尔吸光系数与溶剂无关

8. 在紫外可见分光光度法测定中，使用参比溶液的作用是（　　）。
   A. 调节仪器透光率的零点
   B. 吸收入射光中测定所需要的光波
   C. 调节入射光的光强度
   D. 消除试剂等非测定物质对入射光吸收的影响

9. 在比色法中，显色反应应选择的条件不包括（　　）。
   A. 显色时间　　　　　　　　　B. 入射光波长
   C. 显色的颜色　　　　　　　　D. 显色剂的用量

10. 酸度对显色反应影响很大，这是因为酸度的改变可能影响（　　）。（多选）
    A. 反应产物的稳定性　　　　　B. 被显色物的存在状态
    C. 反应产物的组成　　　　　　D. 显色剂的浓度和颜色

三、判断题

1. 吸收光谱曲线中吸收峰随溶液浓度的增大而增高，但最大吸收波长不变。（　　）
2. 吸光光度分析中，透过光与吸收光互为互补色光。（　　）
3. 目视比色法的优点之一就是标准色阶可以长期保存。（　　）
4. 溶液的颜色越深，其吸收自身颜色的补色光越多。（　　）

5. 红色和绿色为互补色光。（ ）
6. 显色反应中摩尔吸光系数（ε）越小，灵敏度越高。（ ）
7. 透射比越大，有色物质的吸光度就越高。（ ）
8. 有色物质是否服从朗伯-比尔定律可通过绘制标准工作曲线来检验。（ ）
9. 物质摩尔吸光系数的大小，只与该有色物质的结构特性有关。（ ）
10. 若待测物、显色剂、缓冲溶液等有吸收，可选用不加待测液而其他试剂都加的空白溶液为参比溶液。（ ）

四、简答题

1. 吸光光度法中对于显色反应有哪几点要求？
2. 简述目视比色法的操作流程，并简要说明其优缺点。
3. 简述影响显色反应中干扰离子可能产生的影响及消除干扰的方法。
4. 简述在吸光光度法测量中，如何选定适宜的入射光波长。
5. 有色溶液出现了偏离朗伯-比尔定律的现象的原因有哪些？

五、计算题

1. 某溶液用厚度 2cm 的比色皿进行测定时，透射比 $T=60\%$，若其改用厚度 1cm 的比色皿，透射比 T 及吸光度 A 为多少？
2. 50mL 的溶液中含有 51μg 的铜离子，加入显色剂反应后，用吸光光度法进行测定，在厚度为 2cm 的比色皿中，于波长 600nm 处测得 $T=50.5\%$，求其摩尔吸光系数 ε 的值。
3. 测定血清中的磷酸盐含量时，取血清试样 5.00mL 于 100mL 量瓶中，加显色剂显色后，稀释至刻度。吸取该试液 25.00mL，测得吸光度为 0.582；另取该试液 25.00mL，加 1.00mL 0.0500mg 磷酸盐，测得吸光度为 0.693。计算每 1mL 血清中含磷酸盐的质量。
4. 用磺基水杨酸作为显色剂，测定矿样中铁的含量，加入标准铁溶液及有关试剂后，在 50mL 容量瓶中稀释至刻度，得到下表所列数据：

标准铁溶液质量浓度/(μg/mL)	2.0	4.0	6.0	8.0	10.0	12.0
吸光度 A	0.097	0.200	0.304	0.408	0.510	0.613

称取矿样 0.3866g，分解后定容于 100mL 容量瓶，吸取 5.0mL 试液，至于 50mL 容量瓶中，在与标样同条件显色后，测得溶液吸光度为 0.250。根据以上数据，绘制吸光光度工作曲线，并求出矿样中铁的质量分数。

附 录

附录1 一些弱电解质的解离常数

(近似浓度 0.01~0.003mol/L，温度 298K)

名称	化学式	解离常数 K	pK
醋酸	HAc	1.76×10^{-5}	4.75
碳酸	H_2CO_3	$K_1 = 4.30\times10^{-7}$	6.37
		$K_2 = 5.61\times10^{-11}$	10.25
草酸	$H_2C_2O_4$	$K_1 = 5.90\times10^{-2}$	1.23
		$K_2 = 6.40\times10^{-5}$	4.19
亚硝酸	HNO_2	4.6×10^{-4} (285.5K)	3.37
磷酸	H_3PO_4	$K_1 = 7.52\times10^{-3}$	2.12
		$K_2 = 6.23\times10^{-8}$	7.21
		$K_3 = 2.2\times10^{-13}$ (291K)	12.67
亚硫酸	H_2SO_3	$K_1 = 1.54\times10^{-2}$ (291K)	1.81
		$K_2 = 1.02\times10^{-7}$	6.91
硫酸	H_2SO_4	$K_2 = 1.20\times10^{-2}$	1.92
硫化氢	H_2S	$K_1 = 9.1\times10^{-8}$ (291K)	7.04
		$K_2 = 1.1\times10^{-12}$	11.96
氢氰酸	HCN	4.93×10^{-10}	9.31
铬酸	H_2CrO_4	$K_1 = 1.8\times10^{-1}$	0.74
		$K_2 = 3.20\times10^{-7}$	6.49

续表

名称	化学式	解离常数 K	pK
硼酸	H_3BO_3	$5.8×10^{-10}$	9.24
氢氟酸	HF	$3.53×10^{-4}$	3.45
过氧化氢	H_2O_2	$2.4×10^{-12}$	11.62
次氯酸	HClO	$2.95×10^{-5}$ (291K)	4.53
次溴酸	HBrO	$2.06×10^{-9}$	8.69
次碘酸	HIO	$2.3×10^{-11}$	10.64
碘酸	HIO_3	$1.69×10^{-1}$	0.77
砷酸	H_3AsO_4	$K_1=5.62×10^{-3}$ (291K)	2.25
		$K_2=1.70×10^{-7}$	6.77
		$K_3=3.95×10^{-12}$	11.40
亚砷酸	$HAsO_2$	$6×10^{-10}$	9.22
铵离子	NH_4^+	$5.56×10^{-10}$	9.25
氨水	$NH_3·H_2O$	$1.79×10^{-5}$	4.75
联胺	N_2H_4	$8.91×10^{-7}$	6.05
羟氨	NH_2OH	$9.12×10^{-9}$	8.04
氢氧化铅	$Pb(OH)_2$	$9.6×10^{-4}$	3.02
氢氧化锂	LiOH	$6.31×10^{-1}$	0.2
氢氧化铍	$Be(OH)_2$	$1.78×10^{-6}$	5.75
	$BeOH^+$	$2.51×10^{-9}$	8.6
氢氧化铝	$Al(OH)_3$	$5.01×10^{-9}$	8.3
	$Al(OH)_2^+$	$1.99×10^{-10}$	9.7
氢氧化锌	$Zn(OH)_2$	$7.94×10^{-7}$	6.1
氢氧化镉	$Cd(OH)_2$	$5.01×10^{-11}$	10.3
乙二胺	$H_2NC_2H_4NH_2$	$K_1=8.5×10^{-5}$	4.07
		$K_2=7.1×10^{-8}$	7.15
六亚甲基四胺	$(CH_2)_6N_4$	$1.35×10^{-9}$	8.87
尿素	$CO(NH_2)_2$	$1.3×10^{-14}$	13.89
质子化六亚甲基四胺	$(CH_2)_6N_4H^+$	$7.1×10^{-6}$	5.15
甲酸	HCOOH	$1.77×10^{-4}$ (293K)	3.75
氯乙酸	$ClCH_2COOH$	$1.40×10^{-3}$	2.85
氨基乙酸	NH_2CH_2COOH	$1.67×10^{-10}$	9.78
邻苯二甲酸	$C_6H_4(COOH)_2$	$K_1=1.12×10^{-3}$	2.95
		$K_2=3.91×10^{-6}$	5.41

续表

名称	化学式	解离常数 K	pK
柠檬酸	$(HOOCCH_2)_2C(OH)COOH$	$K_1 = 7.1 \times 10^{-4}$	3.14
		$K_2 = 1.68 \times 10^{-5}$ (293K)	4.77
		$K_3 = 4.1 \times 10^{-7}$	6.39
α-酒石酸	$(CH(OH)COOH)_2$	$K_1 = 1.04 \times 10^{-3}$	2.98
		$K_2 = 4.55 \times 10^{-5}$	4.34
8-羟基喹啉	C_9H_6NOH	$K_1 = 8 \times 10^{-6}$	5.1
		$K_2 = 1 \times 10^{-9}$	9.0
苯酚	C_6H_5OH	1.28×10^{-10} (293K)	9.89
对氨基苯磺酸	$H_2NC_6H_4SO_3H$	$K_1 = 2.6 \times 10^{-1}$	0.58
		$K_2 = 7.6 \times 10^{-4}$	3.12
乙二胺四乙酸(EDTA)	$(CH_2COOH)_2NH^+CH_2C$ $H_2NH^+(CH_2COOH)_2$	$K_5 = 5.4 \times 10^{-7}$	6.27
		$K_6 = 1.12 \times 10^{-11}$	10.95

附录 2 | 常见配离子的稳定常数

配离子	$K_稳$	$\lg K_稳$	配离子	$K_稳$	$\lg K_稳$
1∶1			$[Hg(SCN)_4]^{2-}$	7.7×10^{21}	21.88
$[NaY]^{3-}$	5.0×10^1	1.69	$[HgCl_4]^{2-}$	1.6×10^{15}	15.20
$[AgY]^{3-}$	2.0×10^7	7.30	$[HgI_4]^{2-}$	7.2×10^{29}	29.86
$[CuY]^{2-}$	6.8×10^{18}	18.79	$[Co(CNS)_4]^{2-}$	3.8×10^2	2.58
$[MgY]^{2-}$	4.9×10^8	8.69	$[Ni(CN)_4]^{2-}$	1×10^{22}	22.0
$[CaY]^{2-}$	3.7×10^{10}	10.56			
$[SrY]^{2-}$	4.2×10^8	8.62	1∶2		
$[BaY]^{2-}$	6.0×10^7	7.77	$[Cu(NH_3)_2]^+$	7.4×10^{10}	10.87
$[ZnY]^{2-}$	3.1×10^{16}	16.49	$[Cu(CN)_2]^-$	2.0×10^{38}	38.3
$[CdY]^{2-}$	3.8×10^{16}	16.57	$[Ag(NH_3)_2]^+$	1.7×10^7	7.24
$[HgY]^{2-}$	6.3×10^{21}	21.79	$[Ag(En)_2]^+$	7.0×10^7	7.84
$[PbY]^{2-}$	1.0×10^{18}	18.0	$[Ag(CNS)_2]^-$	4.0×10^8	8.60
$[MnY]^{2-}$	1.0×10^{14}	14.00	$[Ag(CN)_2]^-$	1.0×10^{21}	21.0
$[FeY]^{2-}$	2.1×10^{14}	14.32	$[Au(CN)_2]^-$	2×10^{38}	38.30
$[CoY]^{2-}$	1.6×10^{16}	16.20	$[Cu(En)_2]^{2+}$	4.0×10^{19}	19.60
$[NiY]^{2-}$	4.1×10^{18}	18.61	$[Ag(S_2O_3)_2]^{3-}$	1.6×10^{13}	13.20
$[FeY]^-$	1.2×10^{25}	25.07	1∶3		
$[CoY]^-$	1.0×10^{36}	36.0	$[Fe(CNS)_3]^0$	2.0×10^3	3.30
$[CaY]^-$	1.8×10^{20}	20.25	$[CdI_3]^-$	1.2×10^1	1.07
$[InY]^-$	8.9×10^{24}	24.94	$[Cd(CN)_3]^-$	1.1×10^4	4.04
$[TlY]^-$	3.2×10^{22}	22.51	$[Ag(CN)_3]^{2-}$	5×10^0	0.69
$[TlHY]^-$	1.5×10^{23}	23.17	$[Ni(En)_3]^{2+}$	3.9×10^{18}	18.59
$[CuOH]^+$	1×10^5	5.00	$[Al(C_2O_4)_3]^{3-}$	2.0×10^{16}	16.30
$[AgNH_3]^+$	2.0×10^3	3.30	$[Fe(C_2O_4)_3]^{3-}$	1.6×10^{20}	20.20
1∶4			1∶6		
$[Cu(NH_3)_4]^{2+}$	4.8×10^{12}	12.68			
$[Zn(NH_3)_4]^{2+}$	5×10^8	8.69	$[Cd(NH_3)_6]^{2+}$	1.4×10^6	6.15
$[Cd(NH_3)_4]^{2+}$	3.6×10^6	6.55	$[Co(NH_3)_6]^{2+}$	2.4×10^4	4.38
$[Zn(CNS)_4]^{2-}$	2.0×10^1	1.30	$[Ni(NH_3)_6]^{2+}$	1.1×10^8	8.04
$[Zn(CN)_4]^{2-}$	1.0×10^{16}	16.0	$[Co(NH_3)_6]^{3+}$	1.4×10^{35}	35.15
$[Cd(SCN)_4]^{2-}$	1.0×10^3	3.0	$[AlF_6]^{3-}$	6.9×10^{19}	19.84
$[CdCl_4]^{2-}$	3.1×10^2	2.49	$[Fe(CN)_6]^{3-}$	1×10^{42}	42.0
$[CdI_4]^{2-}$	3.0×10^6	6.43	$[Fe(CN)_6]^{4-}$	1×10^{35}	35.0
$[Cd(CN)_4]^{2-}$	1.3×10^{18}	18.11	$[Co(CN)_6]^{3-}$	1×10^{64}	64.0
$[Hg(CN)_4]^{2-}$	3.3×10^{41}	41.51	$[FeF_6]^{3-}$	1.0×10^{16}	16.0

注：式中 Y^{4-} 表示 EDTA 的酸根；En 表示乙二胺。

附录 3 | 标准电极电势（298.16K）

1. 在酸性溶液中

电极反应	E^θ/V	电极反应	E^θ/V
$Ag^+ + e^- = Ag$	0.7996	$Cd^{2+} + 2e^- = Cd(Hg)$	-0.3521
$Ag^{2+} + e^- = Ag^+$	1.980	$Ce^{3+} + 3e^- = Ce$	-2.483
$AgAc + e^- = Ag + Ac^-$	0.643	$Cl_2(g) + 2e^- = 2Cl^-$	1.35827
$AgBr + e^- = Ag + Br^-$	0.07133	$HClO + H^+ + e^- = 1/2Cl_2 + H_2O$	1.611
$Ag_2BrO_3 + e^- = 2Ag + BrO_3^-$	0.546	$HClO + H^+ + 2e^- = Cl^- + H_2O$	1.482
$Ag_2C_2O_4 + 2e^- = 2Ag + C_2O_4^{2-}$	0.4647	$ClO_2 + H^+ + e^- = HClO_2$	1.277
$AgCl + e^- = Ag + Cl^-$	0.22233	$HClO_2 + 2H^+ + 2e^- = HClO + H_2O$	1.645
$Ag_2CO_3 + 2e^- = 2Ag + CO_3^{2-}$	0.47	$HClO_2 + 3H^+ + 3e^- = 1/2Cl_2 + 2H_2O$	1.628
$Ag_2CrO_4 + 2e^- = 2Ag + CrO_4^{2-}$	0.4470	$HClO_2 + 3H^+ + 4e^- = Cl^- + 2H_2O$	1.570
$AgF + e^- = Ag + F^-$	0.779	$ClO_3^- + 2H^+ + e^- = ClO_2 + H_2O$	1.152
$AgI + e^- = Ag + I^-$	-0.15224	$ClO_3^- + 3H^+ + 2e^- = HClO_2 + H_2O$	1.214
$Ag_2S + 2H^+ + 2e^- = 2Ag + H_2S$	-0.0366	$ClO_3^- + 6H^+ + 5e^- = 1/2Cl_2 + 3H_2O$	1.47
$AgSCN + e^- = Ag + SCN^-$	0.08951	$ClO_3^- + 6H^+ + 6e^- = Cl^- + 3H_2O$	1.451
$Ag_2SO_4 + 2e^- = 2Ag + SO_4^{2-}$	0.654	$ClO_4^- + 2H^+ + 2e^- = ClO_3^- + H_2O$	1.189
$Al^{3+} + 3e^- = Al$	-1.662	$ClO_4^- + 8H^+ + 7e^- = 1/2Cl_2 + 4H_2O$	1.39
$AlF_6^{3-} + 3e^- = Al + 6F^-$	-2.069	$ClO_4^- + 8H^+ + 8e^- = Cl^- + 4H_2O$	1.389
$As_2O_3 + 6H^+ + 6e^- = 2As + 3H_2O$	0.234	$Co^{2+} + 2e^- = Co$	-0.28
$HAsO_2 + 3H^+ + 3e^- = As + 2H_2O$	0.248	$Co^{3+} + e^- = Co^{2+}(2mol/L\ H_2SO_4)$	1.83
$H_3AsO_4 + 2H^+ + 2e^- = HAsO_2 + 2H_2O$	0.560	$CO_2 + 2H^+ + 2e^- = HCOOH$	-0.199
$Au^+ + e^- = Au$	1.692	$Cr^{2+} + 2e^- = Cr$	-0.913
$Au^{3+} + 3e^- = Au$	1.498	$Cr^{3+} + e^- = Cr^{2+}$	-0.407
$AuCl_4^- + 3e^- = Au + 4Cl^-$	1.002	$Cr^{3+} + 3e^- = Cr$	-0.744
$Au^{3+} + 2e^- = Au^+$	1.401	$Cr_2O_7^{2-} + 14H^+ + 6e^- = 2Cr^{3+} + 7H_2O$	1.232
$H_3BO_3 + 3H^+ + 3e^- = B + 3H_2O$	-0.8698	$HCrO_4^- + 7H^+ + 3e^- = Cr^{3+} + 4H_2O$	1.350
$Ba^{2+} + 2e^- = Ba$	-2.912	$Cu^+ + e^- = Cu$	0.521
$Ba^{2+} + 2e^- = Ba(Hg)$	-1.570	$Cu^{2+} + e^- = Cu^+$	0.153
$Be^{2+} + 2e^- = Be$	-1.847	$Cu^{2+} + 2e^- = Cu$	0.3419
$BiCl_4^- + 3e^- = Bi + 4Cl^-$	0.16	$CuCl + e^- = Cu + Cl^-$	0.124
$Bi_2O_4 + 4H^+ + 2e^- = 2BiO^+ + 2H_2O$	1.593	$F_2 + 2H^+ + 2e^- = 2HF$	3.053

续表

电极反应	E^{θ}/V	电极反应	E^{θ}/V
$BiO^{+}+2H^{+}+3e^{-}\Longrightarrow Bi+H_2O$	0.320	$F_2+2e^{-}\Longrightarrow 2F^{-}$	2.866
$BiOCl+2H^{+}+3e^{-}\Longrightarrow Bi+Cl^{-}+H_2O$	0.1583	$Fe^{2+}+2e^{-}\Longrightarrow Fe$	-0.447
$Br_2(aq)+2e^{-}\Longrightarrow 2Br^{-}$	1.0873	$Fe^{3+}+3e^{-}\Longrightarrow Fe$	-0.037
$Br_2(l)+2e^{-}\Longrightarrow 2Br^{-}$	1.066	$Fe^{3+}+e^{-}\Longrightarrow Fe^{2+}$	0.771
$HBrO+H^{+}+2e^{-}\Longrightarrow Br^{-}+H_2O$	1.331	$[Fe(CN)_6]^{3-}+e^{-}\Longrightarrow [Fe(CN)_6]^{4-}$	0.358
$BrO_3^{-}+6H^{+}+5e^{-}\Longrightarrow 1/2Br_2+3H_2O$	1.482	$FeO_4^{2-}+8H^{+}+3e^{-}\Longrightarrow Fe^{3+}+4H_2O$	2.20
$BrO_3^{-}+6H^{+}+6e^{-}\Longrightarrow Br^{-}+3H_2O$	1.423	$Ga^{3+}+3e^{-}\Longrightarrow Ga$	-0.560
$Ca^{2+}+2e^{-}\Longrightarrow Ca$	-2.868	$2H^{+}+2e^{-}\Longrightarrow H_2$	0.00000
$Cd^{2+}+2e^{-}\Longrightarrow Cd$	-0.4030	$H_2(g)+2e^{-}\Longrightarrow 2H^{-}$	-2.23
$CdSO_4+2e^{-}\Longrightarrow Cd+SO_4^{2-}$	-0.246	$HO_2+H^{+}+e^{-}\Longrightarrow H_2O_2$	1.495
$H_2O_2+2H^{+}+2e^{-}\Longrightarrow 2H_2O$	1.776	$O_2+4H^{+}+4e^{-}\Longrightarrow 2H_2O$	1.229
$Hg^{2+}+2e^{-}\Longrightarrow Hg$	0.851	$O(g)+2H^{+}+2e^{-}\Longrightarrow H_2O$	2.421
$2Hg^{2+}+2e^{-}\Longrightarrow Hg_2^{2+}$	0.920	$O_3+2H^{+}+2e^{-}\Longrightarrow O_2+H_2O$	2.076
$Hg_2^{2+}+2e^{-}\Longrightarrow 2Hg$	0.7973	$P(red)+3H^{+}+3e^{-}\Longrightarrow PH_3(g)$	-0.111
$Hg_2Br_2+2e^{-}\Longrightarrow 2Hg+2Br^{-}$	0.13923	$P(white)+3H^{+}+3e^{-}\Longrightarrow PH_3(g)$	-0.063
$Hg_2Cl_2+2e^{-}\Longrightarrow 2Hg+2Cl^{-}$	0.26808	$H_3PO_2+H^{+}+e^{-}\Longrightarrow P+2H_2O$	-0.508
$Hg_2I_2+2e^{-}\Longrightarrow 2Hg+2I^{-}$	-0.0405	$H_3PO_3+2H^{+}+2e^{-}\Longrightarrow H_3PO_2+H_2O$	-0.499
$Hg_2SO_4+2e^{-}\Longrightarrow 2Hg+SO_4^{2-}$	0.6125	$H_3PO_3+3H^{+}+3e^{-}\Longrightarrow P+3H_2O$	-0.454
$I_2+2e^{-}\Longrightarrow 2I^{-}$	0.5355	$H_3PO_4+2H^{+}+2e^{-}\Longrightarrow H_3PO_3+H_2O$	-0.276
$I_3^{-}+2e^{-}\Longrightarrow 3I^{-}$	0.536	$Pb^{2+}+2e^{-}\Longrightarrow Pb$	-0.1262
$H_5IO_6+H^{+}+2e^{-}\Longrightarrow IO_3^{-}+3H_2O$	1.601	$PbBr_2+2e^{-}\Longrightarrow Pb+2Br^{-}$	-0.284
$2HIO+2H^{+}+2e^{-}\Longrightarrow I_2+2H_2O$	1.439	$PbCl_2+2e^{-}\Longrightarrow Pb+2Cl^{-}$	-0.2675
$HIO+H^{+}+2e^{-}\Longrightarrow I^{-}+H_2O$	0.987	$PbF_2+2e^{-}\Longrightarrow Pb+2F^{-}$	-0.3444
$2IO_3^{-}+12H^{+}+10e^{-}\Longrightarrow I_2+6H_2O$	1.195	$PbI_2+2e^{-}\Longrightarrow Pb+2I^{-}$	-0.365
$IO_3^{-}+6H^{+}+6e^{-}\Longrightarrow I^{-}+3H_2O$	1.085	$PbO_2+4H^{+}+2e^{-}\Longrightarrow Pb^{2+}+2H_2O$	1.455
$In^{3+}+2e^{-}\Longrightarrow In^{+}$	-0.443	$PbO_2+SO_4^{2-}+4H^{+}+2e^{-}\Longrightarrow PbSO_4+2H_2O$	1.6913
$In^{3+}+3e^{-}\Longrightarrow In$	-0.3382	$PbSO_4+2e^{-}\Longrightarrow Pb+SO_4^{2-}$	-0.3588
$Ir^{3+}+3e^{-}\Longrightarrow Ir$	1.159	$Pd^{2+}+2e^{-}\Longrightarrow Pd$	0.951
$K^{+}+e^{-}\Longrightarrow K$	-2.931	$PdCl_4^{2-}+2e^{-}\Longrightarrow Pd+4Cl^{-}$	0.591
$La^{3+}+3e^{-}\Longrightarrow La$	-2.522	$Pt^{2+}+2e^{-}\Longrightarrow Pt$	1.118
$Li^{+}+e^{-}\Longrightarrow Li$	-3.0401	$Rb^{+}+e^{-}\Longrightarrow Rb$	-2.98
$Mg^{2+}+2e^{-}\Longrightarrow Mg$	-2.372	$Re^{3+}+3e^{-}\Longrightarrow Re$	0.300
$Mn^{2+}+2e^{-}\Longrightarrow Mn$	-1.185	$S+2H^{+}+2e^{-}\Longrightarrow H_2S(aq)$	0.142
$Mn^{3+}+e^{-}\Longrightarrow Mn^{2+}$	1.5415	$S_2O_6^{2-}+4H^{+}+2e^{-}\Longrightarrow 2H_2SO_3$	0.564

续表

电极反应	$E^{\ominus}/V$	电极反应	$E^{\ominus}/V$
$MnO_2+4H^++2e^-\rightleftharpoons Mn^{2+}+2H_2O$	1.224	$S_2O_8^{2-}+2e^-\rightleftharpoons 2SO_4^{2-}$	2.010
$MnO_4^-+e^-\rightleftharpoons MnO_4^{2-}$	0.558	$S_2O_8^{2-}+2H^++2e^-\rightleftharpoons 2HSO_4^-$	2.123
$MnO_4^-+4H^++3e^-\rightleftharpoons MnO_2+2H_2O$	1.679	$2H_2SO_3+H^++2e^-\rightleftharpoons H_2SO_4^-+2H_2O$	-0.056
$MnO_4^-+8H^++5e^-\rightleftharpoons Mn^{2+}+4H_2O$	1.507	$H_2SO_3+4H^++4e^-\rightleftharpoons S+3H_2O$	0.449
$MO^{3+}+3e^-\rightleftharpoons MO$	-0.200	$SO_4^{2-}+4H^++2e^-\rightleftharpoons H_2SO_3+H_2O$	0.172
$N_2+2H_2O+6H^++6e^-\rightleftharpoons 2NH_4OH$	0.092	$2SO_4^{2-}+4H^++2e^-\rightleftharpoons S_2O_6^{2-}+2H_2O$	-0.22
$3N_2+2H^++2e^-\rightleftharpoons 2NH_3(aq)$	-3.09	$Sb+3H^++3e^-\rightleftharpoons SbH_3$	-0.510
$N_2O+2H^++2e^-\rightleftharpoons N_2+H_2O$	1.766	$Sb_2O_3+6H^++6e^-\rightleftharpoons 2Sb+3H_2O$	0.152
$N_2O_4+2e^-\rightleftharpoons 2NO_2^-$	0.867	$Sb_2O_5+6H^++4e^-\rightleftharpoons 2SbO^++3H_2O$	0.581
$N_2O_4+2H^++2e^-\rightleftharpoons 2HNO_2$	1.065	$SbO^++2H^++3e^-\rightleftharpoons Sb+H_2O$	0.212
$N_2O_4+4H^++4e^-\rightleftharpoons 2NO+2H_2O$	1.035	$Sc^{3+}+3e^-\rightleftharpoons Sc$	-2.077
$2NO+2H^++2e^-\rightleftharpoons N_2O+H_2O$	1.591	$Se+2H^++2e^-\rightleftharpoons H_2Se(aq)$	-0.399
$HNO_2+H^++e^-\rightleftharpoons NO+H_2O$	0.983	$H_2SeO_3+4H^++4e^-\rightleftharpoons Se+3H_2O$	0.74
$2HNO_2+4H^++4e^-\rightleftharpoons N_2O+3H_2O$	1.297	$SeO_4^{2-}+4H^++2e^-\rightleftharpoons H_2SeO_3+H_2O$	1.151
$NO_3^-+3H^++2e^-\rightleftharpoons HNO_2+H_2O$	0.934	$SiF_6^{2-}+4e^-\rightleftharpoons Si+6F^-$	-1.24
$NO_3^-+4H^++3e^-\rightleftharpoons NO+H_2O$	0.957	$(quartz)SiO_2+4H^++4e^-\rightleftharpoons Si+2H_2O$	0.857
$2NO_3^-+4H^++2e^-\rightleftharpoons N_2O_4+2H_2O$	0.803	$Sn^{2+}+2e^-\rightleftharpoons Sn$	-0.1375
$Na^++e^-\rightleftharpoons Na$	-2.71	$Sn^{4+}+2e^-\rightleftharpoons Sn^{2+}$	0.151
$Nb^{3+}+3e^-\rightleftharpoons Nb$	-1.1	$Sr^++e^-\rightleftharpoons Sr$	-4.10
$Ni^{2+}+2e^-\rightleftharpoons Ni$	-0.257	$Sr^{2+}+2e^-\rightleftharpoons Sr$	-2.89
$NiO_2+4H^++2e^-\rightleftharpoons Ni^{2+}+2H_2O$	1.678	$Sr^{2+}+2e^-\rightleftharpoons Sr(Hg)$	-1.793
$O_2+2H^++2e^-\rightleftharpoons H_2O_2$	0.695	$Te+2H^++2e^-\rightleftharpoons H_2Te$	-0.793
$Te^{4+}+4e^-\rightleftharpoons Te$	0.568	$V^{3+}+e^-\rightleftharpoons V^{2+}$	-0.255
$TeO_2+4H^++4e^-\rightleftharpoons Te+2H_2O$	0.593	$VO^{2+}+2H^++e^-\rightleftharpoons V^{3+}+H_2O$	0.337
$TeO_4^-+8H^++7e^-\rightleftharpoons Te+4H_2O$	0.472	$VO_2^++2H^++e^-\rightleftharpoons VO^{2+}+H_2O$	0.991
$H_6TeO_6+2H^++2e^-\rightleftharpoons TeO_2+4H_2O$	1.02	$V(OH)_4^++2H^++e^-\rightleftharpoons VO^{2+}+3H_2O$	1.00
$Th^{4+}+4e^-\rightleftharpoons Th$	-1.899	$V(OH)_4^++4H^++5e^-\rightleftharpoons V+4H_2O$	-0.254
$Ti^{2+}+2e^-\rightleftharpoons Ti$	-1.630	$W_2O_5+2H^++2e^-\rightleftharpoons 2WO_2+H_2O$	-0.031
$Ti^{3+}+e^-\rightleftharpoons Ti^{2+}$	-0.368	$WO_2+4H^++4e^-\rightleftharpoons W+2H_2O$	-0.119
$TiO^{2+}+2H^++e^-\rightleftharpoons Ti^{3+}+H_2O$	0.099	$WO_3+6H^++6e^-\rightleftharpoons W+3H_2O$	-0.090
$TiO_2+4H^++2e^-\rightleftharpoons Ti^{2+}+2H_2O$	-0.502	$2WO_3+2H^++2e^-\rightleftharpoons W_2O_5+H_2O$	-0.029
$Tl^++e^-\rightleftharpoons Tl$	-0.336	$Y^{3+}+3e^-\rightleftharpoons Y$	-2.37
$V^{2+}+2e^-\rightleftharpoons V$	-1.175	$Zn^{2+}+2e^-\rightleftharpoons Zn$	-0.7618

2. 在碱性溶液中

电极反应	E^{θ}/V	电极反应	E^{θ}/V
$AgCN+e^-\rightleftharpoons Ag+CN^-$	−0.017	$Cu(OH)_2+2e^-\rightleftharpoons Cu+2OH^-$	−0.222
$[Ag(CN)_2]^-+e^-\rightleftharpoons Ag+2CN^-$	−0.31	$2Cu(OH)_2+2e^-\rightleftharpoons Cu_2O+2OH^-+H_2O$	−0.080
$Ag_2O+H_2O+2e^-\rightleftharpoons 2Ag+2OH^-$	0.342	$[Fe(CN)_6]^{3-}+e^-\rightleftharpoons [Fe(CN)_6]^{4-}$	0.358
$2AgO+H_2O+2e^-\rightleftharpoons Ag_2O+2OH^-$	0.607	$Fe(OH)_3+e^-\rightleftharpoons Fe(OH)_2+OH^-$	−0.56
$Ag_2S+2e^-\rightleftharpoons 2Ag+S^{2-}$	−0.691	$H_2GaO_3^-+H_2O+3e^-\rightleftharpoons Ga+4OH^-$	−1.219
$H_2AlO_3^-+H_2O+3e^-\rightleftharpoons Al+4OH^-$	−2.33	$2H_2O+2e^-\rightleftharpoons H_2+2OH^-$	−0.8277
$AsO_2^-+2H_2O+3e^-\rightleftharpoons As+4OH^-$	−0.68	$Hg_2O+H_2O+2e^-\rightleftharpoons 2Hg+2OH^-$	0.123
$AsO_4^{3-}+2H_2O+2e^-\rightleftharpoons AsO_2^-+4OH^-$	−0.71	$HgO+H_2O+2e^-\rightleftharpoons Hg+2OH^-$	0.0977
$H_2BO_3^-+5H_2O+8e^-\rightleftharpoons BH_4^-+8OH^-$	−1.24	$H_3IO_3^{2-}+2e^-\rightleftharpoons IO_3^-+3OH^-$	0.7
$H_2BO_3^-+H_2O+3e^-\rightleftharpoons B+4OH^-$	−1.79	$IO^-+H_2O+2e^-\rightleftharpoons I^-+2OH^-$	0.485
$Ba(OH)_2+2e^-\rightleftharpoons Ba+2OH^-$	−2.99	$IO_3^-+2H_2O+4e^-\rightleftharpoons IO^-+4OH^-$	0.15
$Be_2O_3^{2-}+3H_2O+4e^-\rightleftharpoons 2Be+6OH^-$	−2.63	$IO_3^-+3H_2O+6e^-\rightleftharpoons I^-+6OH^-$	0.26
$Bi_2O_3+3H_2O+6e^-\rightleftharpoons 2Bi+6OH^-$	−0.46	$Ir_2O_3+3H_2O+6e^-\rightleftharpoons 2Ir+6OH^-$	0.098
$BrO^-+H_2O+2e^-\rightleftharpoons Br^-+2OH^-$	0.761	$La(OH)_3+3e^-\rightleftharpoons La+3OH^-$	−2.90
$BrO_3^-+3H_2O+6e^-\rightleftharpoons Br^-+6OH^-$	0.61	$Mg(OH)_2+2e^-\rightleftharpoons Mg+2OH^-$	−2.690
$Ca(OH)_2+2e^-\rightleftharpoons Ca+2OH^-$	−3.02	$MnO_4^-+2H_2O+3e^-\rightleftharpoons MnO_2+4OH^-$	0.595
$Ca(OH)_2+2e^-\rightleftharpoons Ca(Hg)+2OH^-$	−0.809	$MnO_4^{2-}+2H_2O+2e^-\rightleftharpoons MnO_2+4OH^-$	0.60
$ClO^-+H_2O+2e^-\rightleftharpoons Cl^-+2OH^-$	0.81	$Mn(OH)_2+2e^-\rightleftharpoons Mn+2OH^-$	−1.56
$ClO_2^-+H_2O+2e^-\rightleftharpoons ClO^-+2OH^-$	0.66	$Mn(OH)_3+e^-\rightleftharpoons Mn(OH)_2+OH^-$	0.15
$ClO_2^-+2H_2O+4e^-\rightleftharpoons Cl^-+4OH^-$	0.76	$2NO+H_2O+2e^-\rightleftharpoons N_2O+2OH^-$	0.76
$ClO_3^-+H_2O+2e^-\rightleftharpoons ClO_2^-+2OH^-$	0.33	$NO+H_2O+e^-\rightleftharpoons NO+2OH^-$	−0.46
$ClO_3^-+3H_2O+6e^-\rightleftharpoons Cl^-+6OH^-$	0.62	$2NO_2^-+2H_2O+4e^-\rightleftharpoons N_2^{2-}+4OH^-$	−0.18
$ClO_4^-+H_2O+2e^-\rightleftharpoons ClO_3^-+2OH^-$	0.36	$2NO_2^-+3H_2O+4e^-\rightleftharpoons N_2O+6OH^-$	0.15
$[Co(NH_3)_6]^{3+}+e^-\rightleftharpoons [Co(NH_3)_6]^{2+}$	0.108	$NO_3^-+H_2O+2e^-\rightleftharpoons NO_2^-+2OH^-$	0.01
$Co(OH)_2+2e^-\rightleftharpoons Co+2OH^-$	−0.73	$2NO_3^-+2H_2O+2e^-\rightleftharpoons N_2O_4+4OH^-$	−0.85
$Co(OH)_3+e^-\rightleftharpoons Co(OH)_2+OH^-$	0.17	$Ni(OH)_2+2e^-\rightleftharpoons Ni+2OH^-$	−0.72
$CrO_2^-+2H_2O+3e^-\rightleftharpoons Cr+4OH^-$	−1.2	$NiO_2+2H_2O+2e^-\rightleftharpoons Ni(OH)_2+2OH^-$	−0.490
$CrO_4^{2-}+4H_2O+3e^-\rightleftharpoons Cr(OH)_3+5OH^-$	−0.13	$O_2+H_2O+2e^-\rightleftharpoons HO_2^-+OH^-$	−0.076
$Cr(OH)_3+3e^-\rightleftharpoons Cr+3OH^-$	−1.48	$O_2+2H_2O+2e^-\rightleftharpoons H_2O_2+2OH^-$	−0.146
$Cu^{2+}+2CN^-+e^-\rightleftharpoons [Cu(CN)_2]^-$	1.103	$O_2+2H_2O+4e^-\rightleftharpoons 4OH^-$	0.401
$[Cu(CN)_2]^-+e^-\rightleftharpoons Cu+2CN^-$	−0.429	$O_3+H_2O+2e^-\rightleftharpoons O_2+2OH^-$	1.24
$Cu_2O+H_2O+2e^-\rightleftharpoons 2Cu+2OH^-$	−0.360	$HO_2^-+H_2O+2e^-\rightleftharpoons 3OH^-$	0.878
$P+3H_2O+3e^-\rightleftharpoons PH_3(g)+3OH^-$	−0.87	$2SO_3^{2-}+3H_2O+4e^-\rightleftharpoons S_2O_3^{2-}+6OH^-$	−0.571
$H_2PO_2^-+e^-\rightleftharpoons P+2OH^-$	−1.82	$SO_4^{2-}+H_2O+2e^-\rightleftharpoons SO_3^{2-}+2OH^-$	−0.93

续表

电极反应	$E^{\ominus}/V$	电极反应	$E^{\ominus}/V$
$HPO_3^{2-}+2H_2O+2e^-\Longrightarrow H_2PO_2^-+3OH^-$	-1.65	$SbO_2^-+2H_2O+3e^-\Longrightarrow Sb+4OH^-$	-0.66
$HPO_3^{2-}+2H_2O+3e^-\Longrightarrow P+5OH^-$	-1.71	$SbO_3^-+H_2O+2e^-\Longrightarrow SbO_2^-+2OH^-$	-0.59
$PO_4^{3-}+2H_2O+2e^-\Longrightarrow HPO_3^{2-}+3OH^-$	-1.05	$SeO_3^{2-}+3H_2O+4e^-\Longrightarrow Se+6OH^-$	-0.366
$PbO+H_2O+2e^-\Longrightarrow Pb+2OH^-$	-0.580	$SeO_4^{2-}+H_2O+2e^-\Longrightarrow SeO_3^{2-}+2OH^-$	0.05
$HPbO_2^-+H_2O+2e^-\Longrightarrow Pb+3OH^-$	-0.537	$SiO_3^{2-}+3H_2O+4e^-\Longrightarrow Si+6OH^-$	-1.697
$PbO_2+H_2O+2e^-\Longrightarrow PbO+2OH^-$	0.247	$HSnO_2^-+H_2O+2e^-\Longrightarrow Sn+3OH^-$	-0.909
$Pd(OH)_2+2e^-\Longrightarrow Pd+2OH^-$	0.07	$Sn(OH)_3^{2-}+2e^-\Longrightarrow HSnO_2^-+3OH^-+H_2O$	-0.93
$Pt(OH)_2+2e^-\Longrightarrow Pt+2OH^-$	0.14	$Sr(OH)+2e^-\Longrightarrow Sr+2OH^-$	-2.88
$ReO_4^-+4H_2O+7e^-\Longrightarrow Re+8OH^-$	-0.584	$Te+2e^-\Longrightarrow Te^{2-}$	-1.143
$S+2e^-\Longrightarrow S^{2-}$	-0.47627	$TeO_3^{2-}+3H_2O+4e^-\Longrightarrow Te+6OH^-$	-0.57
$S+H_2O+2e^-\Longrightarrow HS^-+OH^-$	-0.478	$Th(OH)_4+4e^-\Longrightarrow Th+4OH^-$	-2.48
$2S+2e^-\Longrightarrow S_2^{2-}$	-0.42836	$Tl_2O_3+3H_2O+3e^-\Longrightarrow 2Tl^++6OH^-$	0.02
$S_4O_6^{2-}+2e^-\Longrightarrow 2S_2O_3^{2-}$	0.08	$ZnO_2^{2-}+2H_2O+2e^-\Longrightarrow Zn+4OH^-$	-1.215
$2SO_3^{2-}+2H_2O+2e^-\Longrightarrow S_2O_4^{2-}+4OH^-$	-1.12		

参 考 文 献

[1] 黄尚勋. 无机及分析化学[M]. 北京：中国农业出版社，2000.
[2] 叶芬霞. 无机及分析化学[M]. 北京：高等教育出版社，2005.
[3] 许雅周. 无机化学[M]. 上海：华东师范大学出版社，2006.
[4] 黄秀锦. 无机及分析化学[M]. 北京：科学出版社，2007.
[5] 李霞. 化学[M]. 北京：北京教育出版社，2007.
[6] 徐丽芳等. 农业基础化学[M]. 北京：中国农业出版社，2011.
[7] 张凤. 无机与分析化学[M]. 北京：中国农业出版社，2011
[8] 黄月华. 无机及分析化学[M]. 武汉：华中科技大学出版社，2011.
[9] 范洪琼等. 基础化学[M]. 重庆：重庆大学出版社，2015.
[10] 沈泽智等. 无机及分析化学[M]. 重庆：重庆大学出版社，2015.
[11] 吴华. 无机及分析化学[M]. 大连：大连理工大学出版社，2015.
[12] 王惠霞. 无机及分析化学[M]. 重庆：重庆大学出版社，2016.
[13] 赵晓华. 无机及分析化学[M]. 北京：化学工业出版社，2011.